AF341492

EXPLOITATION INDUSTRIELLE

LA TOURBE

PAR

CH. VAN EECKE

INGÉNIEUR
LAURÉAT DE LA SOCIÉTÉ INDUSTRIELLE DU NORD DE LA FRANCE

PARIS

H. DUNOD et E. PINAT, ÉDITEURS

47 ET 49, QUAI DES GRANDS-AUGUSTINS (VIe)

1918

EXPLOITATION INDUSTRIELLE

DE

LA TOURBE

EXPLOITATION INDUSTRIELLE

DE

LA TOURBE

PAR

CH. VAN EECKE

INGÉNIEUR

LAURÉAT DE LA SOCIÉTÉ INDUSTRIELLE DU NORD DE LA FRANCE

PARIS

H. DUNOD ET E. PINAT, ÉDITEURS

47 ET 49, QUAI DES GRANDS-AUGUSTINS (VIᵉ)

1918

LA TOURBE

AVANT-PROPOS

L'idée de bruler de la tourbe n'est pas nouvelle. Il serait même difficile de dire à quelle époque on a commencé à l'utiliser comme combustible. On l'employait en Germanie à l'époque des expéditions romaines. Pline nous raconte que les « Chauci » pressaient dans leurs mains une sorte de terre qu'ils faisaient sécher plutôt à l'air qu'au soleil et qu'ils employaient non seulement pour cuire les aliments mais aussi pour se chauffer.

Dans les Orcades, le comte Eyner, en 888, voyant les forêts diminuer rapidement recommanda aux habitants de tirer des pointes de tourbe et de les employer comme combustible. Son initiative fut couronnée de succès et l'exemple fut suivi rapidement en Ecosse, en Irlande et en maints endroits de l'Angleterre.

Dans son « Histoire des Inventions », Beckmann mentionne que l'Evêque Ludolph, dans une charte datée de 1113, permet à un monastère de religieuses des environs d'Utrecht d'extraire, de la tourbière (vena) appartenant à l'évêché, la tourbe nécessaire aux besoins du couvent. Les mots turba, turbo, turboe désignant la tourbe se rencontrent dans de nombreux documents de 1190, 1191, 1201, 1210. Les « Leges Burgorum » de l'Ecosse qui datent de 1140 s'occuppent du commerce de la tourbe, de même, Mathieu Paris mort en 1259, l'appelle Tubaria. Philippe le Bel réglemente par une charte en 1308 le « Turbagium » ou

droit d'extraire de la tourbe. Brito en 1253 mentionne la tourbe
au nombre des productions des Flandres.

La méthode employée à cette époque consistait à enlever la
tourbe à l'aide d'une bêche ordinaire, à la former en boulets en
la pétrissant avec les mains et finalement à l'exposer à l'air
pour la sécher.

Il semble que la première exploitation systématique des
tourbières ait été faite par les Hollandais. Aux environs de 1680
ils commencèrent à exploiter sur une grande échelle, comme
combustible indigène, la tourbe que les bâteaux, sur leurs nombreux canaux, transportaient, non seulement dans les différentes villes de Hollande, mais même dans les contrées voisines.

Les Hollandais exploitaient des bancs de tourbe noire et de
tourbe grise. La tourbe grise, coupée à la bêche, contenait 5 à
6 fois son poids d'eau. Les blocs déposés côte à côte, étaient
exposés pour sécher sous l'action combinée du soleil et du vent.
Lorsqu'ils étaient devenus assez durs pour pouvoir être mani-
pulés on les formait en pyramide de 1 mètre de hauteur, et
pour achever leur dessication, on les retournait de temps en
temps. Quand ils étaient devenus aussi secs que possible, on les
emmagasinait en larges tas.

Au voisinage d'Amsterdam, la tourbe noire était extraite
sous forme de briquettes et vendue sous cette forme, après
séchage; 1 homme pouvait extraire par jour jusque 10 tonnes
de tourbe à $1^m,50$ de profondeur.

La tourbe a été, jusqu'au début du xxe siècle, exploitée presqu'uniquement pour les besoins locaux des populations vivant
sur les tourbières, et, parfois, pour certaines industries dans leur
voisinage immédiat.

Jusque 1870, l'exploitation se poursuivit assez activement
avec des fortunes diverses; de nombreux inventeurs, Slight,
Graham en Ecosse, Vogel, Senft, Manhardt, R. Von Gysser et
Neustad en Allemagne, Challeton de Brughat et Bosc en France,
Breitenlohner et Bosselmann en Bavière, Leavitt aux États-
Unis essayèrent de développer l'emploi de la tourbe et de faire

de l'exploitation des tourbières une branche industrielle qui eut son rang et sa place dans les industries transformées au xix⁰ siècle sous l'impulsion du progrès des sciences et particulièrement de la Mécanique et de la Chimie.

Dans les 35 dernières années, l'industrie de la tourbe, qui eut quelques succès jusqu'en 1880. ne cessa de décroître. De nos jours, cette industrie, qui fit la fortune de nombreux habitants de la Picardie, de certaines populations de l'Artois et de la Vendée, était presque tombée dans l'oubli.

Vers 1890, le Gouvernement français avait essayé de donner quelque activité à l'exploitation des tourbes litières.

De nombreuses études furent faites par le service des Mines. Des essais sur la littière de tourbe furent pratiqués dans les corps de troupe, notamment à Lille à ma connaissance.

Les résultats de ces essais, plus ou moins encourageants au début, l'absence d'exploitation industrielle en France pour la fabrication de la litière, firent perdre de vue l'intérêt de cette question et, depuis 20 à 25, ans la tourbe en France était presque oubliée.

Il en était d'ailleurs de même en Belgique et en Angleterre. Depuis le développement de l'industrie houillère, à la suite de l'abaissement des frais de transports, de la multiplication des voies ferrées, le charbon pouvait pénétrer partout à des prix suffisamment bas pour ôter tout intérêt, la plupart du temps, à l'emploi de la tourbe.

C'est le cas en France et en Belgique où les régions des tourbières sont voisines des bassins houillers.

La tourbe n'a continué à être exploitée que dans les pays dépourvus de gisements de houille, tels que la Hollande, les pays Scandinaves, les provinces du Nord de l'Allemagne et. certaines régions de Bavière, la Russie.

Depuis 1900, la question de transformer l'exploitation de la tourbe en une industrie travaillant d'après les méthodes modernes et au courant des progrès de la mécanique et de la chimie n'a cessé de préoccuper un certain nombre de gouvernements.

L'Allemagne, toujours à l'affût de sources de profits à développer, s'est efforcée de mettre en valeur les immenses tourbières de l'Oldenbourg, du Mecklembourg, du Hanovre, du littoral baltique. Chimistes et mécaniciens, encouragés par les administrations impériales, se sont appliqués à ce problème avec un succès qu'affirment les résultats obtenus, et le développement inouï de l'industrie de la tourbe allemande.

Faute d'autre statistique plus récente, bornons-nous aux chiffre publiés officiellement pour l'année 1910.

Il y avait à cette date, dans l'Empire, 3173 tourbières exploitées, dont 2395, après extraction, traitaient la tourbe par l'un ou l'autre procédé mécanique.

Les tourbières et les ateliers de tourbes occupaient 10.007 hommes et 3.725 femmes ; soit au total 13.732 personnes. Ces chiffres sont tirés de « Statistiches Taschenbuch für Deutches Reich » publié par le Bureau Impérial de Charlottenbourg.

Pour obtenir ces résultats, à côté de l'initiative privée des ingénieurs et des constructeurs de matériel, et, pour la développer et l'encourager, le gouvernement impérial avait concédé des tarifs spéciaux pour le transport de la tourbe par chemin de fer, entrepris de nombreux travaux pour le drainage des tourbières, pour l'organisation d'importants réseaux de voies navigables à travers les régions exploitées.

Comme toujours en pareil cas en Allemagne, l'administration avait eu l'habileté de substituer à des services officiels (trop désintéressés des résultats pratiques et trop préoccupés de rapports et d'organisations et de règlements par quoi la vie industrielle existe plus sur papier que dans la réalité) des sociétés, officielles sans doute, mais, composées d'ingénieurs, de financiers, de praticiens, et, ardentes à promouvoir à l'avancement de l'industrie. Telle est, dans le cas présent, la « Société pour le développement de l'industrie des tourbières dans l'Empire allemand. (Verein zur Förderung der Moorkultur in Deutschen Reich).

En Irlande, à partir de 1900, sous l'initiative des sociétés savantes de Dublin, de quelques revues spéciales, (Forest and

Bogs, etc...) L'attention fut reportée vers la tourbe dont les immenses gisements pourraient être, à cette île si déshéritée, une compensation à la tristesse de ses landes incultes, de son sol ingrat et à la pauvreté de son sous-sol dépourvu de houille, source de la fortune moderne. Le sous-secrétariat d'Irlande s'est adjoint un bureau de la tourbe rattaché au Bureau d'Agriculture et d'Éducation technique.

Les gouvernements scandinaves dont les pays également dépourvus de houille sont riches en dépôts de tourbe, ont cherché, par leur exploitation rationnellement développée, à diminuer la dépendance où ils se trouvaient vis à vis de leurs voisins plus favorisés.

L'exploitation tourbière est très active en Danemarck où l'on trouve plusieurs sociétés savantes s'occupant spécialement du progrès de cette industrie; telle est la « Mose industrie fore-nigen ». On trouve aussi des journaux spécialement dévolus aux questions de la tourbe, « Moseselskabet » à Copenhague; « Hede-sels kabet » à Aarhus. Le gouvernement accorde à l'industrie tourbière des subventions allant jusqu'à plus de 100.000 francs par an, destinées à encourager les industriels et les constructeurs, à perfectionner leurs méthodes ou essayer des procédés nouveaux pour l'amélioration de leur industrie.

Le gouvernement norvégien a créé pour l'étude des questions de la tourbe un bureau spécial à la tête duquel est un ingénieur. Sa mission est de collaborer avec une société privée subsidiée par l'État, la Norska Myrslstab à Christiania, et de développer par tous les moyens les gisements norvégiens. Les détails manquent sur la Finlande où existe à Helsingfors une société officielle de la tourbe « Finska Mosskultur ».

En Russie, la question de la tourbe a préoccupé l'administration impériale soucieuse de trouver dans la tourbe le combustible nécessaire pour remplacer les houilles importées de l'étranger. L'action du gouvernement s'est manifestée par la création de nombreuses exploitations directes, par d'importants prêts aux usines privées et par la création d'un comité officiel de la tourbe rattaché au ministère de l'Agriculture.

Toute cette action officielle paraît avoir donné peu de résultats au regard de ceux obtenus par l'initiative privée controlée en Allemagne et ailleurs.

C'est à une société de ce genre, que l'Autriche, à l'instar de l'empire allemand, a confié le soin de faire progresser l'exploitation des tourbières.

La Deutsch-Osterreichische Moorverein, dont le siège est à Staab, près de Pilsen, a établi une grande station d'expériences près de Vienne. D'autres installations similaires ont été créées à Sebastianberg, à Laybach, à Klagenfurt, à Admont, à Sterzing.

C'est en Suède, que l'on trouve l'organisation officielle la plus complète en vue du développement de l'industrie de la tourbe. Se rendant compte des profits énormes à retirer de l'exploitation rationnelle des gisements de tourbe dans son pays dépourvu de houille, le gouvernement suédois ne s'est pas contenté d'encourager, par de larges subventions, l'initiative privée et la Société officielle Svensha Mosskultur à Jonkoping, il a, d'accord avec cette dernière, créé à Markaryd une école subventionnée, destinée à former des contremaitres et des surveillants pour l'industrie tourbière.

A la tête de la station de Skara, sous la direction du ministère de l'agriculture, ont été placés un ingénieur en chef et deux ingénieurs assistants.

Leur mission est de servir d'ingénieurs-conseils pour les industriels, de les aider, faire leurs plans en vue du drainage ou de l'exploitation, d'étudier les procédés nouveaux introduits ou proposés, de faire des rapports au gouvernement pour l'attribution de prêts ou de subventions aux inventeurs, aux constructeurs ou aux exploitants. Le gouvernement a créé en outre des usines d'expérience à Koshivara et à Kosk.

Les subventions distribuées annuellement atteignent 1 million 500.000 francs.

L'exploitation de la tourbe a préoccupé également le gouvernement du Dominion Canadien dont les provinces de Québec, d'Ontario et du Prince Edouard contiennent d'immenses tour-

bières. En dehors des bureaux des mines des provinces intéres-
sées, au gouvernement central, à Ontario, le Ministère des Mines
s'est adjoint plusieurs ingénieurs qui se sont spécialisés dans
l'étude des tourbières et dont les travaux font autorité en la
matière. Ils ont entrepris l'étude méthodique des gisements de
tourbe, celle des meilleurs procédés pour leur exploitation et,
grâce à leur activité, les échecs successifs qui avaient autrefois
fait considérer la tourbe comme un gouffre à capitaux
deviennent plus rares et l'industrie tourbière judicieusement
guidée commence à prendre rang au Canada. Diverses stations
expérimentales ont été créées notamment à la tourbière Alfred
dans l'Ontario.

Aux États-Unis, le corps des Mines (Géological Survey) et le
ministère de l'Agriculture ont également des ingénieurs tourbiers, chargés, le premier de l'étude et la recherche des tourbières, le second de leur mise en exploitation ou de leur utilisation.

En France, après l'étude sans lendemain, confiée au corps
des Mines, en 1892, nous ne trouvons plus que des exploitations
locales s'ignorant les unes les autres, qui végètent et, peu à
peu, disparaissent.

Quelques exploitations communales, faites sans méthode,
survivent; une seule est faite à peu près rationnellement c'est
celle de Pierrepont-en-Laonnois.

Les exploitations privées ne durent pas plus que les roses,
riches en promesses à leur naissance, elles s'écroulent rapidement au milieu des plus amères déceptions et il n'y a d'autre
cause à ces insuccès que le manque d'étude des gisements avant
l'exploitation, l'ignorance des exploitants, l'absence de coordi-
nation dans les efforts individuels et d'expérience chez les
inventeurs et les novateurs. Les pouvoirs publics se désintéressent de la question qui ne semble guère préoccuper les
sociétés savantes. En Belgique, il n'y a aucune exploitation de
tourbe combustible et les exploitations campinoises de tourbe
à litière sont dues au voisinage immédiat des Hollandais enri-
chis dans cette industrie. Leur influence d'ailleurs ne s'éloigne

guère de la frontière hollandaise. Le gouvernement et le public ignorent la tourbe et se désintéressent de son exploitation.

Il a fallu les sombres jours de 1914, la pénurie du combustible au cours de la guerre européenne pour remettre la question sur le tapis. Il est à craindre que des exploitations entreprises un peu hâtivement, sans études préalables prudemment et complètement faites, ne donnent trop souvent des déboires et n'amènent les industriels déçus à une méfiance exagérée à l'égard de la tourbe.

Les résultats acquis par la collaboration de l'État et des initiatives privées, après de minutieuses études, chez nos voisins d'Europe, sont un exemple qui doit nous garder du découragement et ne faire rechercher la cause des insuccès que dans une étude insuffisante soit de la tourbière, soit de l'adaptation des méthodes d'exploitation au gisement.

Chaque gisement est différent des autres, par sa flore, son sous-sol, ses eaux, sa formation, sa décomposition. Trop généraliser sans une étude approfondie des analogies entre les divers gisements risque de conduire à l'insuccès. « Cui que Suum », à chaque problème sa solution doit être la règle du tourbier.

Fig. 1. — Solidago rugosa.

LIVRE PREMIER

LES TOURBIÈRES

CHAPITRE Ier

Aspect actuel et origine des Tourbières

La tourbe est une matière végétale en décomposition qui se présente en masses, soit spongieuses, soit pâteuses, dont la couleur va du brun jusqu'au noir.

Elle se rencontre en dépôts, ici de quelques hectares, là de centaines de lieues carrées, dans presque tous les pays de la zône tempérée, spécialement dans le Nord de l'Europe.

Ces dépôts, dont la profondeur varie depuis quelques centimètres jusqu'à 20 mètres et au-delà, portent le nom de tour-bières.

Ils sont couverts d'une végétation plus ou moins dense, formée de mousses, le plus souvent accompagnée de roseaux, de joncs, de linaigrettes; quelquefois il n'y a d'autre végétation qu'un tapis d'une mousse inextricable, molle sous les pas, dont les racines peuvent descendre profondément dans le sol.

A cette végétation très dense des hautes herbes peut aussi s'adjoindre une végétation d'arbustes, de plantes grimpantes, formant des fourrés et des halliers inextricables, où émergent des bois de sapins plus ou moins étendus et très nombreux.

En général, les tourbières sont partiellement ou totalement inondées au point qu'il est difficile ou même dangereux de les parcourir. Si l'eau ne se voit pas toujours nettement sous la végétation qui tend à la masquer, elle apparaît dès que l'on vient à marcher sur le sol et remplit les empreintes qu'y laissent les pas; lorsque la pression ne la fait plus sortir, le terrain, a la consistance d'une boue plus ou moins molle, où l'on risque de s'enliser en marchant.

Ceci est spécialement vrai pour la tourbe en formation, mais, dans bien des cas, c'est un terrain subfossile recouvert par d'autres dépôts. La partie superficielle non tourbeuse est constituée tantôt d'argile, tantôt de limon, tantôt de tuf, souvent de sable coquillier.

Il faut se garder de penser que tourbière et marécage soient synonymes. Sous des végétations sèches, sous de maigres herbes, qui donnent au pays l'aspect de landes crayeuses, on trouve souvent, dans les pays de tourbières à fleur de sol, des bancs de 7 à 8 ^{mm} d'épaisseur de tourbe franche bien noire. La tourbière morte, devenue sol tourbeux par l'assèchement de la vallée, s'est recouverte de plantes différentes de celles qui forment la tourbe et très semblables à la végétation des sols très desséchés. Ce fait paradoxal, fréquent dans les sols tourbeux, a été particulièrement étudié par M. Coquidé[1].

Il existe quelques divergences d'opinion concernant l'origine des tourbières et cela s'explique par le fait que les tourbières se sont formées dans des conditions, suivant les endroits, très différentes.

On admet, généralement, que les herbes et les mousses de la surface sont une indication de l'origine du dépôt, et, qu'aux âges successifs, les racines de ces herbes sont mortes, tandis que, sur elles, une nouvelle vie s'est développée continuellement. Elles ont ainsi formé, petit à petit, cette masse spongieuse, en perdant graduellement leur nature, et disparaissent dans cette matière homogène presque entièrement composée d'eau et de combustible.

[1]. Coquidé, *Recherche sur les sols tourbeux.*

La grande majorité des tourbières doit cependant son existence à une végétation plus ou moins différente de celle que l'on rencontre à la surface, mais, en réalité, les changements subis par les plantes ont été généralement les mêmes et la plupart du temps se sont accomplis dans le même ordre.

Durant la croissance de la plante, les parois des cellules s'épaississent graduellement et finissent par faire obstacle au passage de l'air et de la vapeur d'eau. La vitalité de la plante est diminuée et la mort s'ensuit. La décomposition commence par les cellules et, finalement, les fibres elles-mêmes cessent d'être discernables. Ces changements d'état physique sont accompagnés de changements d'état chimique. La présence d'oxygène, dans la composition des organes au moment de la mort, provoque des fermentations, spécialement celle des composés nitrés qui engendrent l'Amoniaque, l'Hydrogène sulfuré, l'Hydrogène phosphoré.

Les substances non azotées, telles que le sucre, l'amidon, sont converties en acides divers, tels qu'il s'en produit généralement dans la décomposition des matières organiques. Avec le temps, les cellules deviennent si gonflées par les produits de décomposition que leurs parois crèvent et laissent échapper divers gaz.

Dans ce nouvel état, les modifications chimiques changent de caractère; dans le milieu devenu acide, la plupart des corps solubles contenus dans la matière végétale passent en solution, la cellule ainsi vidée perd la couleur verte que lui donnait la chlorophylle. A ce moment commence la décomposition des parois cellulaires qui se fait plus ou moins vite suivant qu'elles sont ou non chargées de produits plus ou moins solubles : sels de chaux, matières résineuses, silicates, etc., et, suivant les acides végétaux dans lesquels elles sont plongées. De l'action de l'oxygène, de la vapeur d'eau, de l'acide carbonique, il résulte une masse contenant une proportion sans cesse croissante de carbone, quelques composés hydrogènes, qui passe de la couleur jaune brun au brun léger et, dans laquelle, on ne peut plus reconnaître que des fibres et quelques tissus résistants

La gelée dissout ces fibres et la masse, noire comme de l'humus, absorbe tant d'eau qu'elle en devient saturée et coule au fond du milieu liquide. L'accumulation de ces matières amène une pression des couches superficielles sur les couches profondes. Il en résulte une carbonisation lente de cette masse qui s'imprègne de matières résineuses ou bitumineuses. On se rend compte de ces faits dans beaucoup de petits lacs des pays tempérés, au fond desquels se développent des plantes aquatiques. D'année en année, ces épaisses végétations croissent et meurent, laissant place à de nouvelles pousses. Ces plantes, finissant par devenir plus lourdes que l'eau, coulent à fond; il se forme ainsi des couches successives de matière végétale à demi décomposées. Finalement, le lac est rempli, il devient un marais et, à ce moment, des plantes absolument différentes apparaissent à la surface en même temps que des arbustes, donnant au paysage la physionomie classique d'une tourbière.

La formation de la tourbe dépend d'une combinaison particulière des conditions topographiques et du climat. Les principaux facteurs sont :

1° Des plantes aquatiques croissant par leur partie supérieure à mesure que meurt leur partie inférieure;

2° Des eaux peu profondes et très limpides et par suite un sol capable de retenir l'eau nécessaire;

3° Une atmosphère suffisamment humide pour éviter une sous-évaporation trop rapide.

4° Une température assez élevée pour favoriser la croissance rapide des végétaux, mais assez basse pour empêcher leur décomposition trop rapide;

5° Une eau calme, en tout cas privée d'air ; l'absence d'oxygène est une condition essentielle, ce corps permettant une destruction totale de la matière organique.

Que l'une des conditions indispensables à la formation de la tourbe vienne à manquer, soit que les eaux ne soient plus limpides, par exemple, ou que la tourbière soit submergée ou, inversement, que l'humidité ne soit plus suffisante, la tourbière meurt.

Il se forme un sol tourbeux qui reçoit des graines des plantes environnantes. Si celles-ci sont des surfaces aquatiques, la végétation des sols tourbeux sera *hydrophyte*; si ce sont des marais, on trouvera des *hydrophytes*, si ce sont des terrains moyens, des *mésophytes*, si ce sont des surfaces sèches, des *xérophytes*. Si la tourbière a encore suffisamment d'eau, quoique pas assez pour rester vive, il se développera à sa surface une végétation d'herbes grossières et assez hautes. Peu à peu, ces plantes, en se décomposant, désagrégeront la tourbe et celle-ci, maintenant aérée, pourra présenter à sa partie superficielle une sorte de terre végétale.

Dans les tourbes de formation récente, on distingue assez bien les plantes ou débris de plantes qui les ont produites.

Les sphaignes sont des mousses de consistance molle et spongieuse, très avides d'eau. Elles ont une couleur glauque caractéristique; les spores, en germant, développent un système filamenteux d'où part une tige feuillée. La tige, dont la croissance terminale est indéfinie, produit au-dessus et à côté de chaque feuille une branche bientôt ramifiée à plusieurs reprises. La couche corticale externe de la tige et des branches est formée de grandes cellules à membranes perforées jointes aux cellules semblables des feuilles; elles constituent tout autour de la plante un appareil capillaire à travers lequel l'eau du marécage où elle vit est élevée progressivement jusque dans les parties terminales envergées. L'espèce la plus commune est la *sphaigne* à feuilles squarreuses (sphagnum squarrosum).

Les Hypnes (hypnum), très nombreuses en espèces, forment souvent un épais tapis de verdure; leur port est beaucoup plus ramifié. Tandis que les sphaignes se trouvent plutôt dans les marécages, elles prédominent dans les contrées où domine le calcaire.

Les Carex ou *Laîches* sont des Cypéracées vivaces à rhizome qui émettent des rameaux aériens portant des feuilles simples étroites et allongées; les carex, dont on connaît plus de huit cents espèces répandues sur tout le globe, sont pour la plupart des plantes marécageuses qui vivent en touffes volumineuses, ou vastes gazons; leur croissance est très rapide.

Les *Prêles* (equisetum) appartiennent à la famille des Équisétacées; ce sont des herbes vivaces à tiges rigides, creuses, riches en silice, garnies de collerettes membraneuses qu'on prend généralement pour des feuilles; l'espèce la plus intéressante, la prêle des marécages (Equisetum Limosum) se trouve dans tous les marais; ses rameaux sont semblables entr'eux; les ramuscules verticillés sont par dix ou vingt au niveau des collerettes.

Les autres plantes des tourbières sont des roseaux du genre Phragmites des *Erica*, des *Donatia*, des *Aselius*, des *Jones* (Eriophorum), des *Dicranium Messia*, des *Drosera*, des *Splachnum*.

Le caractère général de la flore est similaire dans toutes les parties du monde, mais chaque continent a un nombre limité d'espèces qui lui sont spéciales, et qu'il est rare de rencontrer ailleurs.

En Irlande, la végétation des tourbières de montagnes est formée principalement de *Thracomitrum Lanugenosum*; dans les contrées méridionales de l'Amérique du Sud, et dans les îles Falkland, la tourbe est surtout formée d'*Astelia pimulum*, de *Donatia magellanica*.

Les *Paludella squarrosa*, les *Arbustes uva ursi*, les *Empetrum nigrum* qu'on rencontre rarement en France et dans les montagnes du Jura, sont très fréquentes dans les tourbières de l'Europe septentrionale.

Quelque différents que soient les végétaux qui ont donné naissance à la tourbe, pourvu que la décomposition lente de ces diverses espèces de plantes se fasse à l'abri de l'air, le résultat final est le même.

Les tourbières se rencontrent généralement dans des dépressions ayant un fond argileux où l'eau séjourne sur un fond perméable, qui lui-même recouvre un sous-sol imperméable. L'eau doit être calme, ni stagnante, ni d'un courant trop rapide. Il ne faudrait pas croire qu'un sous-sol imperméable soit nécessaire à la formation de la tourbe. Les sols les plus fissurés ou les plus spongieux peuvent devenir un lieu d'élection pour

les tourbières, tandis qu'on n'en trouvera jamais dans les pays
où dominent exclusivement les formations argileuses, car là
les eaux sont le plus souvent chargées de limon, condition tout
à fait défavorable à la formation de la tourbe. Dans les pays
entrecoupés d'étangs et de marécages à fond d'argile, la tourbe
fait généralement défaut, tandis qu'on pourra la trouver bien
développée sur des sables, parfois même sur des pentes, où il
semblerait qu'il dût être impossible à une nappe d'eau de se
maintenir.

Toutes les fois que, dans la zone tempérée froide, l'abondance
des précipitations atmosphériques sera suffisante, on peut
s'attendre à trouver de la tourbe pourvu que les autres conditions, c'est-à-dire la limpidité des eaux et le libre accès de l'air,
soient remplies. Or, il est un cas dans lequel ces conditions
peuvent se trouver satisfaites, quelles que soient la pente et
l'allure du sol : c'est quand ce dernier est formé par du granit.
En effet, l'altération de cette roche, par les agents atmosphériques donne naissance à une aréne superficielle, tandis qu'un
peu plus bas se concentre l'argile due à la décomposition du
feldspath. Les sols granitiques offrent ainsi la réunion d'un
fond argileux qui empêche les eaux de s'infiltrer au loin dans
la profondeur, et d'une superficie en quelque sorte spongieuse,
très propre à absorber l'humidité. Pourvu que le terrain ne soit
pas drainé par de profondes coupures, il naît à la surface du
granit une multitude de petites sources, ou plutôt, de suinte-
ments limpides, qui, ne trouvant pas d'émissaires déterminés,
constituent une nappe éminemment propre au développement
des sphaignes. C'est ainsi que se produisent, sur la crête des
Vosges (au Champ de Feu), sur les Hautes-Fagnes (baraque
Michel), ces tourbières qu'on est étonné de rencontrer sur des
points culminants où la couche de tourbe n'a pas moins de
2 à 3 mètres d'épaisseur. Des tourbières semblables s'observent
dans le Morvan, les Alpes, les Pyrénées-Orientales et l'Ariége[1].

A. de Lapparent, dans son traité de Géologie à propos des

____

1. A. de Lapparent, *Traité de Géologie*, p. 349.

tourbières de la Somme, a insisté d'une façon particulière sur la nécessité d'un bassin perméable pour leur formation :

« La limpidité des eaux à la faveur desquelles se développe la tourbe de la Somme est la conséquence de la nature perméable des roches crayeuses qui constituent presque tout son bassin. Quant à l'excès de dimension du lit majeur de la rivière, il ne peut résulter que de la rapidité avec laquelle le régime hydrographique a succédé à celui de la période des grands cours d'eau. A l'époque où se déposaient les graviers, les sables et les limons qui occupent aujourd'hui tout le fond de la vallée, des ruisseaux torrentiels produits par de fortes pluies descendaient sur les versants, entraînant avec eux des cailloux et des limons empruntés à l'argile et au silex et aux cailloutis tertiaires dont les plateaux de la Picardie sont uniformément couverts. Alors, et quelle que fût sa pente, la Somme était un cours d'eau violent, charriant des matières solides, et les étalant, dans ses crues, sur toute la largeur de son lit. Si la violence des pluies s'était atténuée par degrés, le cours d'eau, avant de rentrer dans ses limites actuelles, eût comblé son lit majeur avec du sable et du limon, en donnant à sa vallée un profil concave. Mais il a fallu que, brusquement, le ruissellement cessât de se produire. La rivière, n'étant plus désormais alimentée que par des sources qui se faisaient jour dans les fissures de la craie, est devenue tout d'un coup limpide et tranquille, et, se trouvant en face d'un lit bien supérieur à ses besoins, elle a dû en opérer le comblement par de la tourbe. »

La tourbe ne se forme que dans l'air humide. Les landes boisées favorisent la croissance des mousses, l'air y étant plus humide que dans les pays découverts. De là vient que dans les tourbes des lieux bas et marécageux on trouve rarement ces arbres enterrés qui abondent dans les tourbières des montagnes où, ces troncs formant des digues qui contrarient l'écoulement des eaux, provoquent la naissance de marais et favorisent le développement des mousses.

Cette opinion se trouve vérifiée par le fait qu'on trouve fréquemment dans ces tourbières des fragments d'arbres, même des arbres entiers d'une couleur noire très foncée dont la dureté est susceptible d'un beau poli. Ces arbres appartiennent à presque toutes les espèces connues : chênes, bouleaux, frênes, sapins, saules, ifs, etc… qui, renversés par le développement graduel des mousses, ont été découverts, embourbés au fond des tourbières, dans toutes les positions imaginables. Il y a lieu cependant de remarquer qu'ils ont presque tous la racine au sud ouest et la tige vers le nord-est. Ce fait indique le sens dans lequel s'est peut être opéré le mouvement de destruction qui a produit la tourbe.

La température joue aussi un rôle très important. Celle qui semble le plus favorable, est une moyenne annuelle de 7 à 8° environ. Cela coïncide avec la latitude de 45° ; au dessous de cette latitude et à partir d'une température moyenne annuelle de 10° et au dessus, la tourbe diminue rapidement et disparaît.

En Irlande, où la température est favorable et le pays très humide, les tourbières continuent à se développer. En Ecosse, par contre, la formation a presque cessé, bien que la température soit convenable, mais l'humidité a graduellement baissé, les forêts naturelles sont pour la plupart disparues et, peu à peu, la tourbe est morte.

La tourbe est le résultat de la décomposition de végétaux et son caractère dépend des conditions qui ont prédominé pendant la décomposition des végétaux, comme de leur nature. Si l'air est relativement sec, la température chaude, les végétaux riches en azote, on obtient un produit qui ne laisse, après combustion qu'un peu de cendres formées de sels minéraux. Si, au contraire, les végétaux sont noyés dans l'eau, la température froide, l'azote rare ou absent, les parties inorganiques sont mélangées à une matière charbonneuse dont la teneur en carbone va jusqu'à 60 0/0 de la tourbe formée.

Les produits de décomposition varient avec l'air absorbé par cette décomposition. Si l'air a libre accès dans la masse de végétaux, on obtient de l'acide humique; si l'accès de l'air y est contrarié ou difficile on obtient de l'acide ulmique; s'il ne peut absolument y entrer d'air on a de l'acide géique. Par oxydation, ces acides se transforment en acide crénique et apocrénique.

Les principaux agents de décomposition sont des bactéries anaérobies, mais les moisissures, les ferments et les gros champignons ont aussi quelque rôle à jouer. Il y a aussi des actions physiques ou chimiques qui doivent intervenir. Plus le climat est chaud, moins il y a de chances de trouver des tourbières, bien que, dans les pays chauds, il y ait une végétation plus abondante; mais la croissance, comme la décomposition, est trop rapide. Par suite, sous les tropiques, la tourbe est rare, sinon complètement inconnue; dans les pays plus froids, la décomposition est beaucoup plus lente, ce qui favorise la formation des tourbières.

On ne trouve de bactéries qu'à la surface de la tourbière, pas dans les couches sous-jacentes. Le processus de la formation de la tourbe une fois commencé se développe rapidement, mais les acides formés par la décomposition partielle des végétaux protégent les couches sous-jacentes. Si ces acides peuvent s'écouler par drainage par exemple, les bactéries envahissent les couches sous-jacentes, la tourbe cesse de s'accumuler, et même la tourbe déjà formée peut, dans certains cas, disparaître.

Suivant Potonié, lorsque le développement tourbeux peut s'effectuer avec le maximum de complication, on constate la succession des faciès suivants : Une prairie devient pour une raison quelconque de plus en plus humide et se transforme en *Wiesenmoore* ; si la base est crayeuse, les hypnums et les carex se développent. La tourbière s'accroît et s'élève peu à peu; à un moment donné elle arrive à se trouver, par sa partie superficielle, à une hauteur telle qu'elle surpasse notablement le plan d'eau. L'influence du calcaire se fait dès lors de moins en moins sensible et, sous l'influence de conditions atmosphériques favorables, les sphaignes se substituent aux carex et hypnum. La tourbière, jusqu'alors plate, devient bombée tout en s'élevant dans son ensemble bien plus activement qu'auparavant. Toutefois, à un moment donné, un certain desséchement se produit surtout à la périphérie, et des arbustes, des arbres même vont se développer, aulnes, bouleaux, formant une tourbière boisée

(Waldmoore); le bois lui-même se transforme en combustible qui n'est pas encore du lignite et qu'on appelle *prolignite*. Enfin arrive la bruyère qui amène la mort naturelle à la fois de la tourbière et de la forêt par vieillesse. Les autres causes de mort constituent plutôt des accidents. Telle serait l'évolution totale d'une tourbière.

Dans des cas particuliers, la tourbe peut cesser de s'accroître sans accomplir toute cette évolution, ou inversement un changement dans les conditions de milieu peut amener une nouvelle formation de tourbe. C'est ainsi qu'en Danemark on a pu constater plusieurs flores successives qui ont précédé les temps historiques.

Dans le fond de ces tourbières, dont la profondeur dépasse souvent des dizaines de mètres, on trouve ordinairement une tourbe composée de sphagnum. Plus haut des essences forestières ne tardent pas à se montrer; on y trouve des trembles, des pins qui ont jusqu'à un mètre de diamètre. Cette espèce est depuis longtemps disparue de la contrée et l'on n'a jamais pu l'y acclimater de nouveau; il faut en conclure que le climat s'y est modifié. Plus haut, c'est le chêne qui domine, puis est venu l'aulne qui n'a pas tardé à être remplacé par le hêtre commun, qui forme encore aujourd'hui le fond de la végétation arborescente du Danemark. Dans le New-Jersey, dans l'Amérique du Nord, on trouve des marais pleins d'une boue noire et tourbeuse appelés mines de cèdre. On en voit des troncs en immense quantité provenant de forêts qui ont crû sur ces lieux. Les Américains, comme les Danois, exploitent ces forêts fossiles; ils reconnaissent aisément par la sonde les troncs embourbés et, d'après l'odeur des fragments qu'ils en détachent, ils jugent de la qualité de l'arbre. S'il est tombé de vieillesse ils le laissent, si au contraire il a été renversé dans toute la force de l'âge, ils le débarrassent de la tourbe et le tronc vient flotter à la surface de l'eau.

Sur les bords de la mer, comme dans les pays autrefois recouverts par les mers, il existe des bancs tourbeux assez vastes recouverts de sable et d'aspect très différent des tourbières ordinaires. On y trouve non seulement des plantes terrestres mais aussi des plantes marines, particulièrement des fucus. Certains auteurs ont voulu y voir d'anciennes forêts envahies par la mer; mais ce sont plutôt des tourbières que les eaux marines sont venues submerger, car les eaux de la mer ne sont pas un milieu favorable à la formation de la tourbe.

Dans la presqu'île d'Oerland, au nord-ouest de Trondjhem, on rencontre des bancs tourbeux formés de plantes marines recouvertes de sphaignes dont la décomposition est moins avancée; l'eau douce, à ce qu'il semble, a recouvert un dépôt de plantes marines et la formation de tourbe s'est produite ensuite.

Fig. 2. Carex.

CHAPITRE II

La formation de la Tourbe et ses rapports avec celle de la houille

La formation de la tourbe qui s'opère sous nos yeux, a fait songer à la formation de la houille ; tandis que Morton faisait remonter la tourbe au déluge, certains auteurs considéraient la houille comme une tourbe antédiluvienne. Deux théories sont en présence :

La première prétend que les plantes qui ont concouru à la formation de la houille ont été charriées par les eaux.

La seconde prétend que la houille s'est formée sur place à la manière des tourbières, mais avec des végétaux bien différents.

M. B. Renault écrit à ce sujet[1] :

« La place occupée, dans les terrains sédimentaires, par les tourbes, les lignites, la houille, l'anthracite et la structure organique que l'on trouve de moins en moins distincte, à mesure que l'on passe de l'un de ces combustibles au plus ancien, ont fait émettre l'opinion que la matière végétale éprouvant, sous l'action prolongée de la chaleur et de l'humidité, une altération de plus en plus grande, passait successivement par ces divers états dont la composition est indiquée par le tableau suivant :

Désignation	H	C	O	Az.	Coke	Cendres	Densité
Cellulose	6,17	44,44	49,38	—	—	—	1,47
Tourbe	5,63	57,03	29,67	2,09	—	5,58	—
Lignite.	5,59	70,49	17,20	1,73	49,1	4,99	1,2
Acide ulmique . .	3,85	65,31	30,83	—	—	—	—
Ulmine	3,38	69,56	27,05	—	—	—	—
Houille.	3,14	87,45	4,00	1,63	68	1,78	1,29
Anthracite . . .	3,30	92,50	2,53	—	89,5	1,58	1,3

1. B. Renault : *Les plantes fossiles.*

« En comparant ces chiffres entre eux, on voit, que la quantité d'hydrogène diminue dans des proportions notables, que le poids de carbone augmente au contraire assez rapidement, tandis que celui de l'oxigène diminue. On en a conclu que, dans les premières transformations des matières organiques, végétales, c'était d'abord de l'hydrogène protocarboné qui se dégageait puis, plus tard, de l'acide carbonique.

« Non seulement, il est impossible d'indiquer actuellement par quelles opérations ces transformations se sont effectuées et de les représenter par des formules chimiques, mais le problème restera peut-être encore longtemps insoluble ; en effet, la houille est un produit essentiellement complexe qui provient de l'altération de tissus divers appartenant aux plantes les plus variées ; il est impossible que la dissemblance d'origine n'ait pas amené, dans des conditions identiques de milieu et de traitement, des différences physiques et chimiques dans des produits définitifs ; certains procédés pour la préparation des plantes houillères montrent en effet qu'un même organe, une feuille par exemple, renferme de la houille à divers états, bien que cette feuille ait été soumise dans toutes ses parties aux mêmes causes d'altération.

« De l'impossibilité où l'on est maintenant de traduire par des formules chimiques les réactions qui auraient fait passer la cellulose à l'état d'anthracite, en devenant successivement lignite ou houille, on ne peut conclure que ces états intermédiaires n'ont pas été franchis par les matières végétales en voie de transformation ; les analyses que nous avons rappelées plus haut ne représentent en effet que des moyennes de composition, se rapportant à une transformation en bloc d'organes divers, de plantes variées, et il serait bien extraordinaire que ces moyennes puissent s'accorder avec les transformations subies par un produit bien défini comme la cellulose.

« La houille renfermant un nombre considérable de débris de végétaux avec structure conservée, il est plus naturel d'admettre que ce sont ces plantes et leurs produits qui, par une altération spéciale, ont formé les différentes variétés de ce combustible.

« Qu'à l'époque de la formation du terrain carbonifère, les altérations des matières végétales ne les faisaient pas immédiatement passer à l'état de houille, puisque les galets de houille, et les roches siliceuses nous ont conservé ces matières à des degrés divers d'altération.

« Que, cependant, à cette époque plus qu'à toute autre, la macération et les organismes amenaient assez rapidement cette transformation puisqu'un même bassin houiller de petite étendue pouvait contenir dans certaines parties, de la houille toute formée, tandis que dans d'autres elle était seulement en train de se déposer.

« Que la houillification semble comprendre deux opérations ; la première, purement chimique dans laquelle les tissus végétaux ou leurs produits offrent une composition variable de moins en moins riche en oxygène et en hydrogène et de plus en plus riche en carbone ; la seconde purement mécanique, qui en desséchant et comprimant les produits houillifiés dans un milieu perméable lui fait acquérir les propriétés physiques que nous lui connaissons.

« Que les propriétés physiques et chimiques de la houille dépendent de la nature chimique et physique des tissus végétaux d'où elle dérive, puisque des tissus semblables donnent des houilles présentant de légers écarts dans leur composition.

« Que, si la production de la houille s'est ralentie, puis a cessé dans les étages plus récents, cela tient d'une part à ce que la flore a changé presque complètement, que les végétaux ont vécu moins nombreux sur le globe, que les conditions de milieu sont devenues de moins en moins favorables à la houillification de leurs tissus »[1].

Le docteur Frédéric Bergius, de Hanovre, dans un Mémoire publié à Halle en 1913, a esquissé une imitation de la formation du charbon. Le Dr Bergius et son assistant Hugo Specht ont étudié les réactions qui se produisent aux températures et aux pressions élevées, et tenté de produire du charbon en partant

---

[1]. Renault : *Les plantes fossiles.*

de la cellulose, du bois, de la tourbe, etc., le procédé n'est probablement que le procédé de la nature accéléré à un degré énorme par l'intervention de température et de pressions élevées.

La décomposition complète de la cellulose développe environ 70.000 calories gramme par molécule de matière. Cette chaleur énorme, si elle était dégagée instantanément entraînerait la combustion plutôt que la carbonisation de la matière. Dans la nature, la transformation nécessiterait probablement des millions d'années et l'élévation de température serait insignifiante. Suivant le géologue allemand Potonié, la tourbe à une température de 10° en moyenne nécessiterait 8 millions d'années pour se transformer en houille[1].

Cette transformation, au laboratoire, à vitesse énormément accélérée est possible dans les conditions des expériences de Bergius parce que la température ne s'élève pas au delà de certaines limites, grâce à la disposition spéciale de l'appareil.

Quelques résultats des travaux du Dr Bergius et de M. Hugo Specht sont réunis dans le tableau ci-dessous :

Matière	Température °C.	Temps en heures	Analyse du charbon produit			
			C	H	O	Az
Tourbe sèche	—	—	52,4	41,4	5,50	0,7
—	950	8	74,3	19,4	5,20	1,07
—	300	8	77,0	16.9	5,00	1,07
—	340	8	81,2	13,3	4,65	0,89
—	340	24	84,0	10,4	4,62	0,95
—	340	61	83,5	11,0	4,60	0,97

(Ce tableau donne la composition de la tourbe séchée, mais le plus souvent elle est employée humide, telle qu'elle doit être naturellement),

Ce tableau montre que le pourcentage de carbone croît avec la température et la durée du chauffage jusqu'au maximum de 84 0/0.

Le produit final est presque le même soit que la matière soit

---

1. Potonié...

chauffée à 310° pendant 64 heures ou à 340° pendant 8 heures.
Un accroissement de 30° dans la température correspond à
une rapidité 8 fois plus grande de la réaction et comme $8 = 2^3$
un accroissement de 10° doublerait la vitesse de la réaction.
Cette température de 10° serait la température normale de la
réaction chimique naturelle.

En partant de cette base, le Dr Bergius a trouvé que pour
produire aujourd'hui une houille tenant 87 0/0 de carbone, il
aurait fallu environ 8 millions d'années. Un charbon bitumineux contient de 75 à 90 0/0 de carbone et de 4 à 5 0/0 d'hydrogène.

Le Dr P. Bergius avec de la cellulose a obtenu un charbon
contenant 85 0/0 de carbone et 5,2 0/0 d'hydrogène (un peu
de méthane et d'acide carbonique s'échappa du cylindre d'essais
quand on l'ouvrit). Le charbon noir était pulvérulent; très
semblable au charbon chimiquement, il en était physiquement
tout différent.

Au cours d'essais ultérieurs, le Dr Bergius réussit à produire
un charbon ayant l'aspect physique de la houille en soumet-
tant le charbon pulvérulent à l'action simultanée de températures et de pressions élevées.

Le Dr Bergius s'appuya sur ces expériences, devant la Société
de Chimie Industrielle de Londres, pour distinguer une période
de carbonisation et une période de formation d'anthracite. La
carbonisation selon lui se produirait plus ou moins vite aux
pressions ordinaires, l'anthracite exigeant de hautes pressions.
Une élévation de température active simplement la carbonisation qui, en tous cas se produirait plus lentement. L'anthracite
ne peut pas se produire sans hautes pressions : c'est nécessaire-
ment par suite une vieille houille. La houille ordinaire peut
être plus vieille, elle demeure houille ordinaire tant qu'elle
n'aura pas subi une pression suffisante pour se transformer en
anthracite ; cela expliquerait comment on trouve le plus souvent l'anthracite dans les couches récentes et comment la
houille des couches paléozoïques peut être beaucoup plus pauvre
en charbon que la houille des couches mésozoïques.

A l'appui de ces hypothèses, le Dr Bergius montre que des pressions de 5.000 atmosphères à la température ordinaire, ne transformeraient pas sa houille pulvérulente en masse compacte, tandis que l'application de hautes pressions, à des températures élevées, produit une sorte d'anthracite dont la teneur en carbone et la densité sont fonction de la température et de la durée de la pression.

Les échantillons que le Dr Bergius présenta aux membres de la Société de Chimie Industrielle ressemblaient au toucher à du jais ou du cannel-coal.

Le Dr Bergius n'a pas parlé du méthane que contiennent malheureusement la plupart des houilles. Il a cependant extrait de sa houille artificielle, par distillation, quelques composés.

Sa communication souleva de vives discussions sur le point de savoir si son produit était ou non de la houille. Quoiqu'il en soit, les recherches du Dr Bergius ont jeté quelque lumière sur la formation des houilles ; elles contribueront beaucoup à la solution de ce problème.

Dans une communication plus récente à Breslau, en août 1913, devant la Société Bunsen, le Dr Bergius a communiqué les résultats des recherches poursuivies par M. Billwiller.

Les résultats obtenus précédemment ont été confirmés.

A 340° on obtient un charbon contenant 84 0/0 de carbone et 4,8 0/0 d'hydrogène, avec une perte d'une molécule d'acide carbonique et de quelques molécules d'eau. Bergius en déduit que cela renforce son argumentation et que la décomposition naturelle de la cellulose ou de la tourbe, au cours de millions d'années produirait de la houille et non de l'anthracite, à moins que des pressions trop élevées n'interviennent.

Des appareils à haute pression réalisés avec le concours de la Compagnie « Continental » permirent de réaliser à la fois des pressions de 5.000 atmosphères et des températures de 340°. Le gaz recueilli donna à l'analyse :

Méthane...............	CH^4	70 à 80
Acide carbonique.......	CO^2	8 à 15
Hydrogène..............	H	10 à 20

tandis que le gaz recueilli après des expériences où seule la température intervenait a été trouvé pratiquement exempt de méthane.

Il ne semble pas que le charbon obtenu finalement et présenté comme anthracite ait jamais contenu plus de 89 0/0 de carbone. Le Dr Bergius attire l'attention sur le fait que dans les gisements de houille, l'anthracite et les charbons maigres sont trouvés aux points qui apparemment ont subi les pressions les plus élevées, tandis que le charbon maigre se rencontre aux endroits de moindre pression et qu'au point de vue des dégagements gazeux, les premiers dépôts sont les plus dangereux.

C'est une conclusion peut-être un peu trop générale.

CHAPITRE III

Classfication des Tourbières

Les tourbières varient énormément, suivant les localités, non seulement d'aspect, mais aussi de composition. Ces différences tiennent au climat, aux mousses, à l'humidité, à l'évaporation de l'eau, à la nature du sol.

Dans son « Traité de Géologie », M. A. de Lapparent classe les tourbières d'après leur situation topographique.

Dans les vallées, les tourbières sont des espaces très étroitement limités, garnissant uniquement le fond plat de vallées d'érosion et, présentant, par l'abondance de leurs eaux, un contraste remarquable avec l'ensemble de la contrée qui les environne.

En France, les tourbières de la Somme nous en offrent l'exemple le plus caractéristique.

Les tourbières de Champagne sont également des tourbières de vallées.

Il existe encore des tourbières de hautes vallées montagneuses telles que celles du Jura Neuchâtelois.

Les tourbières des pentes s'observent dans les Vosges, dans le Morvan, les Alpes, les Pyrénées. Elles sont généralement situées dans des affleurements granitiques et constituent ce que certains auteurs nomment des marais émergés.

C'est dans les plaines que se rencontrent les tourbières les plus importantes, telles sont celles des contrées septentrionales de l'Irlande, de la Lithuanie, et du Holstein.

Quelle que soit l'altitude, l'inclinaison du terrain qu'elles recouvrent, on peut distinguer les types suivants de tourbières :

1° Les tourbières *plates* ou *basses* (Bottom peats, Niedrige Moore) où dominent les hypnums, ainsi nommées parce que

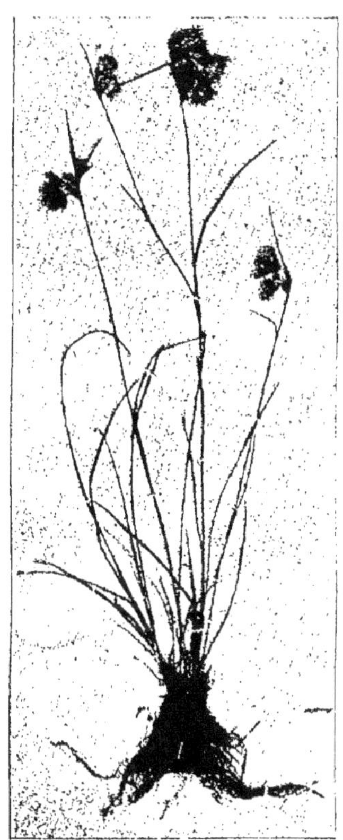

Fig. 3. — Eriophore.

leur surface est aplatie. Lesqueranx les appelle infra-aqua-
tiques. Elles se rencontrent particulièrement dans les terrains
calcaires, surtout dans les vallées.

2° Les tourbières *bombées* ou *hautes* (Hochmoore, Hill peats)
constituées par les sphaignes, les Andromèdes, les Bruyères et
les Sapins. Elles doivent leur nom à ce que la partie centrale
est plus élevée que les bords. Elles se développent sur les
sols argileux, imperméables ; leur profondeur varie de 10 à
13 mètres, quelquefois plus. Lesquereux leur donne le nom de
supra-aquatiques.

3° Les tourbières *boisées* (Waldmoore) où l'on rencontre, souvent associés aux sphaignes, des vacinium, des aunes, des
bouleaux qui constituent la dernière phase par où passe la
tourbière.

Suivant M. Coquidé, d'après les plantes qui ont concouru à
leur formation on peut distinguer en France et dans les pays voisins deux grandes catégories de tourbes absolument différentes[1].

La première formée aux dépens des mousses du genre Sphagnum, peut être désignée sous le nom de *sphagnite*. Elle se
rencontre soit sur des sols sableux comme en Sologne, en
Hollande, dans le Nord de la Belgique, soit sur des sols granitiques, c'est le cas en Bretagne, dans le Massif Central, les
Alpes, les Vosges, en Irlande, en Scandinavie, au Canada, au
Groënland, enfin sur d'anciennes tourbières de la deuxième
catégorie, par exemple dans le Jura, la Haute-Saône.

Cette variété de tourbe est acide, d'une teinte claire, très
mousseuse et très légère, on y reconnaît facilement les mousses
qui l'ont formée. La sphagnite sèche est molle et compressible.
Elle a un pouvoir d'absorption considérable qui la fait choisir
pour l'absorption de substances liquides ou gluantes, comme
litière par exemple, ou pour l'alimentation du bétail.

Les sphagnières se rencontrent dans les montagnes, mais il
en existe également au niveau et sur le bord des mers, en Campine, en Hollande, dans l'Allemagne du Nord. Elles se présentent toujours avec une surface convexe vers le ciel.

[1] Coquidé, *Vie agricole*, 1914, n° 26.

Les tourbes de la deuxième catégorie sont constituées au moyen de mousses très différentes, appartenant surtout au genre hypnum mais aussi aux Carex et à quelques autres plantes, telles que les joncs, les roseaux du genre Phragmite, etc... On lui donne suivant le cas, le nom d'*Hypnite*, de *Caricite*, ou, le plus souvent d'*Hypnocarcite* les deux végétations étant le plus souvent associées.

L'hypnocaricite, en son état normal est noire, homogène, humide, elle se coupe au couteau comme de la gelée, et présente, comme cette substance, une certaine élasticité. C'est de là que lui vient le nom de « tourbe lard » (Specktorf) que lui donnent les Allemands. Sèche, elle est dure, cassante et constitue un véritable charbon.

Son pouvoir absorbant, bien qu'élevé, est beaucoup moindre que celui de la sphagnite. Si elle retient assez bien les engrais, il n'en est pas de même de la mélasse. Aussi ne saurait-elle servir d'aliment au bétail, mélangée à un aliment liquide ou sirupeux. Elle est également impropre à faire une bonne litière.

L'hypnocaricite est surtout développée sur des calcaires tendres, notamment la craie, et remplit le fond des vallées ou des cuvettes qui ont pu se constituer.

Pour qu'elle se développe, il faut qu'il y ait de l'eau liquide qui y soit retenue et s'écoule lentement. Si le sous-sol est crayeux, donc perméable, du moins faut-il qu'il se soit déposé par un colmatage préalable, une petite couche de glaise sur ce sous-sol. Les eaux doivent être très limpides, l'apport d'eaux limoneuses entraîne la mort de la tourbière, aussi bien que la submersion ou le dessèchement. L'hypnocaricite est neutre, tout au plus est-elle chargée de calcaires, étant imprégnée d'eaux calcaires.

On distingue plusieurs variétés de cette tourbe : A la base, au-dessus de la craie et de la courche de glaise, que les tourbiers de la Somme appellent respectivement *cran* et *glui* et dont la présence indique le fond du banc de tourbe, on trouve de la *tourbe grise*, très chargée de matières minérales, et la plus ancienne en date, en raison de sa teneur en éléments minéraux, on l'appelle *tourbe à cendres*. Au-dessus, vient la grande masse de tourbe noire, combustible, brûlant bien, en donnant peu de cendres. Plus haut, on rencontre la *tourbe brune*, qui n'est pas encore suffisamment faite, et où l'on reconnaît encore les végétaux originaux. Les débris sont fortement serrés les uns contre les autres, ce qui donne à la couche l'aspect feuilleté.

Au-dessus, se trouve la *tourbe dite mousseuse* où les filaments végétaux sont très discernables, incomplètement décomposés et réunis par une substance ulmique qui constitue le ciment réunissant les débris organiques. Cette variété est de couleur brune, plutôt claire, même jaune. Elle est très spongieuse et d'une très grande légèreté. Enfin, si la tourbière est encore en activité à mesure que l'on monte on trouve des tourbes de plus en plus mousseuses et, finalement, les mousses, carex, etc... encore vivantes.

On désigne parfois sous le nom de *tourbe blanche* une tourbe contenant une énorme quantité de calcaires; ce dépôt s'étant effectué au sein même de la tourbière ou bien provenant de l'incendie de la tourbe précédente. La tourbe en cet état n'est pas combustible.

Les variétés de tourbe ne se rencontrent pas toujours dans l'ordre où nous les avons décrites. Si les eaux ne sont pas assez pures, par exemple, on n'aura que de la tourbe grise. Une tourbière jeune ne renferme que de la tourbe brune et de la tourbe mousseuse. Les gisements de tourbe peuvent se trouver séparés par d'autres sédiments parfois mariés et formés en couches superposées, tels sont les bancs tourbeux du Marquenterre, du Calaisis, les tourbières du Calvados entre l'embouchure de la Seulhe et de l'Orne, sur les bords de la plaine de Caen et du Bessin.

Il ne faudrait pas croire qu'une vallée dite tourbeuse soit uniquement comblée de tourbe. Rien n'est variable comme l'épaisseur des gisements d'Hypnocaricite[1].

S'il y a environ 10 mètres d'épaisseur de tourbe près

---

[1] *Vie Agricole*, 1914, n° 26.

d'Amiens et à Long, entre Amiens et Abbeville, il y a d'autres
endroits où la couche n'est que de quelques centimètres, ou
même arrive à manquer. La tourbe s'est formée dans des
cuvettes plus ou moins petites longeant la Somme mais n'a
guère formé de grandes nappes continues comme ce serait le
cas pour la sphagnite.

Il en est de même pour la profondeur à laquelle se trouvent
les gisements. Selon les stations, la tourbe affleure ou bien est
recouverte d'une très grande quantité de déblai si bien qu'elle
peut ne plus être avantageuse à exploiter. Le plus souvent la
tourbe repose dans l'eau, étant située au-dessous du niveau
d'eau de la vallée. Il faut l'extraire dans l'eau, il ne faudrait
pas en conclure que tourbières et marécages sont synonymes.
S'il est vrai que les tourbières sont souvent marécageuses, il
existe un grand nombre de marécages non tourbeux et des terrains tourbeux non marécageux.

Il ne faut pas non plus confondre les tourbes proprement
dites avec des sols humiques de forêts, des sols humiques de
landes, et en particulier des terres de bruyères.

D'après l'école de tourbe de Markaryd en Suède, les diverses
catégories de tourbe se divisent en deux groupes :

1° *Tourbe de mousse.*

2° *Tourbe d'herbe.*

Divisés chacun en trois sous-groupes.

1. TOURBE DE MOUSSE.

Ce groupe comprend :

A. Tourbe de sphaignes. — La nature poreuse des sphaignes,
dont la composition consiste virtuellement en cellulose avec
une petite portion seulement d'albumine, rend la tourbe de
sphaigne très résistante à l'humification. Elle contient une très
petite quantité de substances inorganiques, parce qu'elle pousse
sur du terrain et dans de l'eau contenant peu de principes
nutritifs, et donne par suite, quand on la brûle, peu de cendres.

Bien humifiée, elle a une assez bonne cohésion et fournit un combustible bon mais léger et poreux qui, dans des conditions désavantageuses, demande plus de temps pour sécher qu'un combustible fait avec une tourbe plus compacte.

Le poids par unité de volume s'augmente considérablement au moyen d'une opération intensive de décortiquage qui améliore aussi les conditions de séchage.

La mousse et la tourbe de sphaigne sont très employées, comme matière première pour la fabrication de litière, et ont été ou sont employées pour la fabrication du papier, de bourrage, matières isolantes, usages médicaux, fabrication d'alcool, etc...

B. Tourbe d'Hypnes. — La mousse d'hypnum exige de la chaux et se trouve par conséquent dans les terrains calcaires. Contrairement aux sphaignes, les hypnes ont des cellules à parois épaisses sans pores ni cellules spiralées. Elles s'humifient lentement, donnent beaucoup de cendres, sont peu plastiques. C'est seulement quand elles sont bien humifiées qu'elles conviennent à la fabrication de combustible.

C. Tourbe de mousse forestière. — Cette catégorie de tourbe est faite de mousses, bruyères et résidus des forêts. Les troncs d'arbres et les racines sont généralement abondants, à l'exception du pin. Ces débris sont décomposés, tendres, faciles à réduire en pulpe dans une bonne machine à tourbe. Cette tourbe s'humifie facilement, mais a généralement peu de cohésion. Elle s'améliore par le malaxage.

Sa teneur en cendres varie de 5 à 8 0/0.

Quand elle est bien humifiée et convenablement traitée, elle donne un beau combustible d'une valeur relativement élevée. Une partie de la végétation de ces tourbières est toujours composée de sphaignes et d'hypnums suivant la nature du sol.

II. Tourbe d'herbes.

On divise ce groupe en :

A. Tourbe de mer. — Cette tourbe est principalement faite de débris de plantes comme des phragmites, des senpes, des prêles mêlées le plus souvent de menianthes, de nymphées, etc... Elle s'humifle facilement mais contient beaucoup de racines et de débris d'animaux. Bien humifiée, elle donne une masse plastique et tendre qui peut faire un combustible lourd et compact.

B. Tourbe de souches. — Elle est formée par les débris d'une grande variété de plantes de la famille des laîches, mêlées de mousses. La composition est très variable. On peut avoir une tourbe lourde et compacte aussi bien qu'une tourbe légère et poreuse. Ces tourbières sont en général impropres à la fabrication du combustible.

C. Tourbe d'ériophores. — C'est la meilleure matière pour la tourbe combustible. Bien humifiée, elle donne un combustible mou, lourd, compact, d'un séchage relativement facile et contenant de 0,75 à 4 0/0 de cendres.

Fig. 4. — Vaccinium Corymbosum.

CHAPITRE IV

Gisements de Tourbe

On trouve des tourbières en France, dans vingt-deux départements. En 1882, leur superficie était évaluée à 46.319 hectares, en 1892 à 38.292 hectares.

Les principales tourbières se trouvent en Picardie et dans la Flandre, aux environs d'Amiens et de Saint-Omer. Ce sont des tourbières de vallées, plates et basses. Les rivières coulent sans pentes bordées de marécages.

La vallée de la Somme renferme les plus importants dépôts dont l'exploitation constitue une industrie importante du département de la Somme. Ces tourbières formées d'Hypnums et de Carex donnent une tourbe qui, soit légère, soit lourde, est composée de matières végétales généralement courtes, riches en azote.

Les dépôts se répartissent très inégalement le long de la Somme et de ses affluents. En remontant la vallée, depuis l'embouchure de la Somme on trouve d'abord sur la gauche les tourbières de Marquenterre et celles de la région d'Abbeville, principalement dans le canton d'Ailly-le-Haut-Clocher, à Bray-le-Mareuil, Long-le-Catelet et Saint-Riquier, à Longpré-les-Corps-Saints, etc... Aux environs d'Amiens, la tourbe existe en nombreux dépôts, notamment, à Longueau et à Camon, au confluent de la Noye et de la Somme. La vallée de la Noye renferme également d'importants dépôts, notamment ceux de la Faloise depuis longtemps célèbres, de Davenescourt, la Noye sur sa rive gauche reçoit l'Avre et au confluent se trouvent les tourbières de Thésy. En continuant à remonter la Somme, on rencontre la tourbe notamment à Corbie et à Bray sur Somme, à Ham, à Dury, à Saint-Simon, à Allezy, à Cugny, à Annois, à Artemps, à Happencourt, entre Ham et Saint-Quentin, on peut dire que la Somme, de sa source à son embouchure coule dans un milieu de bancs de tourbe, et l'on en trouve de nombreux dépôts le long de ses affluents, surtout l'Avre, la Noye et la Celle.

Dans la vallée de la Maie, aux environs de Rue, existent de vastes tourbières plus ou moins recouvertes de sable et de dépôts d'alluvions.

La vallée de l'Authie présente les mêmes caractères, surtout aux environs de Nempont.

La vallée de la Canche, tourbeuse dans toute son étendue, contient des dépôts intéressants à Brimeux et à Lespinoy entre Montreuil et Campagne-lez-Hesdin.

Les bassins voisins de celui de la Somme renferment aussi quelques gisements importants de tourbe. Dans la vallée de l'Aisne, *aux environs de Laon*, le long de l'Ardon et de la Souche, existent d'importantes exploitations. A Chiores, à Machicourt, à Pierrepont, à Nouvion, à Missy-lez-Pierrepont, à Marchais (3 kilomètres de N.-D. de Liesse). La société des marais de la Souche était en 1914 une des principales exploitations françaises. On trouve également des tourbières à Vesles-et-Caumont, à Molinchart, puis à l'Ouest de Laon, à Quincy, à Clacy, à Barisis au Sud-Est de Chauny.

Dans la vallée de l'Oise, on rencontre aussi un certain nombre de tourbières importantes, particulièrement aux environs de Compiègne, à Villers-le-Coudun, et, proche de là, à Marest-sur-Matz, le long de la Matz qui se jette dans l'Oise à Ribécourt.

La vallée du Thiérain, affluent de l'Oise renferme aussi des tourbières en particulier celles de Bresles. La Bresche qui se jette dans l'Oise, près de Creil présente des dépôts de tourbe à Breuil-le-Sec.

Au Nord des collines du Boulonnais, dans le Calaisis, l'Ardrésis et la Flandre, particulièrement aux environs de Saint-Omer, on trouve des dépôts allant jusqu'à 9 mètres de profondeur; à Ardres, près du pont d'Ardres, on trouve de la tourbe à toute profondeur, en un grand nombre de couches séparées par des dépôts d'alluvions. Si l'on tire une ligne partant de Calais passant par Ardres, Saint-Omer, Wormhoudt et de là vers Gand, tout le pays compris entre cette ligne et la mer est semé de tourbières inégalement distribuées sur 20.000 hectares.

Malheureusement, aux endroits où les dépôts étaient le plus importants, l'exploitation a été faite sans règle et sans aucune prévoyance.

Les principaux gisements étaient à Ardres, le long de l'Aa, à Saint-Omer (faubourg du Haut-Pont, de Lizel), à Clairmarais ; la Houle qui se jette dans l'Aa à Watten, la Hem, dans leur cours inférieur contiennent des dépôts de tourbe plus ou moins recouverts de morts terrains. On signale la présence de tourbe aux environs de Zutkerque, de Nortkerque. En fait elle se trouve un peu partout dans le pays mais dans des conditions qui n'en permettent pas toujours l'exploitation.

On trouve encore des marais tourbeux dans la vallée de la Ternoise, dans la vallée de la Lys, dans celle de la Scarpe ; le long de l'Escaut supérieur existent également des tourbières, particulièrement à Condé-sur-Escaut.

Les autres régions de la France sont beaucoup moins importantes : dans la *Marne*, il faut signaler les marais de Saint-Gond qui présentent cette particularité que plus on descend plus la tourbe est légère ; ceux de Pleurs dont dépendent les tourbières de Faux-Fresnay et de Courcemain à 58 kilomètres d'Epernay. Les tourbières de la Haute-Marne, quoique plus étendues que les précédentes, ne sont guère exploitables et offrent peu d'intérêt.

Les tourbes des *Ardennes* sont herbacées et spongieuses. On compte deux gisements principaux de ce combustible, l'un dans la vallée de la Bar, l'autre sur les plateaux et dans les vallons du terrain ardoisier à un niveau élevé.

Le dépôt de la vallée de la Bar, connu depuis longtemps, est surtout développé entre Buzancy et Germont. La plus grande épaisseur du banc est près d'Harricourt sur la ligne de partage des eaux des vallées de la Seine et de la Meuse à 170 mètres environ au-dessus du niveau de la mer. Cette partie la plus importante du gîte se trouve à peu de distance des sources de la Bar.

Un grand nombre de tourbières ont été ouvertes dans l'arrondissement de Rocroy (communes de Rocroy, Regniowez, La Neuville-aux-Tourneurs, Chatelet, Bourg-Fidèle, Gué d'Hossus, Sevigny-la-Forêt) et dans l'arrondissement de Mézières à Sécheval, à Renwez.

Tous ces dépôts tourbeux existent à l'affleurement du terrain ardoisier.

Les produits de l'exploitation servent aux usages domestiques, on a essayé parfois avec succès de les employer au chauffage des chaudières, notamment pour les brasseries[1].

Dans l'*Aube*, à Nogent-sur-Seine, on trouve, au Petit Marais, de la tourbe compacte et lourde, et à l'étang de Boulages, une tourbe spongieuse et légère.

Aux environs de Paris, Challeton de Brughat a exploité la tourbe à Mantanges et, Bocquet et Bénart, à Mareuil-sur-Ourcq.

On rencontre encore quelques exploitations en Seine-et-Oise et en Seine-et-Marne, à Longueville à 8 kilomètres de Provins. Dans l'est de la France, on trouve un groupe de gisements qui s'étendent de Lure dans la Haute-Saône jusqu'à Épinal. De ce groupe dépendent les tourbières de Faucogney, de Lantenot dans la Haute-Saône, de Clerjus, de Corbéfaing, du Champ de Feu, dans les Vosges.

Dans le *Jura*, les tourbières sont très nombreuses, les plus importantes sont celles de Nozery et de Bief du Fourg. L'exploitation y est faite par la commune pour l'usage des habitants. Dans les montagnes du Jura, les marais tourbeux ne commencent à se montrer qu'à des altitudes supérieures à 800 mètres, les couches inférieures se composent de Carex, puis sont venues les Hypnes et enfin la tourbe formant un filtre qui débarrasse les eaux de leur calcaire, enfin apparaissent les Sphaignes[2].

Dans la *vallée du Rhône*, le marais tourbeux de Lavours

1. Jean Hubert, *Géogr. hist. des Ardennes*, 1856, p. 57.
2. Chanoine Bourgeat, *Tourbières du Jura* (1888).

s'étend sur les deux rives du Rhône et pénètre en Savoie, il couvre une superficie de 4 kilomètres carrés.

Près du hameau d'Aignoz, aux environs de Ceyzérieu, se trouvent également de petites exploitations. A Culez, une société importante a exploité 16 hectares de tourbières. Les marais des Échets s'étendent sur 120 hectares, la surface est très morcelée malheureusement. Les tourbes du Rhône sont des tourbes pour combustible.

Dans le département de l'*Isère*, près de Bourgoin, dans les arrondissements de la Tour-du-Pin et de Vienne, existent des tourbières qui donnent lieu à une exploitation assez importante pour fournir aux habitants la plus grande partie du combustible qu'ils emploient. On trouve des exploitations notamment à Veyrins, les Avenières, Panins et Saint-Didier.

Les tourbières des *Basses-Pyrénées* sont réparties sur deux gisements principaux voisins l'un de l'autre, dans la vallée du Gave d'Ossau ; ce sont ceux de Buzy, Buziet, Ogeu, d'une part, de Sainte-Colonne, de Souvie Juzon, d'autre part.

Dans le département de la *Dordogne*, la vallée de la Lizonne renferme des tourbières dont la partie supérieure est constituée par une tourbe relativement spongieuse et légère ; les végétaux qui la composent n'ont subi qu'une carbonisation fort incomplète. Cette tourbe est par cela même un très médiocre combustible, mais elle pourrait avantageusement être employée comme litière. Les gisements les plus importants sont dans les communes de Nanteuil, Vendoire, Auriac.

Dans le *Puy-de-Dôme*, ainsi que dans le *Cantal*, se trouvent de nombreux gisements qui sont surtout exploités en vue de la production du combustible. Ils se trouvent principalement dans la région du Cézallier à 1.000 mètres d'altitude. Ils sont composés dans les parties hautes de tourbe spongieuse, extrêmement légère, après dessication, et de tourbe compacte dans les parties basses. Ces tourbes sont en général très peu chargées, sinon totalement dépourvues de matières terreuses.

Les communes ou se trouvent les tourbières les plus importantes sont celles du Landeyrat, de Ségur, de Luzarde, de Montgrelet dans le Cantal, d'Egliseneuve-d'Entraigues, de la Godi-velle, de Saint-Alyre et d'Espinchal dans le Puy-de-Dôme.

Le département de la *Loire-Inférieure* est un de ceux où les tourbières sont les plus étendues. Sur une superficie totale de 687.456 hectares on compte 9.500 hectares de tourbières.

On extrait la tourbe dans les *brières* des environs de Montoir et surtout à l'Ouest du Sillon de Bretagne qui court de l'Ouest vers le Nord, de Nantes à Pont-Château, dans la « Grande-Brière ». Cette vaste tourbière s'étend sur une surface de 6.600 hectares appartenant à 17 communes dont seuls les habitants ont le droit d'extraire la tourbe.

La Grande-Brière est recouverte sur presque toute la surface d'un banc tourbeux d'une épaisseur de 60 à 80 centimètres, criblé d'excavations irrégulières par des tourbages effectués sans aucun ordre depuis plusieurs siècles.

Aujourd'hui, l'extraction n'est autorisée que pendant neuf jours par an, au mois d'août ; les permis délivrés par les maires ont monté parfois à plus de 4.000.

Les mottes de tourbe de la Brière sont très recherchées pour le chauffage domestique, et employées à Nantes, depuis un temps immémorial, dans les petits ménages.

La Grande-Brière est sillonnée de nombreux canaux que les briérons parcourent sur de petites embarcations à fond plat, appelées *blains*.

Il existe aussi des tourbières, moins importantes aux envi-rons de Savenay.

On trouve également des dépôts de tourbe le long de la Bou-tonne qui prend sa source près de Chef-Boutonne, dans l'arron-dissement de Melle (Deux-Sèvres) et se jette dans la Charente, en amont de Tonnay-Charente, dans l'arrondissement de Roche-fort (Charente-Inférieure).

BELGIQUE.

On distingue en Belgique, trois régions de tourbières.

La première qui forme la suite des tourbières du Nord de la

France est située à l'Ouest d'une ligne qui partant de Rousbrugge à la frontière française, passerait par Gand et de là suivrait les bords de l'Escaut. On a constaté la présence d'importants dépôts de tourbe à Furnes, à Ostende, comme dans le pays de Waes et à Bruges. Dans presque tous les grands travaux d'art on a dû prendre des dispositions spéciales pour les fondations par suite de la présence de la tourbe. Ces bancs de tourbe sont recouverts de morts terrains, (la plupart du temps du sable), et d'alluvions, sous des épaisseurs qui en rendent l'exploitation impossible. Tout le sous-sol du pays est de la tourbe, et Boullainvilliers décrivant le pays dans son ouvrage « État de la France » écrivait : « Tout le dessous de cette terre a été autrefois une grande et vaste forêt que la mer a renversée ».

Les tourbières reposent sur du calcaire marin qui parfois est recouvert d'argile diluvienne.

Sur la rive droite de l'Escaut, à la frontière Hollandaise à l'Est d'Anvers, dans les plaines sablonneuses du pays de Turnhout, existent des tourbières qui donnent actuellement lieu à d'importantes exploitations en vue de la fabrication des litières, à Poppel et à Réty. Cette région limitée au Sud par la Grande-Néthe se prolonge jusque Lummen et Beeringen.

Les tourbières de la troisième région se trouvent dans l'Ardenue où elles alternent avec les plateaux marécageux et incultes pour former ce pays d'une physionomie si particulière, qu'on appelle la Fagne (Hohen, Vehen, Hautes-Fagnes). On exploite des tourbières près de Hockai, dans les environs de Jalhay, dans la région des fagnes qui s'étend à l'est de la ligne Eupen à Verviers, Spa, Stavelot. Les exploitations servent à la consommation locale.

HOLLANDE.

Il existe en Hollande de vastes tourbières dont l'exploitation occupe de nombreux bras et dans beaucoup d'endroits est la principale ressource de la population.

Les tourbiers de Hollande sont favorisés par la nature de leurs pays sillonné d'un réseau de voies navigables qui permet de réduire les frais de transport au minimum et d'exporter la tourbe à l'étranger.

Les blocs découpés et séchés sont vendus au taux de 10 pour 5 cents (10 centimes).

On distingue en Hollande :

1° Les *Lage Venen* ou tourbières basses qu'on trouve dans les alluvions argileuses déposées sur les bords de la mer par le Rhin, la Meuse et l'Escaut.

2° Les *Hooge Venen*, tourbières hautes qui reposent sur les terrains quaternaires ou le sable domine.

Dans les tourbières basses qu'on trouve sur le littoral, l'épaisseur de la tourbe varie de 1 à 4 mètres et va exceptionnellement à 6 et 8 mètres.

On y trouve des essences d'arbres aujourd'hui rares dans le pays aussi des noisetiers ; des troncs de saules et de pins y sont abondants tandis que dans les tourbières hautes se rencontrent des pins. Il y a souvent aussi des objets travaillés par l'homme. On trouve fréquemment des planches, des *pontes longi* employées par les Romains pour la traversée des tourbières.

Ces nombreux vestiges d'arbres indiquent que le pays était autrefois recouvert de forêts, aujourd'hui détruites. Un fait remarquable, c'est que les objets enfouis dans la tourbe remontent peu à peu par suite des trépidations imprimées au sol et finissent par affleurer la surface.

La surface des tourbières hautes suit les ondulations du sol sablonneux sur lequel elle repose, et se trouve plus élevée au milieu que sur les bords.

La couche supérieure épaisse de 20 à 50 centimètres, appelée bolster, est composée de restes de mousses qui n'ont pas encore passé à l'état de tourbe, puis viennent 1^m,50 à 2 mètres 1/2, de grauweveen, tourbe dite grise, mais dont la couleur est plutôt brun pâle dans laquelle on peut encore facilement reconnaître les éléments de la mousse et qui après avoir été divisée en mottes et séchée sur place est transportée dans les fabriques de litière (Risler).

A la tourbe grise succède la tourbe brune qui découpée en motte et séchée est expédiée dans les villes où elle est employée comme combustible.

La tourbe est exploitée soit pour charbon, soit pour litière.

Les principaux gisements sont dans le Brabant Hollandais (marais de Peel, Helenaven, Deurne-en-Liessel) dans le Limbourg (Horst), dans l'Over-Yssel (Avereest), la Hollande méridionale (Oud Beyerland).

Les dépôts les plus considérables sont dans la Frise et la province de Groningue (Nieuwe Pekela, Winschoten) et surtout dans la Drenthe (Hoogeveen, Marais de Bourtange).

La Hollande vend à la France de grandes quantités de tourbe pour litière.

ALLEMAGNE.

Les tourbières de la Hollande se continuent sur le territoire de l'Allemagne du Nord, dans le Hanovre et l'Oldenbourg.

Le *Bourlanger Moor* occupe une étendue de 1.400 kilomètres carrés. Certaines parties du marais plus élevées sont habitées et les indigènes savent habilement sauter à l'aide de perches d'une motte à l'autre, ils glissent ainsi, sur le sol fangeux, à l'aide de larges planchettes dont ils s'arment les pieds. Ces tourbières de Bourlanger ont été traversées par les légions de Germanicus qui y ont laissé des traces de leur passage sous forme de *pontes longi*. Aujourd'hui, on s'efforce de réduire le marécage et de l'assécher pour le cultiver soit par la méthode Hollandaise, soit par un procédé plus simple, mais un peu trop radical, qui consiste à brûler la tourbe pendant l'été, puis, à semer dans les cendres du sarrasin d'abord, puis quelques années après du seigle, puis de l'avoine. (E. Reclus).

Toute la vallée de l'Ems, l'Oldenbourg, le littoral de la mer du Nord sont couverts d'immenses tourbières, dont l'exploitation est très activement poussée. C'est la principale industrie du pays qui y a tourné tous ses efforts. C'est à Varel, dans l'Oldenbourg, que se trouve Heine le principal constructeur de machines à faire la tourbe litière.

A Zwischenhalm, Elizabethfen, Steglitz, Wandebeck, des ateliers de construction sont occupés toute l'année avec la fabrition et l'entretien du matériel des exploitations tourbières, qui font tourner des milliers de machines sur le Helleweger Moor, l'Augustendorfer Moor, le Burgrittensen Moor. On estime que les tourbière de l'Ems peuvent fournir l'équivalent de 300.000.000 de tonnes de houille.

A Carolinenhyrst on retire chaque année 3.000 tonnes de tourbe pour litière.

Dans le *Schleswig Holstein* il n'y a pas moins de 1.100 tourbières qui produisent la plupart de la tourbe combustible. Beaucoup d'exploitations sont conduites primitivement dans le seul but de suffire aux besoins locaux; mais il existe aussi des exploitations industrielles produisant, soit des combustibles, soit de la litière, soit de la poussière de tourbe.

Dans le *Hanovre*, au voisinage de la Frise orientale, dans le district de Leer, on exploite les tourbières de Konigsmoor et Marcardsmoor, qui couvrent plus de 6.000 hectares. Un réseau de canaux de plus de 45 kilomètres les relie au canal de l'Ems, sur lequel, au croisement de la route de Wittemund à Leer, a été établie une Centrale électrique due à la Coopération de la Fabrique de Machines Augsburg-Nuremberg et de la Société Siemens-Schuckert Hanséatique. Cette usine distribue le courant sur une étendue de 30 kilomètres de rayon.

La force motrice est engendrée par la tourbe, toutes les machines d'extraction et de préparation, comme aussi les machines agricoles employées à rendre le sol à la culture sont mues par l'électricité qui est obtenue à un prix d'autant plus bas que la tourbe est très bon marché et que les dépenses d'exploitation sont balancées par la récupération d'importants sous-produits, principalement le sulfate d'ammoniaque.

La Centrale fournit le courant à Aurich, Emden, Leer, Wilhemshaven et les autres villes comprises dans ce secteur.

En mars 1909 a été créée à Berlin, sous les auspices de la Deutsche Bank la société allemande Hanovrienne pour l'exploication de la tourbe au capital de 2.500.000 francs. Un premier siège d'exploitation a été créé à Wiese Moor.

Sous l'impulsion des autorités impériales, une station agronomique spéciale fut créée à Brème. Longtemps dirigée par le Dr Fleischer, elle avait pour mission de s'occuper spécialement de toutes les questions relatives à l'exploitation de la tourbe et à la mise en culture des terrains tourbeux.

En *Wurtemberg*, en *Bavière*, on rencontre également des tourbières, et quelques exploitations y ont pris une grande importance.

GRANDE-BRETAGNE.

A. *Angleterre*. — Il existe de nombreuses tourbières en Angleterre. Le quart du sol du Comté de Lincoln est formé de tourbe. Le Comté de Derby offre la tourbière de Synfin, au nord de Swarkestone, le Lancashire, celle de Prescott qui a 7 mètres d'épaisseur et celle de Chat-Moss où furent tentés par Roscoe, de 1793 à 1800, les premiers essais de mise en culture des tourbières, et qui fournit à Geórge Stephenson l'occasion d'un grand succès lors de la construction du chemin de fer de Liverpool à Manchester.

A Fletwood, près de Liverpool, la Rebble coule entre deux bancs de tourbe qui ont de 3 à 15 mètres d'épaisseur.

A Huntworth, près de Bridgewater, la tourbe se rencontre en plusieurs bancs superposés.

A Holderness, près de Hull, elle a 0^m,60 d'épaisseur, mais non loin de là, à Hornsea on trouve des bancs de 2 mètres.

La tourbière d'Eyton dans le Lancashire a 7 mètres d'épaisseur de banc.

Dans le comté d'Huntington, les tourbières couvrent 15.000 hectares, dans le Norfolk, 16.000, dans le Suffolk, 7.500.

Dans la vallée de la Tamise, on trouve trace de bancs de tourbe près de Victoria Dock et dans les environs de Woolwich.

Dans le comté de Devon, à 700 mètres au-dessus de la mer, à Ratlebrook près de Dartmoor, s'étendent plus de 300 hectares de tourbe d'une épaisseur de 4 mètres.

B. *Ecosse*. — On rencontre en Ecosse des gisements de tourbe à la frontière d'Angleterre où se trouve la Solway Moss.

On peut citer les tourbières de Logie Moss, Milton Moss, Black Moss.

Dans le Comté de Rith la tourbière de Moss Flanders couvre 2.500 hectares, s'étendant du Pont de Cartmore au pont de Drip.

C. *Irlande*. — Les tourbières ou Bogs d'Irlande couvrent 11.450 kilomètres carrés soit près du septième de la superficie de l'Ile.

On évalue l'épaisseur moyenne des bancs à 6^m,50, beaucoup ont jusqu'à 10 et même 15 mètres d'épaisseur.

On distingue les *tourbières noires* ou *Black bogs* et les *tourbières rouges* ou *Red Bogs*.

Les premières, qui sont les plus exploitées, occupent les dépressions du sol. Le combustible y présente parfois la consistance et l'aspect des lignites. On y trouve fréquemment des troncs d'arbres carbonisés. Parfois les chênes et autres arbres y sont tellement devenus flexibles, par leur séjour dans la tourbe, qu'on peut les découper en lanières et en faire des cordes.

D'après Kinehan, les chênes trouvés dans le bog de Castle Connell, près de Shannon, ont au moins 50 siècles à en juger par l'épaisseur de la tourbe qui les recouvre.

La tourbe rouge se forme sur les pentes; il y a moins d'eau parce que celle-ci s'écoule, et le marécage est en partie recouvert de bruyère (*ervica tetralix* et *calluna Vulgaris*). Beaucoup de hauteurs de l'Irlande sont ainsi couvertes de tourbe rouge et s'élèvent comme des îles au milieu des plaines de tourbe noire. Les mousses s'étendent aussi peu à peu à la surface des lacs et y forment une prairie tremblante de tourbe[1].

Parfois le liquide ou les gaz renfermés sous cette couche spongieuse la déchirent et une masse d'eau et de vase se répand sur les plaines voisines. C'est ce qui s'est produit à la tourbière

1. E. Reclus, *Géographie Universelle*, Europe du nord-ouest.

de Kinolady près de Tallemore en 1821. Le courant boueux recouvrit plus de 12 kilomètres carrés [1].

Les gisements de Shannon s'étendent sur 90 kilomètres de long et 4 à 5 kilomètres de large. L'immense tourbière connue sous le nom de Bog of Allen est un groupe de tourbières qui s'étend aux confins des comtés de Dublin, de Kildare et du Roi, aussi loin que le Shannon, et, vers l'ouest, atteint les comtés de Galway et Roscommon, couvrant tout le pays de Meath et Westmeath depuis le Comté de la Reine, au nord, jusqu'à celui de Tipperary, au sud. On évalue la superficie à près de 250.000 hectares. Les travaux de drainage et de mise en culture ont ramené la surface à 75.000 hectares.

Dans le Comté de Donegal, la tourbière de Crockglass à 2 mètres d'épaisseur, la tourbière de Bloody Foreland, qui se trouve près de la précédente, a de 3 à 4 mètres d'épaisseur. Tully more Bog, à 5 kilomètres de Donegal, contient d'excellentes tourbières. A Knocklaid, dans le comté d'Antrim, la profondeur dépasse 4 mètres.

Les tourbières de Longford et de Roscommon donnent au pays un aspect triste et désolé, malgré la quantité d'eau contenue dans les tourbières le pays n'est pas malsain, et cela serait dû à la présence de tanin dans les tourbières.

Les monts Wicklow atteignent 1.000 mètres à Lugnaquilla qui est le point culminant des montagnes d'Irlande. Des environs de Dublin, jusqu'au sud du Lugnaquilla, les hauteurs sont recouvertes de dépôts de tourbes de profondeurs variables.

Une grande partie des monts Slieve Aughty, dans le Comté de Galway, contient aussi de la tourbe.

Les collines de Knockbog présentent sur leurs versants oriental et méridional des dépôts de tourbe de 3 à 4 mètres d'épaisseur. D'ailleurs, une grande partie des montagnes d'Irlande est couverte de tourbe humide. Les collines d'Antrim, les monts Sperrin dans le Londonderry, les hauteurs du Donegal, les chaînes de montagne du Mayo, de Gallvay, de Leitrim et de

1. F. Priem, *loc cit.*

Sligo possèdent toutes les tourbières sur d'immenses étendues.

D. *Petites îles anglaises*. — Dans l'île de Man existe un millier d'hectares de tourbières au Ballangh Curragh. On trouve également d'anciennes tourbières aux Orcades et aux Shetland..

PAYS SCANDINAVES.

Tout le *Danemark* présente les mêmes caractères que l'Allemagne du Nord, et l'on y rencontre de nombreux bancs de tourbe, notamment près d'Oerland.

La partie méridionale de la *Suède* renferme les plus riches gisements de tourbe que l'on puisse trouver dans aucun pays du monde (après la Russie). On estime que leur contenu équivaut à 3 milliards de tonnes de houille, les tourbières pouvant fournir 10 milliards de tonnes de tourbe séchée à l'air et convenant comme combustible.

Suivant M. H. Steinmetz, ingénieur suédois du département de l'Agriculture, les tourbières de Suède couvriraient 3.530.000 hectares à une profondeur de 6 à 10 mètres.

On peut citer les tourbières de Stafsjô près de Ljuby, Elmhult, d'Alfresto, de Saint-Olaf, de Mövrum (Blectange), de Byerrum, dans la Scanie.

A Jönköping existe une station d'essai pour la mise en culture des anciennes tourbières.

Dans l'île de Wisby, les tourbières de Martebo fournissent le combustible et la force motrice aux usines de la Compagnie des ciments de l'Ile de Wisby.

En Norwège. — A Tronjhem existe une société pour l'exploitation des tourbières de l'Ile de Froien à l'Ouest de Trondjhem. La production est par an de 3.000 tonnes de charbon de tourbe de bonne qualité, qui est vendu à Trondjem à un prix un peu inférieur au prix local du coke.

RUSSIE.

On ne compte pas moins de 135.000.000 de deciatines de tourbières dans toute la Russie d'Europe.

Aussi au Ministère de l'Agriculture existe-t-il un département pour l'exploitation de la tourbe. Dans 9 gouvernements : Moscou, Vladimir, Rinzau, Kostroma, Tambow, Orel, Tver, Nijni Novgorod, Kazan, 28 tourbières couvrent 135.000 hectares et produisent annuellement plus de 400.000 tonnes de tourbe combustible.

Les tourbières de la province de Moscou en produisent les deux cinquièmes.

On compte 47 firmes engagées dans l'extraction de la tourbe qui atteint plus de 1.500.000 tonnes. Trente-et-un exploitants consomment eux-mêmes la tourbe pour des usages industriels ou métallurgiques. Neuf exploitants n'en produisent pas suffisamment, achétent à d'autres la tourbe qui leur manque ; l'exploitant vend la tourbe de son extraction excédant ses besoins. Sept exploitants de tourbières exploitent leur gisement seulement pour en faire le commerce.

En 1910 on extrayait à la main 205.000 tonnes et l'on obtenait à la machine 950.000 tonnes de tourbe manufacturée.

Dans l'Oural, il y a des milliers d'hectares de tourbières inexploitées, faute de moyens de transport. La question paraît devoir se résoudre par l'utilisation de la tourbe sous forme de gaz, avec récupération de sous-produits, le gaz pouvant plus facilement être amené aux points d'utilisation de combustible.

AUTRICHE-HONGRIE.

Les plaines de Bohème renferment d'énormes gisements de tourbe.

Les tourbières hongroises sont peu profondes elles ne dépassent guère 2 mètres d'épaisseur. On ne peut citer que le marais de Marcagal, près de Hegyes, qui atteignent 5^m,50 d'épaisseur.

SUISSE.

Il existe un certain nombre de tourbières sur les pentes du Jura Neuchâtelois.

Le canton de Vaud, renferme aussi quelques tourbières de montagnes, notamment à Avranches.

C'est en Suisse qu'on rencontre les tourbières à charbons feuilletés.

Ces amas de charbon, dont l'épaisseur moyenne est d'un mètre, atteignent en certains endroits quatre mètres.

Ils sont traversés par des bancs d'argile, une couche argileuse d'un gris blanc ou jaunâtre compose le fond. Au sein de cette couche, on a trouvé des mollusques d'eau douce encore vivants dans ces contrées (anodontá, valvata, depressa, obtura, etc...); on y trouve surtout des troncs de sapin renversés dans toutes les directions, mais ayant conservé leurs racines, leur écorce, leur corps ligneux, avec des couches concentriques, indiquant que plusieurs d'entre eux étaient plus que séculaires. Ces arbres sont très aplatis et entourés d'une matière noire ou brune provenant sans doute de la putréfaction des plantes herbacées.

Les arbres deviennent plus rares dans les couches supérieures, qui sont composées surtout de masses comprimées, formant des lames compactes entremêlées de racines et de roseaux.

A *Durnten* et à *Uznach* dans l'Oberberg les troncs de sapins et de bouleaux de la grosseur d'un homme se rencontrent avec les fruits des conifères bien conservés. A *Morchweill* près de Saint-Gall, on a trouvé un gland de chêne logé dans sa capsule, et deux variétés de noisette dont l'une semblable à celle de nos jours.

Parmi les animaux dont on a recueilli les débris dans les charbons feuilletés, figurent les espèces les plus anciennes du diluvium des vallées, tels que l'éléphas antiquus, le rhinocéros étrucus, le bos primigénius et l'ursus speloeus contemporains de l'homme des cavernes.

Avec ces espèces aujourd'hui éteintes se rencontrent des

élytres d'insectes (*donatia descolor*, ou *sericea*) appartenant à des espèces identiques à celles qui vivent encore sur les bords des lacs de la Suisse.

D'après Oswald Herr, l'une de ces tourbières, celle de *Morchweill* et peut-être de *Wetzikon*, dans la Suisse orientale, sont situées entre deux couches renfermant des blocs erratiques striés, ce qui tendrait à faire penser qu'elles ont pris naissance, dans l'intervalle qui sépare les deux périodes glaciaires admises par certains géologues et rejetées par d'autres.

Quelle que soit l'opinion admise, il n'en est pas moins vrai que ces amas de charbon feuilletés sont recouverts d'un dépôt glaciaire dont personne ne songe à contester l'existence. Ils remontent donc à une antiquité très reculée et ils sont tout au moins contemporains, des alluvions anciennes du Rhin sur lesquelles s'est déposé le *lehm* ou *loess* formé lors de la grande extension des glaciers des Alpes suisses et des glaciers vosgiens aujourd'hui disparus[1].

A gauche du cours de la Tinière, torrent qui se jette dans le lac de Genève se trouvent des pilotis sous d'épaisses courbes de tourbe de plus de 2ᵐ,20. Ils ont dû être construits en plein lac, comme ceux de l'âge du bronze qui se trouvent parfois sous 9 mètres d'eau. Cette considération et un calcul fait sur l'accroissement de la tourbe ont donné à penser qu'ils ont dû cesser d'être habités depuis 7.000 ans.

SIBÉRIE.

Dans les toundras de Sibérie uniformément couvertes de mousses, si bien disposées en apparence pour la formation de la tourbe, la rigueur du climat et l'état du sol constamment gelé empêchent souvent le phénomène de se produire.

INDES.

Les gisements sont assez nombreux dans les Indes anglaises, dans le Cachemire, à Nilgri, dans le Népaul, l'Annam (Fen-

1. N. Jolly, *L'homme avant les métaux*, p. 88 et suiv.

chgung), dans le Burma, le long du cours supérieur de l'Iraouaddy et de la Salwin.

Les dépôts sont à 2.000 mètres d'altitude et leur localisation est due à une température plus favorable dans ces régions qui à cette hauteur se trouvent dans des conditions presques équivalentes à celles des pays tempérés.

Des tentatives d'exploitation ont été faites pour utiliser les dépôts de *Nilgri* pour diverses industries, près de la station sanitaire d'Otakamund[1].

AMÉRIQUE.

Canada. — Suivant le docteur Ells, on trouve de la tourbe en grandes quantités dans l'Ontario, la province de *Québec* et le *Manitoba*.

En général, la tourbe est abondante sur les terrains carbonifères, cambro-siluriens et granitiques dont elle remplit d'ordinaire les dépressions qui formaient auparavant de petits lacs peu profonds; quelquefois sur les surfaces plus unies du carbonifère on trouve des tourbières de grande étendue. Ces dépôts se rencontrent à Lincoln (comté de Sunbury) à Orinoca, au lac Magaguadire et au nord des lacs de l'Eel.

Dans les paroisses de Douglas et de Bright (comté d'York) particulièrement aux sources des rivières Keswick et Nakelvicao existent des étendues considérables de tourbières.

Dans la province de Québec, les principales tourbières, et les plus accessibles, sont situées sur le Canadian Pacific, entre Saint-John et Farnham au voisinage de Saint-Laurent, près de Valley Field et Beauharnais et à Huntingdon.

En ce dernier endroit, situé à 80 kilomètres de Montréal, il y a une tourbière de qualité supérieure couvrant 200 hectares sur une profondeur allant de 4 à 6 mètres.

Dans les comtés de Perth, de Welland, d'Essex, de la province d'Ontario, le bureau des mines évalue la superficie des tour-

1. Sarat C. Rudra, *Ressources minérales des Indes anglaises.*

bières à 25.000 hectares dont la plus grande partie est située dans le comté de Perth. A 15 kilomètres de Strafford, sur le Grand Trunk Railway, de Port Dover à Owen Sund sur 10.000 hectares, s'étendaient des gisements variant de 1^m,50 à 6 mètres d'épaisseur.

A Mer bleue, ville principale du comté de Gloucester dans l'Ontario se trouvent deux grandes tourbières séparées par une petite bande de terre plus élevée. Elles couvrent chacune environ, 600 hectares et ont de 3 à 7 mètres d'épaisseur.

Dans le Nepeau et le Goulborn on trouve trois tourbières ayant de 25 à 30 hectares de superficie. Dans le Huntley on trouve 700 hectares de tourbières d'une épaisseur variant de 3 à 4 mètres. En certains endroits on n'a pas trouvé le fond à 5 mètres.

Dans le bas Saint-Laurent, on trouve des tourbières le long de la rivière Orielle, (dans l'Ile verte) à Daquamo, Matanne. Masnider.

A l'île d'Anticosti une immense tourbière, qui serait, paraît-il, d'excellente qualité, couvre toute la côte sud-ouest.

Non loin de là, à la rivière Morse, sur 15 kilomètres de long, la plaine est une vaste tourbière de 2 kilomètres de large.

Les marais de *Holland*, le long de la rivière Holland dans les comtés de Simcoe et d'York contiennent environ 5.000 hectares de tourbières.

Dans le Nouveau Brunswick et l'île Prince-Édouard, il y a de nombreuses tourbières ; les principales sont à l'embouchure de la Kouchibouguae, à l'estuaire de l'Aldouane, aux sources du Richibucto, le long de Kent Northern Railway, à 2 kilomètres de Kingston et à 9 kilomètres de la même localité, il y a deux tourbières aux sources de la Minaquash.

Dans l'île Prince-Édouard on trouve encore de vastes tourbières sur les plages de Richmond et Cascumper. Les tourbières de Squirrel Creek ne couvrent pas moins de 150 hectares. A Black Bank, dans la baie de Cascumper, il y a une grande tourbière le long du rivage. Sa profondeur varie de 3 à 4 mètres.

Les principales tourbières exploitées au Canada sont :

1° Mer bleue près d'Ottawa;

2° Alfred Peat Bog à 70 kilomètres d'Ottawa

3° La tourbière de Welland à 12 kilomètres au nord de Welland.

4° La tourbière de Newington à 70 kilomètres d'Ottawa sur le New York et Ottawa Railway.

5° La tourbière de Perth à 2.500 mètres de Perth.

6° La tourbière de Victoria Road à 1.800 mètres de la gare de Victoria Road sur l'embranchement du Grand Trunk Railway;

7° La tourbière de Dorchester à 4 kilomètres de Dorchester, station près de London (Ontario).

Le département canadien des mines et les Bureaux des mines de chaque province ont organisé des services spéciaux pour l'exploitation de la tourbe, la recherche et l'essai de procédés nouveaux ou de perfectionnement dans les méthodes d'exploitation, l'organisation d'enquêtes à l'étranger.

TERRE-NEUVE.

L'île de Terre-Neuve renferme d'immenses étendues de tourbières et, sous l'impulsion de Sir Edward Morris, premier Ministre, dans l'été de 1909 des études ont été entreprises pour provoquer l'exploitation de ces ressources considérables.

ÉTATS-UNIS.

On évalue l'étendue des tourbières des États-Unis à 5 millions d'hectares. Les gisements sont situés dans le Dakotah oriental, le Minnesota, le Wisconsin, le Michigan, l'Iowa septentrional, l'Illinois, l'Ohio, l'Indania, les États de New-Nork et New Jersey, dans certaines parties des Carolines nord et sud, de la Virginie, de la Georgie, et de la Floride.

Dans l'Etat de Maine, on trouve de vastes tourbières d'excellente qualité et d'une profondeur moyenne de 3 mètres.

MM. Edson S. Bastian et Ch. A. Davis ont étudié particulièrement les dépôts de tourbe dans les comtés d'Androscoggin,
de Kenebec et de Penobscot et surtout dans le comté de Washington.

Dans le nord de l'Etat de Maine, les dépôts seraient encore
plus considérables, dans les districts forestiers des lacs.

Dans les comtés d'Ardstosk, de Cumberland à Hancock, de
Knox, d'Oxford, de Pistacaquis, de Somerset et d'York, sur la
côte sud-ouest de Portland, on trouve de nombreux marais
salants contenant des bancs de tourbe d'une épaisseur considérable.

Il y a également des tourbières dans les comtés de Wayne et
de Monroe, comme dans le district d'Astoria.

Dans le comté de Franklin, les gisements de qualité moyenne
ont de 2ᵐ,50 à trois mètres d'épaisseur.

Dans l'état de Virginie, se trouve le « Great Dismal Swamp »
qui couvre environ 35 hectares sur une épaisseur moyenne de
5 mètres d'excellente tourbe. Ce grand *« marais sinistre »*
s'étend sur la frontière de la Caroline du nord. Il forme une
masse spongieuse de végétation plus élevée de 3 mètres que les
terres environnantes au centre de laquelle est le lac Drummond,
dont l'eau limpide est colorée en rouge par le tannin des
plantes.

Des experts du service géologique fédéral estiment que les
tourbières inexploitées représentent des millions de dollars.

Evaluant la tourbe à 3 dollars (15 francs) la tonne, suivant
leur calcul approximatif, les tourbières pourraient constituer
une richesse de 38.000.000 de dollars, soit 200 millions de francs
environ.

CHAPITRE V

Propriétés physiques

L'aspect extérieur de la tourbe est assez variable suivant l'état de décomposition, et la nature des végétaux qui lui ont donné naissance. La coloration varie du brun jaunâtre au brun noirâtre et au noir. La densité de la tourbe est assez complexe à définir, et, de là, vient qu'il y a peu de comparaison possible entre les chiffres donnés. Le professeur Johnson a établi une distinction entre ce qu'il appelle *le poids spécifique apparent* et *le poids spécifique réel*.

Le *poids spécifique apparent* de la tourbe est le poids d'un volume, y compris les pores et les cavités pleines d'air, rapporté au poids d'un égal volume d'eau.

Le *poids spécifique réel* est beaucoup plus élevé. La tourbe est toujours plus lourde que l'eau, n'importe quelle tourbe en effet va au fond de l'eau quand, après un séjour prolongé dans l'eau, ou, un traitement convenable, l'air a été chassé de la masse.

En brûlant, la tourbe dégage une odeur âcre, analogue à celle des herbes brûlées ou du bois vert, elle produit beaucoup de fumée.

Le pouvoir calorifique de la tourbe séchée va de 3.000 à 5.000 calories selon les localités et la nature des tourbes.

Le tableau ci-dessous donne le pouvoir calorifique de quelques tourbes dites sèches, c'est-à-dire, desséchées au soleil et emmagasinées depuis six mois.

Tourbes moulées	Pouvoir calorifique.
Bresles noire	4.774
— mousseuse	3.947
Thezy 1°	4.440
— 2°	3.914
Bourdon	4.232

Tourbes moulées	Pouvoir calorifique.
Camon	4.132
Marais Vernier	3.250
Long	4.100
Vulcaire	4.050
Champ du Feu	4.080
Iles Falkland. Mousseuse	4.728
— Noire	4.241
	4.033
West point, Irlande	4.658

La tourbe naturelle contient généralement de 80 à 90 0/0 d'eau qui s'y trouve, partie mécaniquement en suspension, partie comme en combinaison, il est très difficile de l'en extraire.

Frottée entre les doigts, une bonne tourbe est savonneuse au toucher, absolument exempte de graviers, et, si on la laisse sécher sur la main, elle y adhère si fortement qu'il faut recourir à une brosse dure pour l'enlever.

Suivant la qualité et le degré d'écrasement qu'on lui a fait subir, l'eau a peu ou point d'effet sur elle. Dès que la tourbe a été séchée après avoir été remuée à la pelle, il se produit en elle un changement physique très net, à ce point de vue.

L'absorption de l'eau et la dessication de la tourbe sont deux actions d'une importance capitale pour l'exploitant des tourbières et méritent d'être étudiées tout spécialement.

La tourbe a une grande puissance de rétention de l'eau, c'est sur cette propriété que sont basés quelques uns de ses emplois, par exemple, comme litière, pour absorber les déjections du bétail, comme sous-vêtement, pour absorber la sueur, comme ouate, pour absorber le sang.

La capacité de la tourbe pour l'eau a été mesurée par différents auteurs.

Wolhny, mesurant la faculté d'imbibition en pour cent du volume, a trouvé les résultats suivants :

1° *Tourbières bombées.*

Tourbe d'Oldenbourg peu décomposée fine		454 0/0
— peu décomposée fine		447
— peu décomposée fine		621
— peu décomposée grosse		465
Tourbe poussière de Haspel, décomposée fine		339

2° *Tourbières plates.*

Tourbe de Schleinheim très décomposée fine	....	128 0/0
—	très décomposée fine........	149
—	très décomposée fine........	163
—	très décomposée grosse.....	152
Tourbe du Danube très décomposée fine	....	153

M. Hitier opérant sur 100 grammes de tourbe séchée à l'air et plongée 24 heures dans l'eau a trouvé les résultats suivants (exprimés en poids d'eau absorbée par 100 grammes : de tourbe).

Tourbe de Moreuil	400 gr.
— de Fovencamp	355
— de Corbie	380
— de Long	500
— du Jura	600
— de Bretagne	540
— de Bretagne	530
— de Hollande	900

Les tourbes de sphaignes ont un bien plus grand pouvoir absorbant que les hypnocaricières.

Pleurs. Couche supérieure	625
— Couche moyenne	575
— Couche inférieure	530
Maretz-sur-Matz	320 Brune.
Longpré	100 Noire.
Souche	285 N. —
Ardon	252 N. —
Saint-Quentin	217
Echets	142
Aignoz	135
Culoz	150
Landeyrat	380
Saint-Germain	430
Faucogney	440
Clerjus	230
Busy	340
Ogeu	340
Souvie Juzon	300
Isère n° 1	76
— n° 2	130
La Tour du Pin	298

Pour évaluer le pouvoir absorbant, M. Coquidé[1] opère par immersion, ou, par pénétration verticale de haut en bas.

La première méthode est la plus simple. Elle consiste à

1. Coquidé, *Recherches sur les sols tourbeux,*

prendre un échantillon de tourbe dont on connaît la teneur, après l'avoir égoutté jusqu'à ce que le poids n'augmente plus. Il suffit alors de porter le bloc de tourbe saturée à l'étuve, dans une petite capsule tarée, jusqu'à ce que le poids redevienne constant. La différence entre le poids initial et le poids final donne la quantité d'eau totale que contenait la tourbe saturée. Il n'y a plus qu'à faire le pourcentage.

Partant d'une tourbe à 53 0/0 d'eau, en six jours, avec 5 échantillons, M. Coquidé a obtenu les teneurs en eau :

85,7; 87,6; 89,2; 90; 93,3 0/0

soit en moyenne 89,17 0/0.

Dans le procédé par immersion, la tourbe peut se dilater librement en absorbant l'eau. Pour empêcher en grande partie ce gonflement, il suffit de maintenir la tourbe dans un cylindre et de l'arroser. (On prend un cylindre à bords tranchants qui découpe la portion de tourbe lorsqu'on l'enfonce dans la masse.) Connaissant le poids du cylindre vide, on peut déduire le poids de tourbe qu'il contient; on détermine la teneur initiale sur un échantillon de la même tourbe. A l'abri de l'évaporation, on verse une quantité d'eau, comme sur la tourbe, on recueille l'eau qui coule au bas du cylindre, on la mesure, et, par différence, on a la quantité d'eau retenue par la tourbe.

En additionnant l'eau contenue au début de l'expérience, et celle qui a été absorbée pendant l'opération, on connaît l'eau que contient la tourbe saturée.

M. Coquidé a obtenu les coefficients de saturation suivants :

Essai	nᵒ 1	81
—	nᵒ 2	84,8
—	nᵒ 3	85,3
—	nᵒ 4	81,7
—	nᵒ 5	81

La tourbe est-elle perméable?

Vallot définit la perméabilité d'une terre par le nombre de centimètres cubes d'eau qui peut passer à travers 500 grammes de terre sèche en 1 heure.

Avec la tourbe il faut partir d'une substance déjà humide, puisque la tourbe sèche n'a plus les mêmes propriétés que la tourbe humide. Il y aura lieu de distinguer, avec M. Coquidé, deux perméabilités, l'une rapportée au poids de la tourbe franche, l'autre au poids de tourbe sèche contenu dans la tourbe initiale.

M. Coquidé a trouvé les résultats suivants sur la tourbe noire de Picardie.

	Tourbe franche	Tourbe sèche
Perméabilité de Vallot..........	192	369
Coefficient de saturation........	54	80,9

Le sol tourbeux apparaît donc d'une perméabilité moyenne. La tourbe absorbant l'eau retient-elle les sels minéraux ?

Des expériences poursuivies par M Coquidé ont montré que la tourbe absorbe trois fois et demie plus de chlorure de potassium que le limon. Malheureusement elle ne le retient pas. Il en est de même des sels ammoniacaux. Les phénomènes sont d'ordre purement physique et il n'y a pas d'action chimique puisque l'on peut faire sortir par un simple lavage à l'eau tout le sel préalablement absorbé, et ce sel est le même qui a servi à l'absorption.

La tourbe en absorbant de l'eau augmente de volume. Les expériences de M. Coquidé montrent qu'un parallélipipéde de tourbe dont les dimensions en centimètres au début étaient de

$$2,8 \times 6,8 \times 7,7 = 135 \text{ cm}^3 \text{ 828}$$

est devenu par saturation

$$3,8 \times 6,8 \times 8,8 = 214 \text{ cm}^3 \text{ 472}$$

L'accroissement du volume est de 78,644 soit plus de 57 0/0.

Séchée à l'étuve la tourbe saturée s'est contractée aux dimensions

$$1,6 \times 3,4 \times 48 = 26,112$$

La diminution du volume est de 188 centimètres cubes 36 soit 721 0/0 du volume initial.

La dessication de la tourbe peut se faire à froid ou à chaud.

Étudiant la dessication de la tourbe à l'air libre M. Coquidé a trouvé les résultats exprimés dans le tableau suivant :

Dessication de la tourbe à l'air libre

Poids du cylindre sec......................	247	gr.
Poids de la tourbe initiale..................	214,415	
Teneur en eau de la tourbe initiale...........	80,99 0/0	
Poids de la tourbe sèche..................	40,74	
Poids de l'eau contenue dans la tourbe initiale.	173,67	
Eau initiale contenue dans 100 de tourbe sèche.	426,28	

Temps	Poids	Desséchement	Perte totale en eau	Eau restant
Après				
24 h.	452	23,09	23,08	403,19
24	447	12,27	35,36	390,91
24	443	9,81	45,17	381,09
24	436	17,18	62,35	363,91
48	425	27,00 (13,50 par 24 h.)	89,35	336,91
48	412	31,90 (15,85 par 24 h.)	121,25	305,00
24	405	17,18	138,43	287,82
24	399	14,72	153,15	273,09
24	397	4,90	158,05	268,18
48	386	27,00 (13,50 par 24 h.)	185,05	241,18
24	378	19,63	204,68	221,55
24	370	19,63	224,31	201,93
24	367	7,36	231,67	194,55
24	362	12,27	243,94	182,24
24	359	7,36	251,30	174,91
48	349	24,54 (12,27 par 24 h.)	275,84	150,36
24	344	12,27	288,11	138,09
24	342	4,90	293,01	133,18
24	339	7,36	300,37	125,82
24	336	12,27	312,64	113,54
24	330	9,81	322,45	103,73
48	323	17,18 (8,59 par 24 h.)	339,63	86,54
48	314	22,09 (11,04 par 24 h.)	361,72	64,45
120	292	54,00 (10,80 par 24 h.)	415,72	10,45
96	288	9,81 (2,45 par 24 h.)	425,53	0,63

Poids de la tourbe à la fin de l'expérience.....	41 gr.	

comprenant :

Tourbe sèche............................	40,74	
Eau....................................	0,26	

La dessication à l'étuve est plus rapide.

Un bloc de tourbe saturée parallélipédique de dimensions $3,95 \times 3,4 \times 2,8 = 36,584$ centimètres cubes pesant 32 gr. 350, au bout de huit heures ne varie plus de dimensions ni de poids.

Le volume est réduit à 5,32 centimètres cube.

Après dessication complète la tourbe est durcie et fendillée, se casse facilement, mais, ne se laisse plus couper, elle est coagulée.

Traitée par l'eau chaude, à la pression atmosphérique, la

tourbe perd de l'eau et diminue de volume. Cette propriété rapproche la tourbe des matières colloïdales.

Bon nombres d'auteurs attribuent à la capillarité le grand pouvoir absorbant de la tourbe. Schubler a remarqué que les tourbes de Sphaignes sont plus avides d'eau que les autres, et, que ce fait tient à la structure spéciale des mousses.

M. Coquidé a mesuré la capillarité de la tourbe, c'est-à-dire, la quantité d'eau absorbée par 100 grammes de matières. Il a seulement considéré deux capillarités, l'une rapportée à 100 grammes de tourbe initiale, l'autre à 100 grammes de tourbe sèche.

Opérant sur 118 grammes de tourbe brune incomplètement décomposée, ayant une teneur en eau de 62 0/0 et la matière sèche pesant 44 grammes 84, il a trouvé les résultats suivants :

Capillarité de la tourbe	Par rapport à :	
	Tourbe initiale	Tourbe sèche
Après 7 heures	80,5	211
23 —	90,6	238
47 —	93,2	245
71 —	94,9	249
95 —	96,6	254
119 —	97,4	256
143 —	98,3	258
167 —	99	260
171 —	99	260

Dans la tourbe mousseuse, le pouvoir de rétention de l'eau est plus grand, et, par suite, le pouvoir capillaire y est aussi plus fort.

Cependant, par capillarité, la tourbe ne peut pas arriver aux taux élevés de saturations mesurés. Il y a d'autres facteurs qui interviennent.

D'abord, l'osmose. La tourbe a un grand pouvoir absorbant pour les matières salines. Tout se passe entre l'eau extérieure et la solution retenue dans la tourbe, comme si les deux liquides se trouvaient des deux côtés d'une membrane perméable.

Enfin, les colloïdes mis en présence de l'eau ont la propriété d'en absorber une grande quantité et de gonfler. La tourbe gonfle dans l'eau. Si elle n'est pas saturée, elle peut emprunter de l'eau à une solution colloïdale suffisamment étendue, et, réciproquement, selon les concentrations, l'un des colloïdes mis en présence peut s'emparer, au moins en partie, de l'eau retenue d'abord par l'autre. On conçoit donc que la tourbe puisse absorber encore de l'eau, par le fait que c'est une substance colloïdale, et, *à fortiori* ne pas céder à une substance de cette dernière catégorie l'eau qu'elle retient énergiquement.

Le Dr Martin Ekenberg, ayant examiné de nombreux échantillons de tourbe, a trouvé que toutes contiennent une matière, dite *hydrocellulose*, formée par le contact prolongé de l'eau et de la cellulose. La proportion peut aller à 20 0/0 et parfois plus. L'hydrocellulose a de remarquables propriétés ; dans la tourbe, elle est excessivement gonflée d'eau et forme une gelée ayant la consistance du savon mou. Une telle gelée, contenant vingt-cinq fois son poids d'eau, est relativement dure et peut être coupée en tranches. Elle subit la pression sans que l'eau se sépare, la pression se transmet dans tous les sens comme dans un corps homogène.

Une pulpe de tourbe naturelle, comprimée, passe sans changement dans une presse à tamis à travers des mailles 1 mm. 2. Si l'on détruit l'hydrocellulose dans la tourbe, on en extrait l'eau, facilement, par simple compression.

C'est l'Hydrocellulose qui fait adhérer les mollécules des mottes de tourbe obtenues en faisant sécher à l'air la tourbe.

Au microscope, l'hydrocellulose apparaît comme une gelée très visible, en teintant la préparation à la fuschine et au bleu de méthylène.

Une tourbe mûre se présente comme un mélange de quelques fibres enfouies dans une grande masse de plantes décomposées, dont les cellules sont remplies et entourées d'hydrocellulose.

L'hydrocellulose, sous l'action de la chaleur, en présence de l'eau, se transforme en dextrose au voisinage de 150°.

CHAPITRE VI

Composition chimique de la Tourbe

La composition chimique de la tourbe est excessivement variable, non seulement suivant les gisements considérés, mais encore dans une même tourbière, suivant la profondeur à laquelle on la prend.

La proportion de carbone est en général, d'autant plus considérable que la tourbe est plus ancienne, elle est inversement proportionnelle à la proportion d'oxygène.

On y trouve aussi des proportions variables de potasse qui sont d'autant plus considérables que le sol sur lequel elles reposent est plus imperméable ; les eaux ne pouvant, en filtrant à travers la matière, lui enlever la potasse qu'elle renferme.

L'acide phosphorique n'existe ordinairement dans la tourbe qu'en si faible quantité qu'il n'y a pas lieu d'en tenir compte.

La tourbe est pauvre en éléments minéraux, elle contient de notables quantités d'azote qui malheureusement ne nitrifie qu'avec une extrême lenteur et entre dans un nombre indéterminé de combinaisons complexes.

Cependant, Messieurs Muntz et Lainé, après de longues et minutieuses expériences, ont trouvé que la tourbe est le meilleur milieu pour une nitrification intense. Leurs recherches ont fait l'objet d'une communication à l'Académie des Sciences.

Partant d'une tourbe contenant environ 60 0/0 d'eau, à laquelle on ajoute, pour 45 kgr. de tourbe : 2 kg. 800 de blanc de Meudon, 150 gr. de phosphate de chaux, 30 gr. de sulfate de potasse et 1 kg. 500 de terreau, l'on arrive, si l'on arrose le mélange avec des solutions faibles de sulfate d'ammonium, à obtenir une nitrification intense.

TABLEAU I

Provenance	Eau absorbée	Carbone	Hydrogène	Oxygène	Azote	Cendres	Références
France							
Breslés . . .	2,17	46,80	5,65	41,15	—	6,40	Marsilly
— . . .	3,14	47,48	7,16	36,03	—	9,00	—
Thézy . . .	3,07	50,67	5,76	36,95	1,92	6,70	—
— . . .	7,20	43,65	5,79	36,66	—	14,00	—
Vulcaire . . .		57,03	5,63	29,67	2,09	5,58	Regnault
Lary . . .		58,09	6,11	30,77	—	4,61	—
Framont . . .		57,79	6,11	30,77	—	5,34	—
Bourdon . . .	5,55	47,65	6,01	39,30	—	7,00	Marsilly
Camon . . .	5,59	46,11	5,99	35,97	2,63	9,40	
Long . . .		60,89	6,21	30,69	2,21	4,61	
Champ du feu . .		61,05	6,43	32,50	—	—	
Vulcain . . .		60,10	5,96	31,30	—	—	
Fromont . .		61,00	6,05	32,50	—	5,33	
Angleterre							
Phillipstown . .		58,7	6,9	32,5	0,88		
Bog of Allen . .		61,2	5,7	32,4	0,8		
Twicknevin . .		60,1	6,7	31,2	1,88		
Shannon . . .		61,2	5,8	31,4	1,7		
Kilbeggan (West-meath) . .		61,0	6,6	30,47			
Kilbua (Clare) .		56,6	6,3	34,48			
Kildare (Cappoge) .		51,05	6,8	39,55			
Tuam		57,20	5,65	28,9	3,06		
Galway . . .	24,2	45,03	5,82	24,1		1,8	
— . . .	29,4	42	5,50	21		4,4	
Devon	25,5	54	5,20	27,5	2,3	9,5	
Ile de Lews . .	23,2	60	6,2	30	1,3	1,9	
— . . .		59,8	5,7	31,85	5,24		
Hollande							
—		50,8	4,65	30,25		14,25	
—		59,2	5,41	35,32			
Bourlange (Frise) .		57,16	5,67	33,39		3,90	
Horst		59,86	5,52	33,71		0,91	
Helenaven (Brabant		59,47	5,87	34,71			
— —		60,41	5,57	34,02			
Allemagne							
Neulangen . .		57,18	5,20	37,62			
Ramstein . . .		55,32	5,91	38,77			
Steinwenden .	16,7	62,15	6,29	27,3	1,66	2,7	
— . .		58,7	7,04	32,5	1,7		
Niedermoor . .	17	47,9	0,8	42,8		3,5	
Linum . . .	31,34	59,4	5,26	35,31			
— . . .		59,484	5,36	35,16			
— . . .		60,40	5,08	34,52			

TABLEAU I (suite)

Provenance	Eau absorbée	Carbone	Hydrogène	Oxygène	Azote	Condres	Références
Allemagne							
Hambourg		57,12	5,32	37	56		
Brême		57,84	5,85	32,76	0,95	2,60	
—		57,03	5,56	34,15	1,67	1,57	
Havel	17,63	56,43	5,32	38	35	9,86	
—	19,32	53,51	5,90	40	59	6,60	
—	18,89	53,31	5,31	41	38	6,80	
Gifhorn	15,7	50,43	4,20	31	44	8,92	
—	21,7	55,01	5,36	35	24	11,17	
Schnopfloch	20	53,59	5,60	30,32	2,71		
Markobach	—	63,87	6,46	28,07	1,60		
Suisse							
N° 1. Vaud . . .	23,17	40,9	4,53	21,56	2,84	7,87	
N° 2. Jura . . .	21,9	42,7	4,00	27,4	1,6	2,4	
Italie							
Airgliana. . . .							
Russie							
Okka		39,08	3,78	54	088		

TABLEAU II. — *Variation dans une même tourbière suivant la profondeur.*

Provenance	Carbone	Hydrogène	Oxigène	Azote
Phillipstown surface	58,69	6,97	32,89	1,45
fond	60,47	6,09	32,54	0,88
Shannon surface	60,018	5,875	33,152	0,9545
fond	61,247	5,616	31,446	1,6904
Bog of Allen surface	59,920	6,614	32,207	1,2558
fond	60,476	6,097	32,546	0,8806
Tuam profondeur 0^m,75	59,552	5,502	28,414	1,715
— 1^m,00	58,300	5,801	29,669	2,509
— 1^m,40	57,207	5,655	28,949	3,067

TABLEAU III. — *Variation dans une même tourbière à des profondeurs différentes.*

Provenance	Humidité	Matière volatile	Carbone fixe	Cendres
Tourbe de Beaverton à 0,35 du sol. .	82,98	55,93	0,40	27,67
— — 0,60 — . .	84,86	73,60	4,72	6,88
— — 0,80 — . .	83,31	67,58	10,39	7,03
— — 1,00 — . .	62,98	57,13	11,67	16,20
— Perth à 1,00 du sol . . .		57,81	18,92	8,27
— — 1,50 — . . .		54,72	19,85	10,43
Airgliana séchée à 100º { Surface.	44,19	36,44	16,44	2,93
Profondeur moyenne .	38,10	36,09	20,89	4,92
Fond.	32,41	36,23	21,22	10,14

L'analyse chimique des tourbes ne présente comme technique rien de spécial. Elle se conduit comme celle des combustibles, et de la houille en particulier. Les détails de l'opération peuvent varier suivant l'état de décomposition de la tourbe à analyser.

1º *Dosage de l'humidité.* — On prend 10 gr. de tourbe finement pulvérisée, exactement pesée, qu'on place sur une capsule à fond plat, tarée au préalable dans une étuve à 100º. On y maintient l'échantillon jusqu'à ce que son poids soit devenu constant. La perte de poids multipliée par 10 donne l'humidité pour 100;

2º *Dosage des matières volatiles.* On place 10 grammes de tourbe séchée à l'air libre dans un creuset couvert, que l'on chauffe au rouge, 10 minutes sur un bec Bunsen, et que l'on pèse après refroidissement.

La différence de poids trouvée représente la matière volatile et l'humidité.

Par déduction de l'humidité on obtiendra la proportion de matières volatiles qui, multipliée par 10 est rapportée à 100.

3º *Dosage des cendres.* — On place dans une capsule tarée, 10 grammes de tourbe séchée. On chauffe au moufle progressivement, jusqu'au rouge et l'on maintient cette température jusqu'à ce que le résidu blanc jaunâtre soit exempt de charbon. Après refroidissement, le poids trouvé multiplié par 10 représente la quantité de cendres pour 100 de tourbe.

TABLEAU IV

Provenance	Matières volatiles	Carbone fixe	Cendres	Eau dans l'échantillon brut
France				
Tourbe de la Marne	58,5	34,7	6,8	
— l'Auvergne	52,5	30,1	17,4	
— la Somme	59	26	1,5	
Angleterre				
Bog of Allen	37,53	61,04	1,83	
Galway	40,25	57,97	1,78	
Italie				
Airgliana tourbe comprimée	38,38	22,41	12,32	26,89
Allemagne				
Königsbronn (Wurtt)	70,6	24,4	5,00	
Breuerberg (Bavière)	59,7	38,6	1,7	
Danemark	59,2	23,5	17,3	
Canada				
Welland	59,27	21,66	4,07	82,2
Beaverton	73,60	4,72	6,68	84,86
Perth	54,72	19,85	10,43	
Brunner	60,10	15,70	9,20	
Brockwell	57,15	13,73	14,12	
Rondeau { n° 1	54.60	22,44	7,96	
n° 2	58,56	23,29	3,15	
Newington	58,15	25,30	1,55	90,12
Ile Prince Edouard n° 1	60,10	21,8	3,28	64,28
— n° 2	59,10	22,6	3,20	15
États-Unis				
Maine	72	21	7	
Great Disinal Swamp	50,05	24,97	4,98	20
Driftwood	23,13	22,05	47,08	7,74
Iles du commandeur	39,53	60,48	3,30	
Amérique du Sud				
Iles Falkland n° 1	57,26	28,90	2,71	11,13
— n° 2	35,39	26,80	6,52	31,29
— n° 3	39,17	20,88	2,72	37,23

TABLEAU V

Provenance	Cendres totales	Azote	Acide phos-phorique	Potasse	Chaux
France					
Marais de la Souche . . .	25	0,64	0,12	0,67	2,27
Pierrepont	34	0,61	0,10	0,52	2,10
Ardon.	73	0,89	0,10	0,33	1,40
Longueau (mousseux). . .	8	2	0,14	0,05	3,90
— (fond).	12	2,65	—	0,07	6,75
Vaux près Corbie (mousseux)	7,10	1,17	0,02	0,105	5
— (fond) .	8,40	2,15	0,042	0,10	7
Catelet	49,05	0,58	—	0,02	46,4
Violaines.	5,3	1,48	—	—	—
Thezy.	20,0	2,20	—	0,04	4,00
Longpré les Corps-Saints .	5,80	2,27	—	—	2,96
La Faloise	6,00	3,20	—	—	2,13
Marest sur Matz	13,40	2,33	—	—	—
Saint Gond	17,96	0,022	0,058	0,375	4,59
Saint Gond	17,28	0,022	0,221	0,891	6,48
Pleurs.	9,50	0,036	0,068	0,432	1,710
Les Echets	17,00	0,85	—	—	—
Aignoz	11,04	0,65	—	—	—
Culoz.	11 à 32	0,85	—	—	—
Boulages.	37,60	0,031	0,643	0,241	28,65
Montoir	—	1,03	0,04	—	—
—	—	0,68	—	0,18	—
Landeyrat	1,2	0,80	—	0,044	0,197
Corbefaing	—	1,14	0,10	0,09	—
Clerjus	—	0,89	0,05	0,18	—
Vendoire.	6,40	0,024	0,02	—	6
La Tour du Piu	11,70	1,062	0,074	0,081	2,408
Bief du four n⁰ 1. . . .	3,4	0,68	—	0,01	1,00
— 2.	10,5	1,61	—	0,008	2,00
— 3.	50,0	1,11	0,03	0,01	2,5
Moreuil	6,70	1,96	—	0,01	3,75
Fossemanant	17,50	2,29	0,02	—	9,80
Pontvallain n⁰ 1	18,70	2,05	0,031	0,006	7,20
— 2	28,20	1,92	0,077	0,008	4,20
— 3	31,20	2,26	0,015	0,006	4,80
Ailly-sur-Noye n⁰ 1 . . .	71	0,66	0,03	0,003	67,4
— 2 . . .	10	1,93	—	0,005	3,02
Andryes n⁰ 1	39,2	2,116	0,225	0,073	4,50
— 2	52,8	2,087	0,164	0,183	—
— 3	12,3	1,587	0,127	0,334	—
Camon n⁰ 1.	16,2	2,10	0,033	0,003	8,95
— 2.	14,6	2,36	0,033	0,005	7,15
— 3.	21,2	2,94	0,026	0,003	2,52
— 4.	22,24	2,2	0,018	0,004	3,71
Pierrefont :					
Marais Saint Jean n⁰ 1. .	11,9	2,8	0,19	0,29	—
— Saint Bocton. .	9,94	3	1,90	0,09	—
— Saint Jean n⁰ 2.	9,027	4,07	5,896	0,135	—
Allemagne					
Hohstein.		0,95			
Cumau	12	3,00	0,157	0,313	5,801

4° *Dosage de l'azote*. — On le dose sur la tourbe séchée, soit par la méthode de la chaux iodée, soit par la méthode de Kjeldahl.

5° *Dosage des éléments minéraux*. — On les dose dans les cendres, par les méthodes ordinaires de la chimie analytique.

La composition élémentaire des tourbes pures séchées en vase clos aux environs de 100° peut s'énoncer comme suit :

	I	II
Carbone,..........	58	63
Hydrogène..,.......	6	5,5
Oxygène	34	30,5
Azote.............	2	1
Total	100	100

Les tableaux I, II, III, IV, V, donnent la composition d'un grand nombre d'échantillons pris dans les tourbières des divers pays des régions tempérées.

Fig. 5. — Machine pour le traitement de la tourbe.
Système A. Anrep (1915).

LIVRE SECOND
EXPLOITATION DES TOURBIÈRES

POUR COMBUSTIBLE

PRINCIPES GÉNÉRAUX

CHAPITRE Ier
Recherche et exploitation des gisements

Les terrains, qui renferment la tourbe en surface, se reconnaissent facilement, à la nature tremblante et élastique de leur sol. Il en est de même, si la tourbe est recouverte de terre tourbeuse. Ce n'est qu'exceptionnellement que la tourbe est recouverte de sable.

Aucune science n'est nécessaire pour découvrir une tourbière, mais, quand on a reconnu la tourbe, il faut se rendre compte si elle est exploitable. On y parvient par un sondage au moyen d'une verge en fer de 20 millimètres de diamètre, longue de 8 mètres, terminée par une petite tarière de $0^m,035$. Au moyen des débris que ramène la sonde, on peut reconnaître la nature et l'épaisseur de la couche de terre végétale, les diverses qualités de la tourbe, suivant la profondeur, enfin, l'épaisseur, ou la richesse des bancs.

A. Lencauchez considérait comme tourbière digne de ce nom une étendue de 25 à 30 hectares, possédant une couche moyenne et régulière de 3 mètres environ de puissance et donnant un combustible sec ne renfermant pas plus de 20 % de cendres.

Cela pouvait être vrai en 1870, mais depuis cette époque les conditions ont changé, la tourbe combustible a été concurrencée par la houille dont l'extraction s'est développée en même temps que les transports en facilitaient l'emploi à des conditions avantageuses. Des emplois nouveaux se sont d'autre part trouvés. La tourbe est employée en quantités importantes comme litière pour les animaux, comme matière isolante ou calorifuge. Parfois, on l'utilise aussi pour l'extraction des produits qu'elle contient, goudrons, huiles légères et lourdes, paraffine, acide acétique, eaux ammoniaciales, etc.

Les conditions de cette industrie sont donc toutes différentes et il ne peut être formulé de règle pour l'appréciation des gisements.

Les procédés d'exploitation varient aussi, suivant le but que se propose l'exploitant de tourbières, il convient donc de distinguer dans l'industrie de la tourbe, deux champs d'action bien séparés : l'un concernant la tourbe combustible et les industries annexes; l'autre se rapportant à la tourbe pour les autres usages divers.

L'extraction ne se fait généralement que l'été, au moment où les eaux sont basses, pour les tourbières recouvertes d'eau, et, le terrain peu résistant, pour les tourbières situées au-dessus du niveau des eaux.

La tourbe est toujours assez tendre pour pouvoir se couper à l'aide d'un instrument tranchant, et, partant, d'une exploitation facile.

Quelle que soit la méthode employée, le premier axiome de l'exploitant de tourbières est qu'il faut se débarrasser de 60 à 90 % d'eau qu'il trouve dans le produit brut. Le second est qu'il doit obtenir le produit séché résultant dans un état tel qu'il convienne aux usages domestiques et industriels.

Le premier travail à exécuter après avoir trouvé une tourbière dans un endroit convenable est d'en faire l'examen et l'échantillonnage[1].

La superficie est divisée en carrés de 50 à 100 mètres de côté et, à chaque coin de ces carrés on prend des échantillons à diverses profondeurs.

[1] Nystrom, *Peat and Lignite.*

L'instrument dont on se sert doit être fait de telle façon qu'on puisse prendre des échantillons à la profondeur désirée sans que la matière soit mélangée à celle d'autres profondeurs.

Si les échantillons d'égale profondeur sont de nature uniforme, on les mélange pour en faire un échantillon général, mais s'ils diffèrent matériellement quant à l'aspect, on doit faire des analyses séparées.

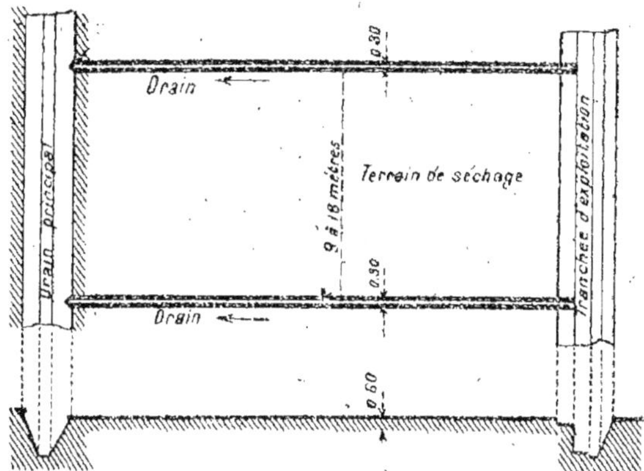

Fig. 6. — Drainage.

Le contenu en cendres augmente généralement avec la profondeur, et pour éviter de produire un combustible avec une forte teneur en cendres, il faut étudier à fond la composition des divers étages. Il faut aussi s'assurer du degré d'humification et des qualités cohésives de la tourbe.

Après avoir pris les niveaux on peut établir les profils indiquant les divers étages de la tourbe et établir un plan convenable pour l'exploitation de la tourbière. Le travail suivant, si la tourbière a été jugée convenable, consiste à la drainer.

Dans beaucoup de cas il n'est pas nécessaire de drainer à fond, mais la surface doit être bien drainée pour que l'on puisse obtenir autant que possible une surface solide sur laquelle puissent marcher les travailleurs et les animaux, et pour faciliter la pose des voies de transport.

Habituellement, on établit un barrage, en hiver, pour faire
remonter l'eau de la tourbière afin de protéger la tourbe de la
gelée. La tourbe qui a été fortement gelée perd généralement
ses qualités de cohésion et tombe facilement en miettes, ce qui
la rend moins apte à la fabrication du combustible.

Le terrain doit être bien nivelé, pour faciliter le transport et
donner à la tourbe combustible une meilleure forme.

Tout l'argent dépensé pour le drainage et le nivelage de la
tourbière est de l'argent bien dépensé et profitable à la longue.

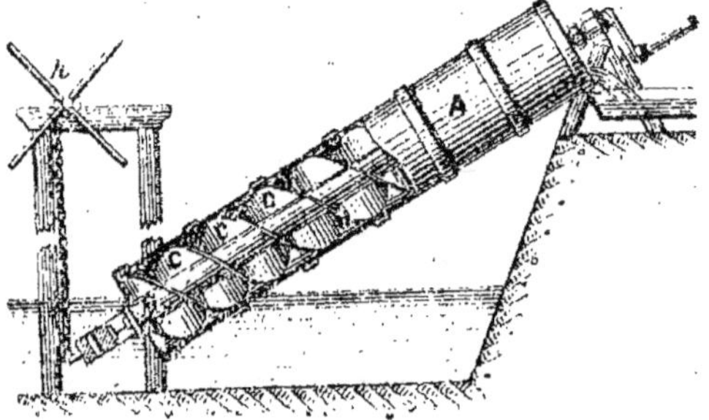

Fig. 7. — Vis hydraulique.

Le drainage doit s'effectuer au moins un an avant l'exploitation afin de donner à la tourbière le temps de s'affaisser.

On creuse d'abord le drain collecteur, puis un fossé autour de
la lisière de la tourbière pour égoutter la surface du terrain
environnant, puis arrive le nivelage, puis le drainage du terrain de séchage, qui est généralement la surface de la tourbière
la plus rapprochée des tranchées d'exploitation. Ce drainage
s'effectue au moyen de petits fossés de $0^m,30$ à peu près de largeur et distancés de 10 à 20 mètres.

Une tourbière insuffisamment drainée par fossés peut être
asséchée en pompant, et souvent quand le drainage est long et
coûteux l'épuisement serait d'autant plus pratique que la hauteur où il faut élever l'eau est très faible et que l'on peut
employer des machines très simples.

La vis hydraulique, qui se recommande par sa simplicité, et son excellent rendement, convient d'autant mieux que, dans les tourbières, l'eau est chargée de matières terreuses et de débris de toute sorte qui provoqueraient des ennuis avec d'autres pompes.

La vis hydraulique consiste en un cylindre ou un demi-cylindre où tourne une vis. On peut se servir d'une vis découverte quand l'inclinaison ne dépasse pas 30°, et d'une vis fermée jusque 45°.

Dans le premier cas, elle doit faire 70 à 80 tours par minute; dans le second 48 à 50.

Le pas de la vis est en général égal à son diamètre extérieur.

La commande peut se faire à la main ou mécaniquement, dans beaucoup de cas on peut se servir d'un moulin à vent.

Le manuel d'exploitation de la tourbe de Hausdint donne les indications suivantes relatives aux vis hydrauliques :

Vis hydraulique fermée.

Numéros	Diamètre intérieur du cylindre en cm.	Capacité par minute	Force motrice en chevaux nécessaire (1 m. d'élévation)
1	35 à 38 cm.	9 litres	0,18
2	38 40	12	0,24
3	40 43	15	0,30
4	43 45	18,5	0,36
5	45 48	22	0,39
8	48 52	30	0,54
10	52 56	39	0,69
12	56 60	49	0,90
15	60 64	65	1,20

Vis hydraulique découverte.

Numéros	Diamètre intérieur du cylindre en cm.	Capacité par minute	Force motrice (H. P.) pour 1 m. d'élévation
1	50 à 60 cm.	42 litres	1
2	55 65	60	1,25
3	65 70	90	1,5
4	70 74	105	2
5	74 78	130	2,5
6	78 82	165	2 3/4
7	82 87	190	3 1/4

La première condition pour réussir dans l'exploitation de la tourbe est d'avoir une tourbière convenable exempte autant que possible de racines, de troncs et de souches d'arbres pouvant entraver la continuité du travail. La tourbe doit être bien humifiée et avoir un faible contenu de cendres. Une profondeur de 2 à 4 mètres au moins est préférable surtout si on emploie des machines.

Une tourbière humide exempte de racines et d'arbres peut quelquefois être exploitée à bon marché en employant des machines convenables pour bêcher la tourbe de la tourbière, mais en règle générale, une tourbière bien drainée est plus facile à exploiter.

Les machines et les méthodes diffèrent beaucoup, de même que les conditions locales, et les machines et les méthodes qui conviennent pour une tourbière peuvent ne pas convenir pour une autre.

Avant de commencer les opérations, il faut examiner la tourbière et prendre l'avis d'une personne compétente. Un conducteur de travaux, un contre-maître capable, des ouvriers expérimentés, des machines convenables, de bonnes facilités de transport sont de grande importance si l'on veut que le travail marche bien.

La tourbe combustible séchée à l'air contient 25 °/₀ d'humidité en moyenne, ce produit très volumineux ne peut supporter de lourds frais de transport. La tourbière doit donc être placée relativement près d'un marché suffisant. Si l'on pouvait fabriquer économiquement une tourbe de meilleure valeur combustible, soit, en faisant des briquettes, soit, en la carbonisant, on obtiendrait un combustible qui dans beaucoup de cas pourrait faire concurrence à la houille.

On pourrait encore utiliser les tourbières à produire de l'énergie électrique. Des usines motrices seraient installées aux tourbières où le volume excessif de la tourbe séchée à l'air a moins d'importance.

Les méthodes actuelles d'exploitation de la tourbe sont :

1° *Tourbe coupée*, où la tourbe est coupée à la main ou mécaniquement, puis séchée à l'air sans subir aucun traitement mécanique.

2° *Tourbe à la machine*, où la tourbe après avoir été extraite de la tourbière, souvent à la main, est soumise à un traitement mécanique.

Les méthodes de fabrication se divisent en deux catégories :

A. Celle où la masse de tourbe est traitée, souvent après un séchage préalable, lorsqu'elle a une consistance telle qu'on peut sans moule lui donner la forme désirée. On lui donne souvent le nom de tourbe comprimée.

B. Celle où l'on ajoute de l'eau à la masse de la tourbe pour en former une pâte que l'on peut ensuite mouler.

CHAPITRE II

Séchage

L'expulsion, à bon marché, de la grande quantité d'eau contenue dans la tourbe est la principale difficulté qui arrête l'exploitant de tourbières, et, celle qui cause le plus souvent l'insuccès des entreprises.

Beaucoup de systèmes ont été proposés, et, il faut reconnaître que, jusqu'ici, bien peu semblent avoir donné toute satisfaction.

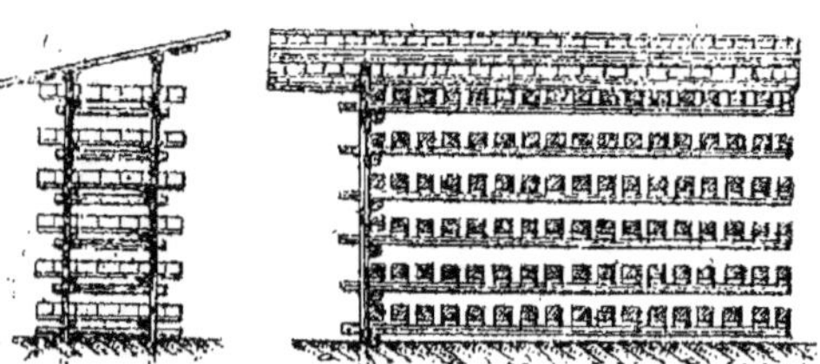

Fig. 8. — Hangar de séchage Aurep.

Le *séchage par exposition à l'air* est probablement ce qu'il y a de mieux pour de petites quantités, pendant la belle saison, surtout si on extrait la tourbe en briquettes. Il ne faut pas précisément le soleil, mais, surtout, du vent. Les rayons de soleil, en effet, dessèchent trop rapidement la paroi extérieure de la briquette, il s'y forme une croûte qui s'oppose à l'évaporation de l'eau qui se trouve au centre de la briquette. Le vent sèche les briquettes, petit à petit, sans durcir les parois, et l'humidité contenue à l'intérieur s'évapore plus facilement.

Il faut de grandes dépenses de main-d'œuvre, surtout pen-

dant les périodes de pluie, pour tourner et retourner les briquettes de manière qu'elles soient exposées au vent sur toutes
leurs faces et que le temps nécessaire pour le séchage soit
réduit au minimum.

Pour activer le séchage, il faudrait que les briquettes
achèvent de sécher, sous des hangars (fig. 8), qui les protègent
de la pluie, mais, à la dépense de premier établissement, il faut
alors ajouter les suppléments de main-d'œuvre nécessaire pour
placer les briquettes sur les étagères (fig. 9), et comme le vent
circule moins facilement à travers les briquettes, le temps de
séchage n'est pas aussi réduit qu'on aurait pu l'espérer.

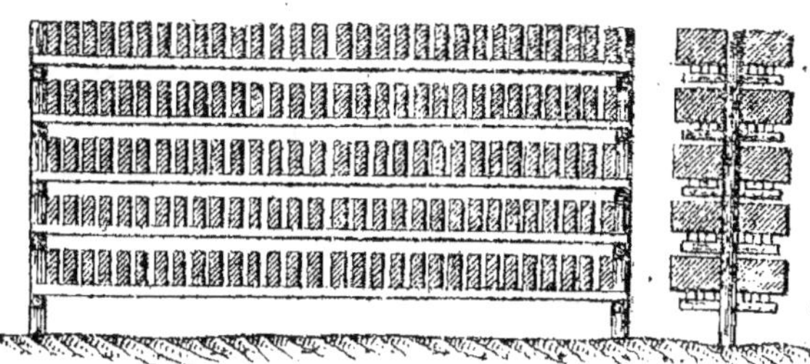

Fig. 9. — Etagère de séchage.

On a essayé à Lexington (Mass. U. S. A.) un système de
séchage par absorption. L'aire de séchage était recouverte de
briques poreuses sur lesquelles on étendait la tourbe telle
qu'elle venait de la tourbière ou du malaxeur. Les briques
absorbaient une partie de l'humidité des couches inférieures,
tandis que, dans le même temps, le vent asséchait les couches
supérieures du lit de tourbe.

Le procédé marchait très bien sur des briques sèches, mais
dès qu'elles avaient pris de l'humidité au sol, ou avaient reçu
de la pluie, les briques étant remplies d'eau, il devenait impossible d'obtenir le résultat désiré. Au surplus, les frais d'installation étaient très élevés.

A *Buschscheiden*, on séchait de la tourbe en six semaines

environ par le procédé suivant : La tourbe, coupée en briquettes de 12 centimètres de côté et 7 centimètres d'épaisseur, était d'abord abandonnée à elle-même sur le chantier, deux ou trois jours, pour lui permettre de prendre une certaine consistance. Les briquettes étaient ensuite attachées à des perches en bois, de 75 centimètres de longueur, et d'environ 2 à 3 centimètres de diamètre, disposées par 8 ou 9 sur des traverses en bois de 8 à 10 centimètres de diamètre. Sur chacune des perches, on attachait 4 à 5 briquettes, celles-ci portant en leur centre un trou fait expressément dans ce but.

Le séchage ne durant pas plus de huit semaines, quelquefois même quatre semaines seulement, on pouvait répéter l'opération cinq fois par an.

Dans le procédé d'*Exter*, on extrait la tourbe en menus fragments, les ouvriers achèvent de la briser avant de l'amasser en tas où elle commence à sécher. Elle est ensuite mise sous hangar où elle achève de sécher par évaporation.

On a souvent prétendu que le drainage pouvait ramener la teneur en eau à 60 0/0, mais l'expérience prouve qu'il n'est pas possible d'obtenir des tourbières, par ce moyen, un produit contenant moins de 80 à 85 0/0 d'eau.

La meilleure tourbe séchée à l'air contient quelquefois 12 à 15 0/0 d'humidité, mais le plus souvent 25 0/0, quoique les briquettes semblent parfaitement sèches au toucher. On a essayé de réduire la quantité d'eau par des moyens artificiels; des machines aussi nombreuses que coûteuses, ont été inventées dans ce but. Les recherches ont été faites suivant trois directions : sécher par la chaleur, sécher par des moyens mécaniques, tels que l'action de la force centrifuge, ou de la pression, enfin par des moyens chimiques. Quoique ce dernier moyen soit évidemment une tentative desespérée, si l'on considère la quantité d'eau à expulser, on a cependant proposé d'employer de la chaux, de nombreuses mixtures secrètes de chaux et d'autres composés chimiques ayant de l'affinité pour l'eau. On a prétendu avoir obtenu des résultats et parfois on a englouti des capitaux à vouloir exploiter le procédé.

L'expulsion de l'eau, par pression, a donné peu de résultats, et cela n'a rien qui surprenne, si l'on tient compte de la nature du produit. Ce ne serait pas un plus grand problème de séparer par pression un mélange de farine et d'eau, que, par le même moyen d'extraire l'eau de la tourbe, particulièrement, si la tourbe est bien décomposée.

La tourbe pénétrera presque partout où l'eau passera, et cribles et tamis, qui fonctionneront quelque peu au début, seront rapidement encrassés de tourbe au point de ne plus pouvoir être nettoyés. Les expériences coûteuses que l'on a faites avec des presses hydrauliques n'ont jamais permis d'abaisser la teneur en eau, au-dessous de 60 0/0, et l'expulsion de 20 à 25 0/0 d'eau par ce moyen coûte environ 15 francs par tonne de combustible.

Le procédé *Jacobson* mérite cependant une mention à part. On comprime la tourbe directement sur le terrain de séchage. La tourbe étant à la manière ordinaire, soigneusement mélangée et réduite en pulpe, est deversée dans des petits chariots tirés par un câble tout le tour du terrain. Elle est ainsi amenée à la presse, sorte de rouleau compresseur qui se meut lentement, écrasant la tourbe sur le sol. Elle est ainsi formée en pâte molle que l'on coupe en briquettes avec des outils appropriés.

Ce système économise beaucoup de main-d'œuvre, en pratique six à huit hommes, et dispense du pénible travail de pelleter et de remuer la tourbe à la main.

La tourbe, au surplus, sèche mieux, et la briquette produite est de forme plus régulière que par les autres méthodes.

On a aussi essayé des machines à action centrifuge. La tourbe étant emballée dans un cylindre poreux, tournant à très grande vitesse on réussit à éliminer plus de 20 0/0 d'eau, mais à des prix qui empêchaient l'emploi de ce système.

Un inventeur anglais, *J. B. Bessey* a prétendu obtenir d'excellents résultats en faisant passer un courant électrique dans la masse préalablement traitée par un procédé chimique pour augmenter la conductibilité. Une usine fut créée à

Kilberry près d'Athy, comté de Kildare, et une seconde à Rattlebrook Peat Works, Dartmoor, Devon. L'usine de Kilberry pouvait traiter 300 tonnes de tourbe brute par jour. Bessey donne à un premier appareil le nom d'hydro-éliminateur qui doit « éjecter », par l'action d'un piston plongeur, toute l'eau libre contenue dans la tourbe qui passe d'une manière continue dans la machine. Après quoi, la tourbe est soumise à l'action d'un courant centrifuge qui libère l'eau « latente » contenue dans les cellules et amène la tourbe à un état tel que l'eau, qui y reste encore, peut être facilement éliminée. Pour y parvenir, la tourbe est passée dans un second « hydro-éliminateur », semblable au premier, placé sous la machine à électrifier.

La tourbe, après traitement, est capable d'abandonner une beaucoup plus grande quantité d'eau, en passant dans le cylindre centrifugeur ou dans quelqu'autre dispositif.

Divers autres inventeurs anglais ont cherché à combiner l'action de composés chimiques avec celle de l'électricité, pour activer la dessiccation. Il semble que le courant électrique n'avait d'autre effet que de chauffer la tourbe, et si l'on poussait l'action jusqu'à ce que la tourbe fût suffisamment sèche pour être employée, la méthode conduirait à des prix de revient qui en rendraient l'emploi inacceptable.

Il ne reste plus qu'un seul moyen de séchage, c'est l'action de la chaleur. L'eau peut être éliminée par évaporation ou par vaporisation. Dans la tourbe brute, contenant 85 0/0 d'eau, il y a, à peine, dans les 15 0/0 de produit brut, la quantité de calories nécessaires pour évaporer ces 85 0/0 d'eau en supposant qu'on emploie des chaudières ayant les meilleurs rendements.

Un mètre cube d'air à 100° tient en suspension environ 500 grammes d'eau. L'air dans les pays de tourbières, tout au moins, peut être pris en moyenne à demi-saturé, et ne pourra donc enlever que 250 grammes d'eau si tant est qu'on puisse espérer une saturation complète.

Tenant compte de ce que la tourbe est difficile à sécher, et de la vitesse à laquelle l'on doit circuler, il a été établi que l'air ne pourra pas enlever plus de 12^{gr},5, soit (5 0/0 de la quantité calculée plus haut). Par conséquent, pour chaque kilogramme d'eau enlevé à la tourbe il faut 80 mètres cubes d'air à 100°. Il faut donc 2.600 mètres cubes d'air à cette température pour enlever l'eau de 40 kilogrammes de tourbe brute, et l'on obtiendra que 7 kilogrammes de tourbe sèche, 2.600 mètres cubes pèsent 3.352 kilogrammes et la chaleur spécifique de l'air est 0,237. L'air est d'ordinaire à 22°, il faut fournir 62.000 C. ou la chaleur totale de 18 kilogrammes de tourbe. Nous avons seulement 7 kilogrammes de tourbe sèche; on voit donc que c'est une opération bien difficile que de convertir l'eau en vapeur.

Les appareils employés pour le séchage par la chaleur peuvent être ramenés à trois catégories :

1° Ceux où le séchage a lieu dans une chambre chauffée par l'air rayonné d'un calorifère, ou par des tuyaux de conduite. C'est le séchage par *radiation*.

2° Ceux où le séchage a lieu par *air chaud*.

3° Ceux où le séchage est fait par les gaz chauds des foyers. C'est le séchage *par fumées*.

Le point capital, pour le séchage à chaud de la tourbe, est l'évacuation des vapeurs d'eau, surtout, si elles sont mélangées aux gaz chauds, la température devant rester uniforme.

Un des fours les plus avantageux est, probablement, celui qui est employé à Lesjöfors en Suède. Les gaz chauds sont évacués par un aspirateur et l'on obtient une tourbe séchée très uniformément.

A Neuberg, en Styrie en 1869 on employait une chambre ayant 12 mètres de long, 4^m,80 de large, 4^m,50 de haut avec une voûte en demi-cintre. Sur un côté était ménagé un foyer, et sur l'autre, une cheminée de 36 décimètres carrés et de 8 mètres de haut.

Le foyer communiquait avec la cheminée par deux tubes de 30 centimètres de diamètre placés à 70 centimètres du sol de la chambre. Les tuyaux conduisaient à la cheminée des gaz chauds. Des ouvertures carrées ménagées dans la voûte permettaient l'échappement des vapeurs d'eau.

Séchoir Dobson. — Il consiste en un cylindre d'acier de $0^m,90$ de diamètre et 10 mètres de longueur incliné de 35 centimètres sur sa longueur, à l'intérieur duquel est une chambre rectangulaire en briques. Le cylindre tourne, sous l'action d'une chaîne et d'une roue dentée, à la vitesse de un tour et demi par minute. La tourbe séjourne de la sorte 20 minutes dans le séchoir, où elle est constamment retournée et agitée par des ferrures aménagées à l'intérieur et d'où elle sort complètement sèche.

Un séchoir de ce genre fut, pendant 10 heures, essayé aux usines de Beaverton, Canada. Les résultats de cet essai sont consignés dans le rapport du Bureau des Mines de Toronto (1903).

Poids de tourbe séchée à l'air chargée dans le séchoir.	13.200 kg.
Eau contenue dans la tourbe	34,20 0/0
Poids de tourbe sèche sortant du séchoir	10.250 kg.
Eau contenue dans la tourbe	16,61 0/0
Poids d'eau évaporée	2.850 kg.
Combustible brûlé par le séchage	1.420

Séchoir Simpson. — Il se compose de deux cylindres rotatifs de 10 mètres de long, faits de tôles de 10 millimètres, garnis à l'intérieur de cornières, comme le séchoir de Dobson, pour remuer la tourbe pendant le séchage. Les deux cylindres sont au-dessous l'un de l'autre. La tourbe passe d'abord dans le cylindre inférieur, d'où elle est reprise par un élévateur et envoyée au cylindre supérieur. Celui-ci fait trois tours, l'autre neuf tours par minute, tous deux sont commandés par chaîne. Le séchoir est relié d'une part à un foyer, d'autre part à une cheminée. Les gaz passent du foyer à travers le cylindre inférieur, puis autour de ce cylindre, de là au cylindre supérieur.

Séchoir continu de Lennox. — L'appareil consiste en une enveloppe extérieure circulaire, en fonte, de diamètre et de capacité variable, suivant la quantité de matière à traiter, et un cylindre vertical intérieur, rotatif, concentrique au premier, et, calé sur un arbre central, commandé par un mécanisme quelconque.

L'ensemble reposé sur un bâti où se logent l'arbre et les engrenages de commande.

L'enveloppe extérieure consiste en une série de cylindres

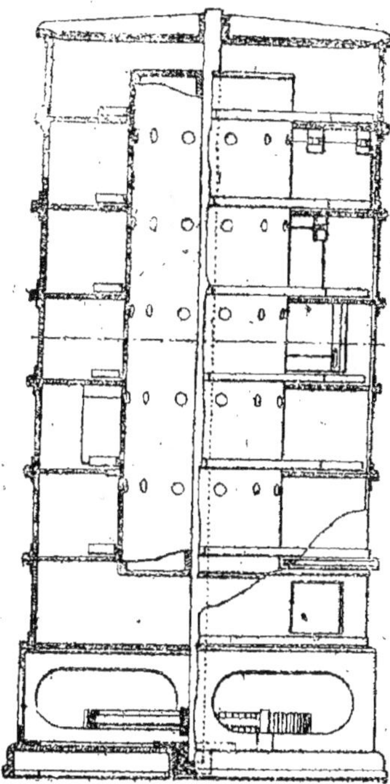

Fig. 10. — Séchoir Lennox.

égaux, boulonnés ensemble. La capacité de la machine varié suivant le nombre des cylindres. Entre chacun d'eux est interposée une plaque dans laquelle est percé, au centre, un trou laissant passer le cylindre rotatif intérieur. Les plaques forment des planches étagées sur lesquelles se déplacent des racloirs qui sont liés au cylindre intérieur et suivent son mouvement.

La tourbe est débitée par une trémie d'alimentation placée

au-dessus de la machine, et, le cylindre, en tournant, entraîne les racloirs qui font avancer la tourbe, laquelle, après un tour, arrive à un trou par où elle tombe à l'étage au-dessous. Le mouvement recommence jusqu'à ce que la tourbe soit arrivée à l'étage inférieur où elle sort par le trou de décharge.

L'appareil repose sur un massif en briques, où se trouve ménagé le foyer, d'où les gaz chauds passent dans l'appareil en sens inverse du mouvement des racloirs.

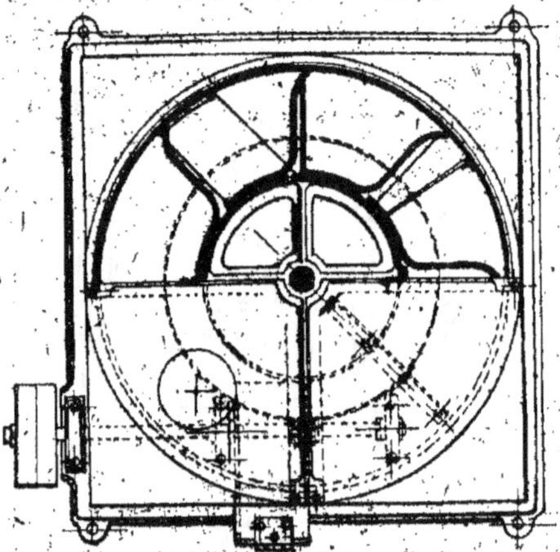

Fig. 14. — Séchoir continu de Lennox. (Plan).

A. B. Lennox a imaginé également un séchoir à briquettes de tourbe qui consiste en une série de chambres verticales adossées, munies chacune d'une porte et sous l'ensemble desquelles est un conduit de fumée relié au foyer par des chambres où se mélangent l'air et les gaz chauds. L'air sort de ces chambres, et passe dans les chambres de séchage, successivement, guidé par des ouvertures disposées en chicane.

Au bout des deux séries de chambres est un ventilateur qui enlève la vapeur d'eau dégagée par le séchage, et produit le tirage nécessaire à la circulation de la chaleur.

Les briquettes sont poussées dans les compartiments de séchage, sur des chariots, tels qu'elles viennent de la briqueterie. Pendant l'enfournement ou le défournement chaque chambre de séchage peut être mise hors circuit.

Le foyer est relié aux chambres de mélange par deux carneaux en V et au moyen de vannes à pavillon, on fait circuler le courant de gaz chaud tantôt dans un sens, tantôt dans un autre, en le dirigeant, soit par l'un, soit par l'autre des jambages du V, dans l'ensemble des chambres.

Un grand avantage de ce séchoir est que l'on peut donner, pendant quelques minutes, la plus vive chaleur aux briquettes fraîches et aussitôt les introduire dans le circuit. On évite ainsi un refroidissement dans l'appareil et la condensation qui s'en suivrait, du fait de l'introduction d'une fournée de tourbe froide et humide dans le circuit.

Ces séchoirs vaporisent une partie de l'eau et en évaporent une autre. Les résultats même dans ces conditions ne permettent pas l'exploitation lorsque la tourbe contient plus de 60 0/0 d'eau. Au-dessous de ce chiffre l'opération devient rapidement d'autant plus fructueuse que la tourbe contient moins d'eau. Appliquée à des tourbes contenant 50 0/0 d'eau, l'opération paie très bien ses frais, le tout est d'arriver à 50 0/0 d'eau, ce qui est d'ailleurs tout un problème.

Si d'une tourbe à 90 0/0 d'eau nous enlevons la moitié de l'eau il reste non pas une tourbe à 45 0/0 d'eau mais une tourbe à 82 0/0 d'eau.

En effet, la composition de la tourbe fraîche avant pressage étant :

Eau...	90 kg.
Matière anhydre...........................	10
	100 kg.

Si nous enlevons la moitié de l'eau, soit 45 kilos, il reste encore :

Eau...	45 kg.
Matière anhydre...........................	10
	55 kg.

Le produit pressé contient encore 45/55 = 81,81 0/0 d'eau pour être exacts au lieu de 82 0/0 annoncés.

De nombreuses méthodes ont été pro-posées, toutes pratiques et lucratives.

Une des plus simples qui soit, était pratiquée en 1908 à Welland, où l'on a fait de grands essais d'exploitation. On divisait la tourbière en un certain nombre de parties, qui étaient déchirées par des herses tirées par des chevaux, spécialement équipés pour ne pas enfoncer dans la tourbe molle. On trouva que, après cinq jours d'exposition à l'air, par beau temps, l'humidité, à 4 centimètres de profondeur était tombée à 50 0/0 environ. Des wagonnets, sur des voies portatives, amenés à distance convenable, recevaient cette couche superficielle que des ouvriers avec de grandes houes, comme des grattoirs, amassaient en petits tas le long des voies, jetaient à la pelle dans les wagonnets et conduisaient à l'usine. Par ce procédé, 100 à 120 jours par an, on pouvait récolter de la tourbe contenant entre 50 et 55 0/0 d'eau, pour une dépense d'environ 2 francs par tonne.

Jusqu'à ce qu'une autre méthode nouvelle soit trouvée, tous les exploitants doivent limiter leurs travaux à une fraction de l'année, un tiers environ ou peu s'en faut, bien qu'en certains endroits, l'exploitation puisse se faire toute l'année.

La même méthode, avec quelques variantes, employée à Beaverton, a donné les mêmes résultats. Une longue bande de la tourbière fut défrichée pour servir de terrain de séchage. Sur l'un de ses côtés courait une voie portative, sur l'autre, se déplaçait un excavateur mû par l'électricité, muni de roues très larges pour éviter d'enfoncer. La fouille était faite par un excavateur à chaîne, à godets d'acier, fouillant dans la tourbe et donnant par suite un mélange uniforme dans toute la profondeur.

La tourbe, transportée sur l'autre côté de l'excavateur, était jetée dans une roue à palettes, partiellement couverte, tournant à grande vitesse, qui l'étendait également sur toute la surface entre la machine et le wagonnet. Quand la tourbe était séchée à l'air, elle était ramassée par un râteau mécanique.

Bien qu'elle ait donné d'excellents résultats, cette méthode n'a sur l'autre que le léger avantage d'obtenir un mélange uniforme des couches à diverses profondeurs, par contre. les dépenses nécessitées par l'entretien du terrain de séchage, des wagonnets, du matériel, les déboires causés par les petites racines, ont limité l'emploi de ce procédé.

Une troisième méthode, bien spéciale, est employée près de Dorchester. La tourbière est préparée comme à Welland, mais la récolte s'accomplit automatiquement et économiquement à toute proportion d'eau désirée. La machine est un énorme collecteur de poussières par le vide, dans le genre de ceux qui sont employés pour le nettoyage par le vide. Un puissant ventilateur aspirant, monté sur un wagonnet, se déplace sur une voie le long de la bande de terrain préparée. Cette surface, large de 10 mètres est aussi longue que possible, la longueur dépend de la capacité du collecteur. Du ventilateur, part un tuyau de 300 millimètres de diamètre relié au wagonnet par un joint flexible, il se termine par une longue et étroite ouverture rectangulaire, assujettie à voyager le long de la tourbière en même temps que le wagonnet.

L'injection d'air sur la tourbe, et le degré d'humidité, sont réglés par la vitesse du ventilateur, d'ailleurs, plus humide est la tourbe, plus il faut d'air pour l'aspirer. La tourbe est ensuite, sous forme de poussière. transportée par un tuyau suspendu dans un wagonnet disposé pour le recevoir.

Après quelques années d'exploitation, les résultats obtenus à Dorchester sont très satisfaisants.

La quatrième et dernière machine à citer a été employée avec succès dans une tourbière, au voisinage de Victoria-Road, où de grands progrès ont aussi été réalisés dans l'exploitation des tourbières.

La machine combine l'action de la herse et de l'aspirateur, elle remplit les wagonnets, et tandis que les autres machines travaillent sur la tourbe molle, celle-ci nécessite de gros travaux pour être mise sur bon terrain. On regagne ce travail, paraît-il, par le fait que la surface est libre pour l'exploitation, et que la machine sur bon terrain se détériore moins vite,

Cette machine est une des plus économiques et des plus effi-
caces actuellement produites. Essentiellement, c'est un bras
d'excavateur, long de 10 à 20 mètres, monté sur un wagonnet
qui voyage sur une piste dans une tranchée tout le long de
l'exploitation. En travail, ce bras est, sur le côté du wagonnet,
perpendiculaire à la piste. Les deux bouts peuvent être
levés ou abaissés. La tourbe entraînée tombe dans un transporteur qui la dépose toujours à la même place. Un autre transporteur court sous le bras de l'excavateur de telle sorte que s[i]

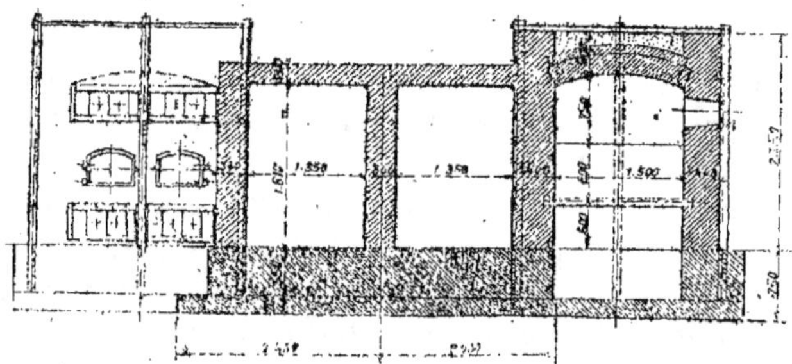

Fig. 12. — Four continu dit four tunnel.

le bras est abaissé, la tourbe est raclée, jetée dans les augets du
transporteur, mentionné plus haut, et la chaîne, dans son
voyage de retour, la déverse dans des wagonnets de 1^{m³},50
dont deux sont toujours sur une plateforme.

Sitôt pleins, ces wagonnets sont enlevés, transportés et remplacés par d'autres vides, au moyen d'un transporteur courant
sur la même piste que l'excavateur et qui voyage entre la
machine et l'usine.

Sur le bras, à l'arrière, quand la machine est en mouvement,
une seconde chaîne portant des pointes en dents de herse,
déchire la surface et la prépare au séchage par l'air.

L'exploitation est organisée de telle sorte que, quand la
machine s'est déplacée sur toute la longueur, la tourbe au
point de départ est de nouveau prête pour la récolte et la
marche arrière se fait avec l'excavateur hors de la tourbière.

Au premier voyage, la machine se contente de herser la surface ; au voyage suivant, on abaisse légèrement le bras et la récolte commence, durant ce second voyage la tourbe commence à se déposer à l'extrémité du bras. Au troisième voyage, on abaisse un peu plus l'excavateur, et, ainsi de suite, on conduit sans arrêt l'exploitation, sauf, en cas de fortes pluies, où on l'interrompt fort peu de temps, tandis que dans les autres systèmes, après une grosse pluie, il faut arrêter au moins un jour ou deux.

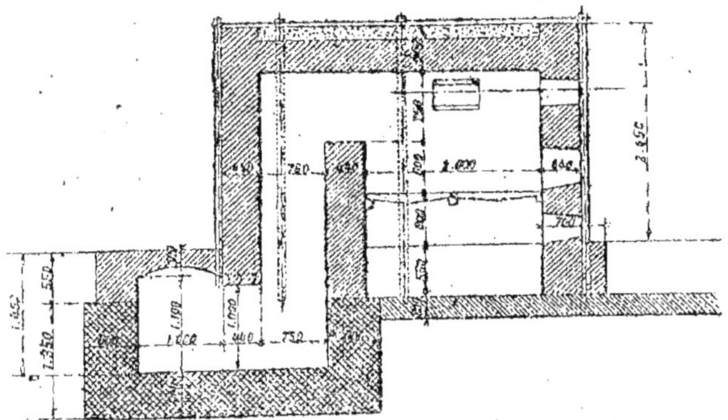

Fig. 13. — Coupe du foyer du four tunnel.

L'excavateur travaille 6 à 10 heures par jour à ramasser la tourbe (par couches de 4 à 6 millimètres) qui est au fur et à mesure chargée en wagonnets.

Mais toutes ces méthodes supposent que la tourbière est sèche, et ne peuvent être employées que pendant les mois d'été. On peut d'abord assécher la tourbière par drainage, prévoir de larges fossés, tout autour de l'exploitation, et quand la surface exploitée est devenue assez grande, l'eau d'une forte pluie n'apporte plus de trouble, ou du moins très peu seulement de trouble, à l'exploitation.

D'une saison à l'autre, la tourbière se remplit d'eau, ce qui est sans inconvénient jusqu'à ce que la surface soit devenue très grande. Quand l'exploitation ne pourra plus supporter les frais du pompage, on commencera le travail, sur une autre zone en laissant, comme digue, une banquette de 1 mètre au plus, suivant la profondeur du banc.

Les figures 12 et 13 représentent les dispositions d'un four continu du système four tunnel, construit en 1917 par les soins de M. Nyssen Dumonceau, pour l'exploitation du Rommelaere près de Saint-Omer.

Le four est chauffé avec des déchets de tourbe et les gaz chauds sont aspirés avec les vapeurs par des ventilateurs disposés au bout des fours. La disposition générale est analogue à celle des fours. tunnel pour la cuisson des produits céramiques.

CHAPITRE III

Tourbe en briquettes coupées ou moulées

§ 1. — Briquettes coupées.

Lorsqu'il est possible d'assécher les travaux, soit au moyen de rigoles d'écoulement qui conduisent les eaux dans un point du voisinage situé plus bas que le sous-sol sur lequel repose la tourbe, soit au moyen de pompes ou de machines hydrauliques quelconques, on se trouve dans les circonstances les plus avantageuses. Dans ce cas, on exploite le banc de tourbe au moyen d'une tranchée à laquelle on donne d'abord 3 à 4 mètres de largeur, que l'on ouvre au bas de la vallée, et que l'on élargit successivement par l'enlèvement de la tourbe en commençant par la partie supérieure du banc, au moyen de banquettes ou gradins qu'on descend au fur et à mesure. On *tire des pointes* de tourbe à l'aide d'un louchet, sorte de bêche dont la partie inférieure est armée d'un aileron formant avec elle un angle légèrement obtus; et ayant la même longueur. Cette bêche coupe donc sur les deux faces, de sorte que les pellées de

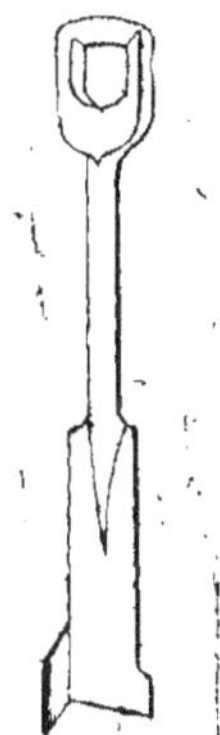

Fig. 14.
Louchet américain.

tourbe se trouvant détachées sur leurs quatre faces verticales et leurs faces supérieures se laissent facilement enlever de leur base, en même temps qu'elles forment des briquettes assez régulières pour qu'il soit inutile de les passer au moule. Dans ce cas les pointes sont donc de simples pellées. Il est particulièrement avantageux d'attaquer le banc de tourbe au moyen de gradins successifs, lorsqu'on est pressé, ce qui a toujours lieu, quand *on* doit avoir recours à des Machines d'épuisement pour vider la tranchée ; en procédant ainsi on peut employer un plus grand nombre d'ouvriers, puisqu'il est possible d'en placer autant sur chaque gradin qu'on en placerait sur toute l'étendue de la tranchée. On donne généralement le nom de *tireur* à l'ouvrier qui manie le louchet, il peut jeter les pointes au manœuvre qui est chargé de les recevoir, sur les bords de la tranchée jusqu'à la profondeur de 1^m,50, au-delà, on place un manœuvre en relai. Les briquettes sont portées sur une aire plane, sèche et peu éloignée de la tranchée dont la surface est égale à celle de la zone d'extraction multipliée par le nombre de pointes qui peuvent être extraites sur une même verticale.

Fig. 15.
Louchet irlandais.

Le recoupement peut se faire soit horizontalement soit verticalement.

Horizontalement, il se pratique avec des pelles en bois plates et garnies de fer, longues de 60 centimètres, larges de quinze, avec lesquelles, l'ouvrier enlève, par couches parallèles, des morceaux de 15 centimètres d'épaisseur en enfonçant sa pelle, à plat, dans le banc, devant lui. Les blocs, contractés après dessication, ont 35 centimètres de long, 10 de large et 8 d'épaisseur.

Verticalement le recoupement se fait au moyen d'un louchet que l'on enfonce dans la tourbe en appuyant d'un pied sur l'outil. L'ouvrier travaille en reculant, il foule aux pieds la tourbe en travaillant, et de ce fait, la tourbe recoupée verticalement est plus dense.

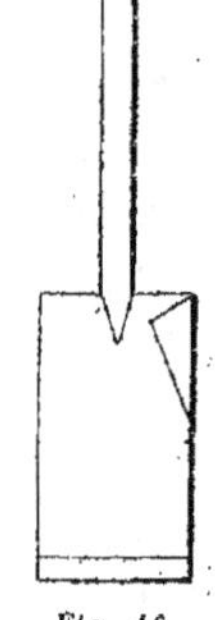

Fig. 16.
Louchet hollandais.

Dans le comté de Mayo en Irlande, on emploie une méthode dite de Ballinrobe, combinaison des deux précédentes. Deux ouvriers travaillent ensemble, l'un recoupe horizontalement, l'autre verticalement.

En *France*, la bêche ou petit louchet est formée d'un manche en bois d'un peu plus d'un mètre de longueur solidement adapté à un outil en fer coupant de 30 centimètres de long sur 10 de large, muni sur l'un des cotés d'un aileron qui sert à poser le pied.

On s'en sert pour tirer obliquement des pointes de tourbe d'un peu moins d'un décimètre carré de section et de 20 à 30 centimètres de longueur. En *Irlande*, on emploie la bêche appelée « Slane » de la forme d'une bêche ordinaire, mais avec un aileron coupant. Les briquettes brutes ont 30 centimètres de long et une section carrée de 15 centimètres de côté; après dessication elles n'ont plus que 20 centimètres de long et 10 centimètres de côté. Les briquettes décou-pées sont placées sur le côté du chantier d'ex-ploitation côte à côte. C'est là qu'on vient les

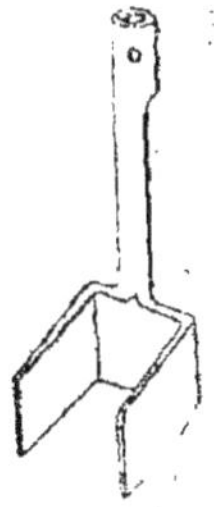

Fig. 17.
Louchet cam-pinois.

ramasser pour les mettre à sécher en petits tas à l'air libre. Au bout de quelques jours on les retourne, l'opération est répétée un certain nombre de fois suivant l'état de l'atmos-phère, mais dans les conditions les plus favorables, il faut au

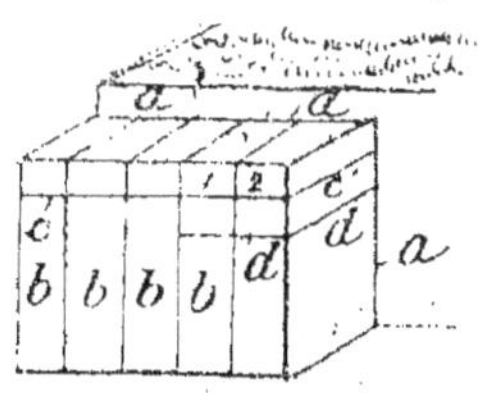

Fig. 18. — Méthode de Triangel.   Fig 19. — Outils de Triangel.

moins 6 semaines pour avoir une tourbe qui ne contienne plus que 20 0/0 d'eau.

En *Hollande* l'outil employé pour tirer les pointes est une bêche de 20 centimètres de côté, 25 de longueur dont le manche est haut de 50 centimètres environ.

En *Belgique*, les paysans campinois se servent d'un outil

analogue au hoyau, manœuvré comme lui, mais le fer de l'outil est à 3 faces, on découpe avec l'outil les mottes à même la tourbe.

A *Triangel* dans le Brunswick, on procède par une méthode analogue à celle de Ballinrobe, mais les outils sont tout différents.

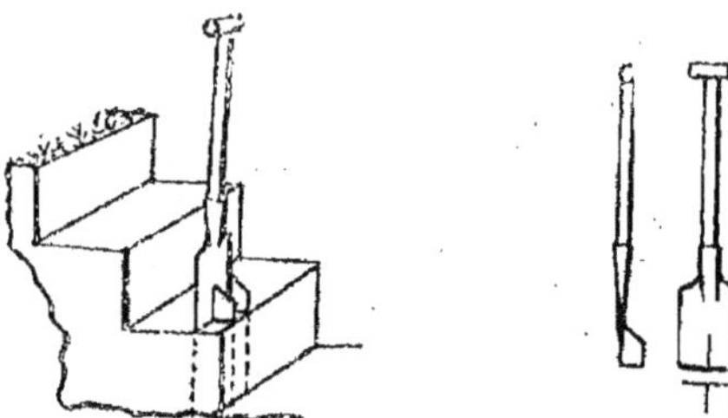

Fig. 20. — Méthode de Haspelmoor.　Fig. 21. — Outils de Haspelmoor.

Les entailles verticales se font avec un couteau en forme de bêche, les entailles horizontales avec une bêche spéciale.

Quatre briques sont enlevées ensemble et placées au bord de la tranchée. Les dimensions à l'état humide sont 31 × 16 × 10,5 centimètres.

En Bavière, à *Haspelmoor*, on exploite par gradins, avec une

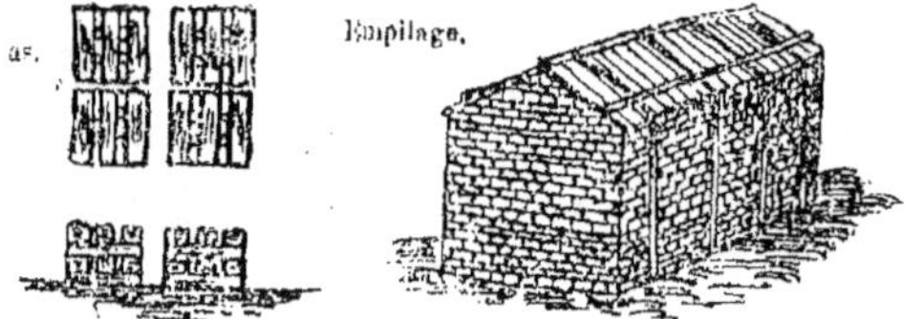

Fig. 22. — Méthode de Haspelmoor.

bêche munie de deux ailerons et permettant de couper d'un seul coup deux mottes. La tourbe est si consistante qu'elle peut être manipulée et mise à sécher sitôt extraite.

A *Raubling*, on pratique l'exploitation par entailles verticales et horizontales.

L'entaille verticale est d'abord faite avec une bêche en forme de couteau, et l'entaille horizontale avec un long couteau qui coupe une motte à la fois.

Les briquettes sont aussitôt empilées en piles de 24, puis

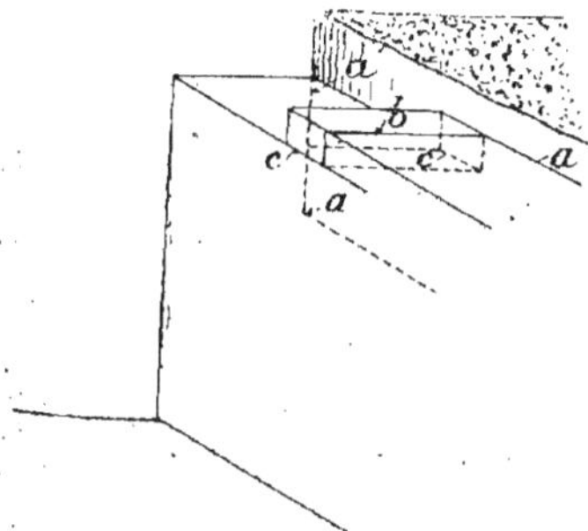

Fig. 23. — Méthode de Raubling.

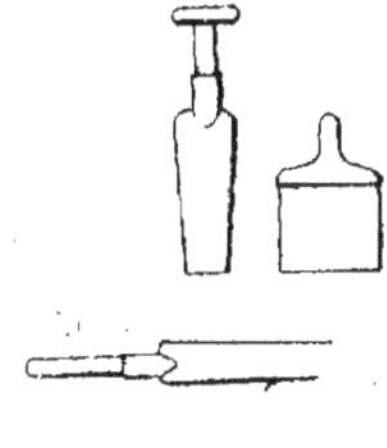

Fig. 24. — Outils de Raubling.

entassées de nouveau autour d'un poteau par tas de 48; au bout de deux mois et demi, elles sont mises en grands tas.

Les dimensions à l'état humide sont 45 × 14 × 11 centimètres.

Les mêmes outils et les mêmes procédés sont employés à *Feilenbach* et à *Bernau*.

En *Danemarck*, la tourbe est également coupée par la méthode des deux entailles. (Méthode de Sparkaer).

Une entaille verticale le long du chantier est faite avec une bêche en forme de couteau, une seconde entaille verticale, perpendiculaire à la première est faite avec une grande bêche, tandis que l'entaille horizontale est faite avec une seconde bêche plus petite.

Fig. 25.
Tas de Raubling.

Trois mottes sont coupées et enlevées à la fois pour être placées sur le bord de la tourbière ou sur le fond, si l'on se sert de la partie exploitée comme terrain de séchage.

Les mottes sont déposées sur le terrain de séchage où elles commencent à sécher, puis elles sont posées de champ ensuite ompilées en tas coniques, et laissées à elles-mêmes jusqu'à ce qu'elles soient suffisamment sèches (15 à 30 0/0 d'humidité).

Les briquettes humides ont 25 × 15 × 7,5 centimètres. Elles pèsent 350 grammes environ.

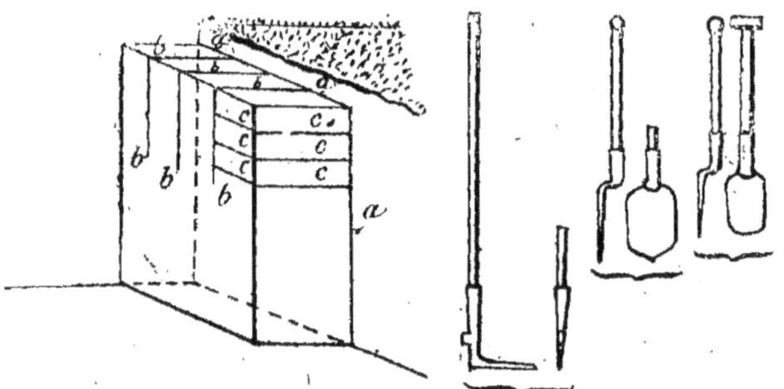

Fig. 27. — Méthode de Sparkaer.   Fig. 26. — Outils de Sparkaer.

A *Moselund*, on emploie les mêmes outils et les mêmes méthodes, la briquette est de 23 × 16 × 8 centimètres et pèse 450 grammes. Pour achever le séchage on met les briquettes en tas parallélipipédiques, couvrant une surface de 1^m,60 × 1 mètre et d'une hauteur de 1 mètre.

Méthode de Sparkaer.

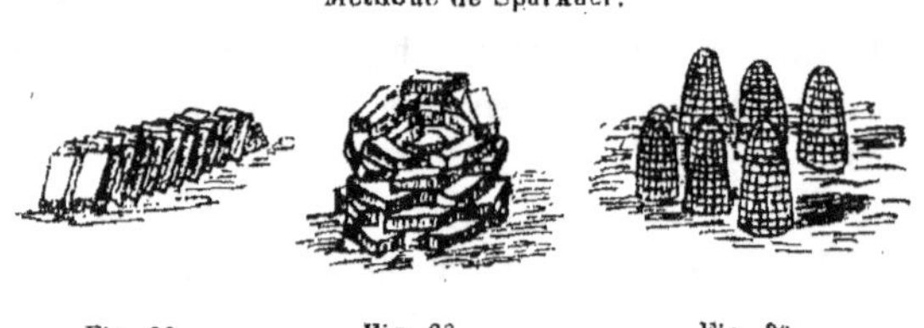

Fig. 28.   Fig. 29.   Fig. 30.
Briquettes retournées.   1er tas.   Tas pour séchage.

Tous ces outils comme toutes ces méthodes se retrouvent en *Russie*. En certains endroits, on pratique d'abord des entailles verticales avec une grande bêche, puis on découpe et on enlève une brique à la fois avec un louchet à un aileron, manœuvré horizontalement.

Lorsque l'exploitation doit avoir lieu sous l'eau, on peut au-delà de 0^m,50 employer le *Grand Louchet*. Inventé par Éloi Morel, de Thézy, cet instrument permet d'extraire la tourbe

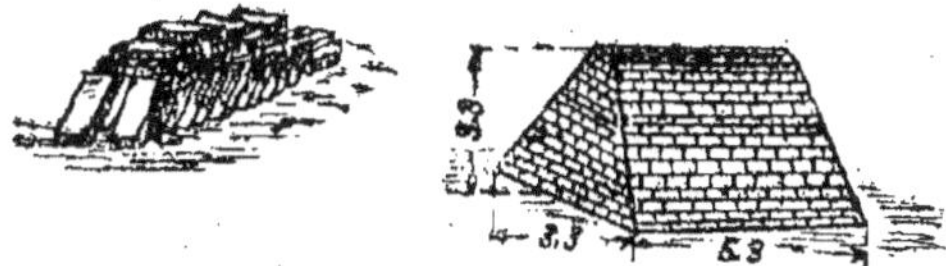

Fig. 31. — Dépôt de briquettes à Moselund.

Fig. 32. — Empilage de Moselund.

très profondément. Une lame armée de 2 ailerons forme une sorte de boîte présentant dans le sens de la longueur, 3 faces de fer dont les extrémités sont tranchantes. Long d'environ

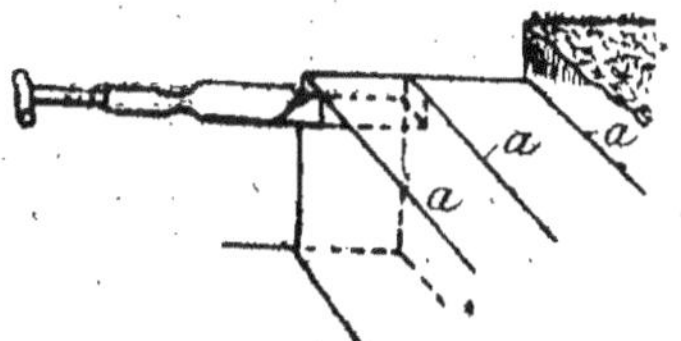

Fig. 33. — Méthode russe.

1 mètre, cet outil est fixé à un manche qui a ordinairement 7 mètres et peut aller jusqu'à 10 mètres. Il est encaissé de chaque côté dans un bâti en fer ajouré. L'élasticité de ce bâti

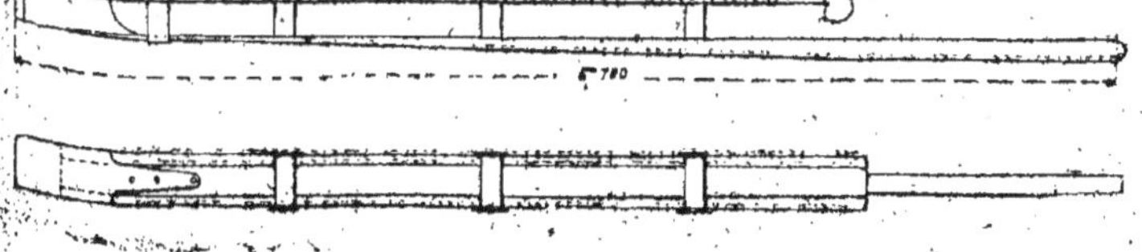

Fig. 34. — Grand Louchet à main français.

presse et maintient le prisme de tourbe détaché par un seul coup dans toute sa longueur.

L'ouvrier enfonce le louchet verticalement, puis il balance légèrement le manche pour détacher le bloc de tourbe, empri-

sonné dans le fer, du reste du gisement. L'outil est remonté
verticalement; le tourbier lui imprime un mouvement de rotation et décrit un demi-cercle, puis il vient poser le bloc de
tourbe extrait, sa grande dimension perpendiculaire au bord du
chantier, en posant à terre le côté ouvert de la partie ferrée.
Suivant la puissance du banc on tire une ou plusieurs pointes.

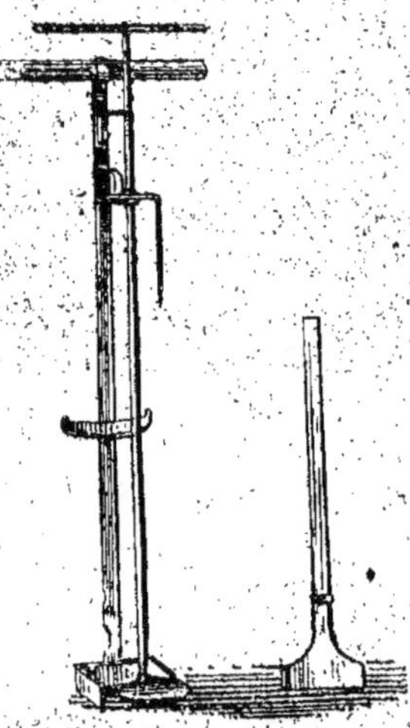

Fig. 36. — Machine Dolberg
à couper à la main.

Les dimensions varient suivant
les localités. Dans l'Aisne, le
Grand Louchet a 1^m,12 de long,
les pointes de section carrée ont
15 à 20 centimètres de côté et
donnent 2 morceaux de 56 centimètres. En Picardie le louchet
a 1^m,20 de long. Les pointes de
même section donnent 3 briquettes de 40 centimètres de
long.

Dolberg a perfectionné le Grand
Louchet, et en a fait une petite
machine à tailler qui est enfoncée
et relevée à main. La tourbe découpée par un instrument tranchant est détachée de sa base par
un disque actionné par un levier.
Cet appareil convient pour des tourbières non drainées, sans
profondeur où l'on ne veut qu'une petite production. Pesant
environ 20 kilogrammes, il coûte environ 60 francs.

Le grand Louchet mécanique (actionné par moteur) a été il
y a de longues années créé en France pour permettre de travailler dans les mêmes conditions que le louchet à main, mais
en tirant des pointes beaucoup plus grandes, puisqu'il peut
enlever jusqu'à un demi-mètre cube.

Lencauchez a donné de cet appareil la description suivante :

« Le grand louchet mécanique est monté sur chassis, roulant
sur rails volants que l'on ripe au fur et à mesure de l'avancement du travail, il peut fonctionner aussi bien en avançant à

droite qu'en retournant à gauche il forme un prisme fermé sur trois côtés, les deux montants principaux sont dentés et font crémaillères; celles-ci sont actionnées par deux pignons semblables calés sur le même arbre. Ce dernier porte en même temps un engrenage qui reçoit le mouvement d'un pignon.

« Le système de transmission étant celui d'une grue de quai, nous ne nous arrêterons pas plus longtemps, mais nous devons appeler l'intention sur le mouvement différentiel qui permet des vitesses variables à la volonté de l'ouvrier, suivant les résistances que la couche de tourbe peut lui présenter de temps en temps, et, suivant les irrégularités dues aux différents états de la tourbe; enfin nous ferons remarquer le débrayage et le

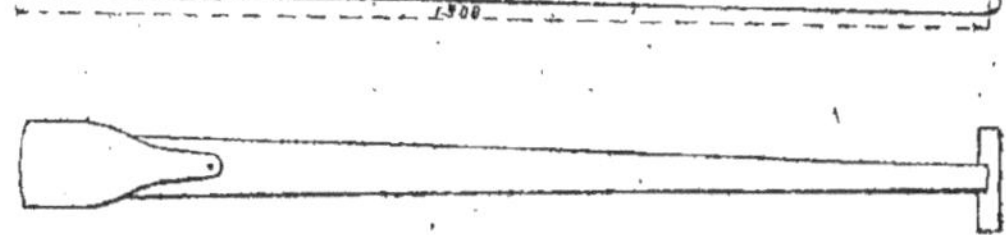

Fig. 36. — Couteau à découper la tourbe.

frein à main qui permettent à l'ouvrier de laisser descendre le louchet sous l'action de son propre poids avec une vitesse convenable pour la taille de la tourbe à enlever.

Les machines à couper la tourbe s'emploient aujourd'hui dans les tourbières non drainées, qui sont relativement exemptes de racines, troncs d'arbres et de souches et dans les tourbières drainées où l'on vise à une grande production.

Les racines troncs et souche entravent sérieusement le fonctionnement des machines.

Les morceaux de tourbe taillés par la machine sont divisés en briquettes de dimensions convenables au moyen d'une bêche à main, puis séchés à l'air. Les machines à couper les plus employées sont celles de Dolberg, on peut également citer les machines de Heinen, Bartsch et Mitschke, Weitzmann, Brosowsky. Ces machines sont toutes similaires et ne diffèrent que par quelques détails.

Dans le Nord de la Prusse et au Mecklembourg, on a beaucoup employé la machine de *Brosowsky* qui ressemble à notre grand louchet mécanique. Elle consiste en un bâti à arête tranchante à la base qui est enfermé dans la tourbe sous son propre poids et au moyen d'une crémaillère actionnée par des hommes. (La machine ne peut travailler qu'au bord d'une tranchée) Quand le couteau est enfoncé à la hauteur désirée, un couteau en forme de bêche est logé dessous par l'action d'un levier et la manœuvre d'une manivelle. On fait basculer la colonne de

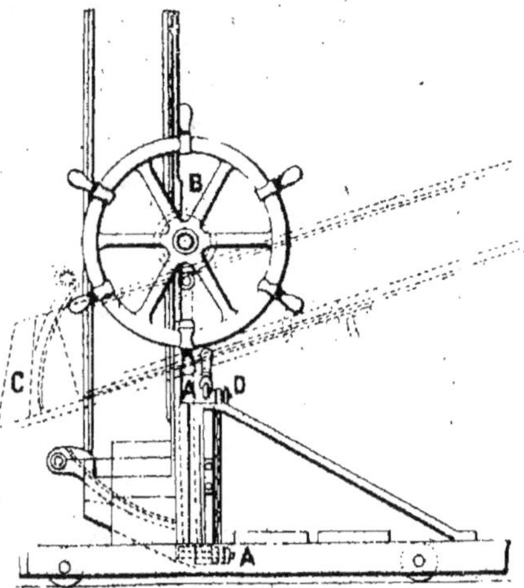

Fig. 37. — Machine Karl Wertzmann.

tourbe ainsi détachée; lorsqu'elle s'est amenée à la surface on la coupe à la bêche en briquettes de 35 centimètres de longueur, 15 de large et 12 et demi d'épaisseur.

Chaque bloc de tourbe coupé sur une profondeur de 3 mètres, donne 144 morceaux. Le travail peut être exécuté en 10 minutes.

Quatre hommes peuvent couper et mettre à sécher 12.000 à 14.000 briquettes par jour.

L'appareil de Brosowsky est monté sur rails, de telle manière que l'on puisse couper 6 ou 7 pointes de tourbe. Il est actionné par une roue dentée. Les pointes de tourbe extraites sont coupées en abaissant un bras de levier.

Toute la pointe de tourbe est levée en manœuvrant un volant à main et amenée sur une planche tenue verticale, où elle est basculée et demeure tandis que le couteau redressé pour l'extraction d'une nouvelle pointe. Tandis qu'un seul ouvrier suffit à tirer la pointe et à la placer sur la planche, un second ouvrier la découpe en briquettes et la met en tas pour le séchage.

Cette machine est généralement construite pour une profondeur de 1^m,30 à 2 mètres pour la Hollande, mais les constructeurs en fournissent pour toutes profondeurs même jusqu'à 15 mètres.

Cette machine comme le grand louchet mécanique a l'avantage de permettre l'extraction sous l'eau en évitant le drainage.

M. *Lepreux* de Paris, a modifié la machine de Brosowsky et arrive à extraire 40.000 briquettes par jour.

La machine de *Karl Weitzmann* analogue à celle de Brosowsky a sur celle-ci un avantage marqué en ce qui concerne le mouvement de bascule.

La crémaillère E et le couteau G peuvent être mis dans une position telle que le plus grand poids est le plus près du guide D.

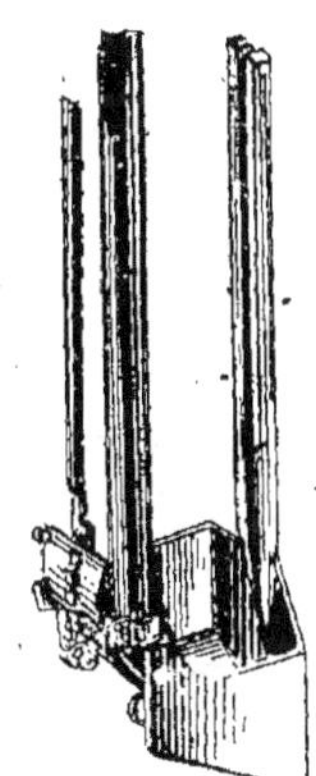

Fig. 38. — Louchet de Dolberg.

La glissière n'a qu'un support A de telle sorte qu'on peut facilement élever un poids lourd de grande longueur.

En basculant le bâti et par conséquent la tourbe extraite, celle-ci *peut facilement être détachée de la machine,* sans qu'on ait besoin de recourir à la planche de la machine Brosowsky.

Deux pieds G et deux taquets F reliés à deux guides dentés, permettent à la crémaillère de pivoter et de prendre une position horizontale.

Le couteau est enfoncé dans la tourbe, puis relevé avec la pointe au moyen d'un volant à main, d'un hérisson, et d'un pignon.

Dans la machine de *Dolberg* qui est la plus généralement

employée, le couteau est lié à un poussoir, à une crémaillère et à un disposif de guidage.

L'outil à couper se compose de trois plaques verticales à bord tranchant. Cet outil est enfoncé au moyen d'une crémaillère et d'un pignon qui le font pénétrer dans la tourbière à la profondeur voulue. Une plaque cylindrique, actionnée au moyen d'un levier, détache le bloc de tourbe et le maintient en place pendant qu'on l'amène à la surface.

Il faut deux hommes pour actionner chaque machine, un homme fait marcher l'outil à couper et l'autre coupe les blocs de tourbe remontée en morceaux convenables qu'il charge sur des wagonnets qu'un troisième ouvrier conduit au terrain de séchage.

Le tableau suivant, emprunté au catalogue de R. Dolberg. donnera une idée de ces machines et des profondeurs auxquelles ou peut les employer. (Chaque machine est munie d'un petit louchet.)

Numéros des machines	Poids (kgs)	Prix (frs)
1 travaillant à 2 mètres de profondeur . . .	630	700
2 — 2,50 — — . . .	640	720
3 — 3 — — . . .	650	740
4 — 3,50 — — . . .	660	755
5 — 4 — — . . .	670	775
6 — 4,50 — — . . .	680	800
7 — 5 — — . . .	700	825
8 — 5,50 — — . . .	725	875
9 — 6 — — . . .	—	—
10 — 6,50 — — . . .	—	—
11 — 7 — — . . .	—	—

Au lieu de découper directement en briquettes la tourbe extraite, on traite la tourbe soit à la main, soit avec des chevaux, avant de la découper en briquettes.

Les fermiers Irlandais, de nos jours encore, et particulièrement dans le comté de Carvan, draguent la tourbe au moyen de sorte de seaux attachés à de longs manches et la déversent sur une aire préparée au préalable. Quatre hommes alors, commencent à pétrir la masse, la tournant, la retournant en tous sens afin de mélanger les différentes qualités pour obtenir une masse uniforme. Quand le mélange est effectué, la tourbe est portée sur une aire de séchage, étendue en couches de 28 à 30 centimètres d'épaisseur et, lorsqu'elle commence à durcir, coupée à la main en blocs d'environ 30 centimètres de côté. On la coupe aussi quelquefois avec la charrue due à Hodge de Montréal (fig. 39).

L'extraction commence à la fin de mai, ou au commencement de juin et la tourbe est ramassée en septembre ou en octobre, toutefois dans certaines années très pluvieuses, comme ce fut

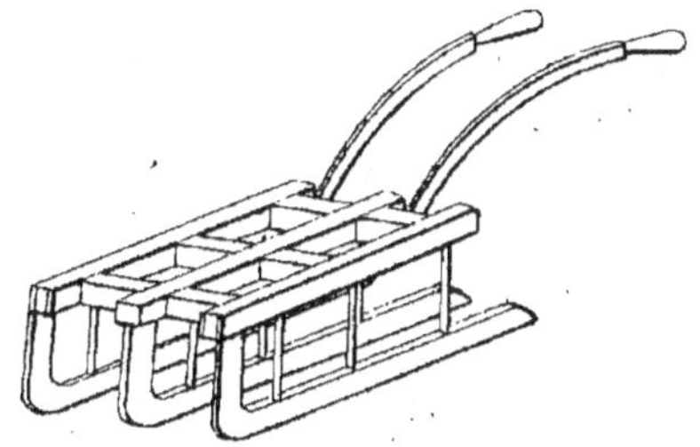

Fig. 39. — Charrue Hodge.

le cas en 1913, la tourbe extraite en juin, était encore trop humide en octobre pour pouvoir être d'aucun usage.

Le prix de revient d'une telle tourbe est d'environ 12 fr. 50 par tonne rentrée à la ferme et mise en tas.

L'exploitation au louchet mécanique se faisait dans des conditions semblables suivant ce qu'écrit Lencauchez :

« Le mode de fonctionnement de l'appareil est celui-ci ; une voie ferrée est placée le long du bord de l'entaille, à une distance convenable pour que l'outil puisse prendre la quantité de matière qui doit le remplir. La voie étant réglée, les ouvriers descendent le louchet jusqu'au fond de la couche de tourbe soit en une, soit en deux, trois ou quatre passes, suivant la hauteur de cette couche ; puis, après ils tournent aux manivelles pour relever le louchet si le mouvement est à bras, ou donnent de la vapeur si le mouvement est dû à une machine. L'outil en se relevant ramène avec lui le prisme de tourbe qui le remplit exactement, attendu que ses deux couteaux qui tranchent dans la masse étant articulés au moyen de charnières, font clapets de fond et s'opposent à la sortie du prisme de tourbe du chassis, qui l'enserre.

« Au fur et à mesure que le louchet sort de l'eau, un ouvrier placé dans une barque amarrée au cadre guide extérieur de l'appareil, et armé d'une grande houe ou pioche à la fois très large et très légère, force le prisme de tourbe à se déverser dans cette barque...

« Si la tourbière ne peut être exploitée au moyen de barques, on emploie un louchet dont le côté ouvert est celui qui s'appuie sur le châssis de son chariot, enfin dans cette seconde disposition un couloir et un grattoir forcent le prisme de tourbe à s'écouler sous l'action ascensionnelle du louchet dans un wagonnet à bascule, roulant sur une petite voie de terrassement à rails de 5 à 6 kilogs par mètre courant placée parallèlement à la grande voie du louchet. Ce wagonnet se remplit comme la barque des produits excavés, et comme la voie des wagonnets est reliée à une voie de service, on simplifie beaucoup le travail. »

Si la tourbière est très vaste, baignée d'eau de toutes parts, on a recours à la drague.

Les dragues employées pour l'extraction de la tourbe sont très variées, cependant une des plus simples consiste en un cercle de fer fixé à un manche ; ce cercle tranchant sur tout son parcours, est percé d'une série de petits trous destinés à permettre d'y fixer une espèce de filet ou un morceau d'étoffe poreuse formant poche, mais laissant passer l'eau. La tourbe, ainsi extraite, est jetée sur la berge et foulée, de telle sorte qu'après l'enlèvement des pierres et des morceaux de bois, elle est transformée en une masse homogène que l'on étend sur une aire pour la faire dessécher ; des femmes et des enfants piétinent la masse jusqu'à ce que le pied n'y puisse plus s'imprimer, puis on la découpe comme à l'ordinaire avec un louchet, en briquettes que l'on expose à l'air pour les sécher.

En *France*, on étale la tourbe en tas de 25 centimètres d'épaisseur que l'on découpe en petits carrés de 10 centimètres de côté.

MM. *Bocquet* et *Bénard* ont employé à Mareuil-sur-Ourcq une drague flottante dans le modèle de celles qu'emploient les entrepreneurs de terrassement. Ils enlevaient le banc de tourbe d'une seule passe, obtenaient une tourbe homogène, malgré les différences de qualité que la tourbe présente depuis le fond jusqu'à la surface. En sortant des godets, la tourbe humide tombe dans un couloir et de là dans la trémie de cylindres désagrégateurs munis de dents tournant à grande vitesse.

On établit auprès de la tourbière, dans une partie bien horizontale du pré d'étente un bassin rectangulaire avec des planches maintenues par des piquets. C'est dans ce bassin qu'on verse la tourbe molle au fur et à mesure qu'on l'extrait de la tourbière, en la brassant convenablement en ayant soin d'ajouter de l'eau pour faciliter l'opération si la tourbe est trop consistante.

Lorsque le bassin est entièrement plein on y abandonne la tourbe à elle-même jusqu'à ce qu'elle ait atteint une certaine consistance, alors on l'égalise et on la tasse avec des pelles. Quelques jours après, lorsqu'elle commence à se dessécher, on la comprime en la piétinant plusieurs fois et à plusieurs intervalles jusqu'à ce qu'on ait réduit aux deux tiers l'épaisseur primitive de la couche : pour ce travail, il est indispensable de se mettre, aux pieds, des planches de $0^m,20$ de large sur $0^m,40$ de long. On trace alors à la surface de la couche de tourbe des séries de lignes perpendiculaires, leur écartement variant suivant la dimension que l'on veut donner aux pointes de tourbe.

Les briquettes acquièrent peu à peu assez de dureté pour pouvoir être empilées et achever ainsi leur dessication.

Strenge (1) en Oldenbourg a construit une machine qui extrait la tourbe lui fait subir un traitement préparatoire et réduisant au minimum les opérations de manutention intermédiaire, diminue notablement les frais d'exploitation.

(1) V. *Génie civil*, t. LX, n° 5, 2 déc. 1911.

La tourbe venant des diverses profondeurs doit être mélangée comprimée, étalée en couche régulière sur le sol, puis découpée en mottes.

La machine (fig. 40) se compose spécialement d'un châssis porteur circulant sur une voie, châssis sur lequel sont montés

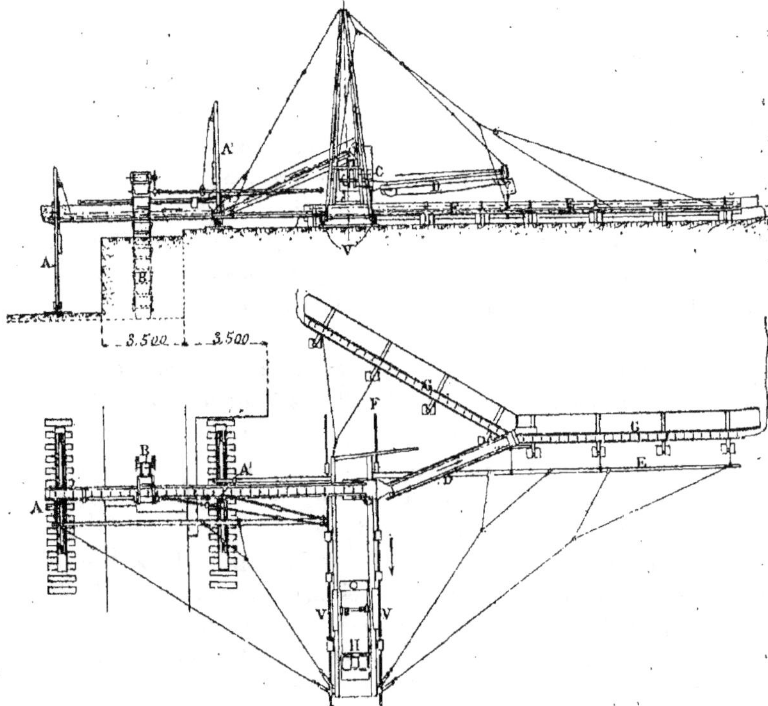

Fig. 40. — Machine de Strenge.

des transporteurs reliant entr'eux un excavateur à godets, une presse et l'étaleur de tourbe ainsi que la locomobile qui actionne l'ensemble.

La machine se déplace parallèlement au bord de la tranchée qu'elle creuse sur une voie établie à cet effet, et s'appuie à l'avant sur deux supports, de hauteur réglable, roulant sur le fond et au bord de la tranchée et soutenant une auge transporteuse,

Au-dessus, et sur une partie de la longueur se déplace d'un mouvement de va et vient le charriot d'un excavateur à godets qui arrache la tourbe au sol et la déverse dans cette auge.

A l'extrémité de cette dernière, la tourbe est entraînée par une chaîne transporteuse jusqu'à une presse continue à vis sans fin qui exprime une grande partie de l'eau et verse le résidu solide sur un transporteur à courroie qui le délivre à

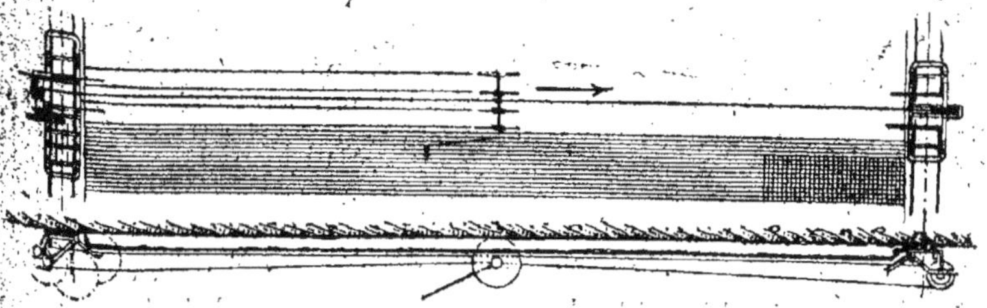

Fig. 41. — Machine de Strenge à couper la tourbe.

deux étaleurs et la couche de tourbe étendue sur le sol est tassée par deux volets qui complètent les étaleurs.

L'ensemble actionné par une locomobile de 35 HP, est conduit par un mécanicien.

La voie de roulement de la machine se trouve à 7 mètres environ du bord de la tranchée. La course latérale de la chaîne à godets est de 3^m,50. La machine traite 80 mètres cubes de tourbe par heure, en creusant 3^m,50 de profondeur.

Il faut pour le service de la machine un mécanicien, deux poseurs de voie, deux manœuvres pour régulariser la couche de tourbe étalée.

Toute la machine se déplace d'un seul coup de 30 centimètres lorsque l'excavateur atteint le bout de la tranchée. L'excavateur est alors remis en marche, et le travail continue jusqu'à ce que l'excavateur soit revenu au bout de la tranchée.

La couche de tourbe étendue par la machine est coupée en

mottes tant en longueur qu'en largeur par une machine à couper spéciale du même inventeur (1) (fig. 41).

Elle consiste en deux ou plusieurs plaques circulaires tournant sur un arbre. Elle est manœuvrée par des câbles montés sur trucks avec un double cabestan et actionnée par un moteur de 6 HP. La machine peut marcher en avant ou en arrière.

Quand la machine a traversé la distance entre les deux cabestans, les lames sont levées automatiquement au-dessus de la couche de tourbe et les trucks sont déplacés de la distance

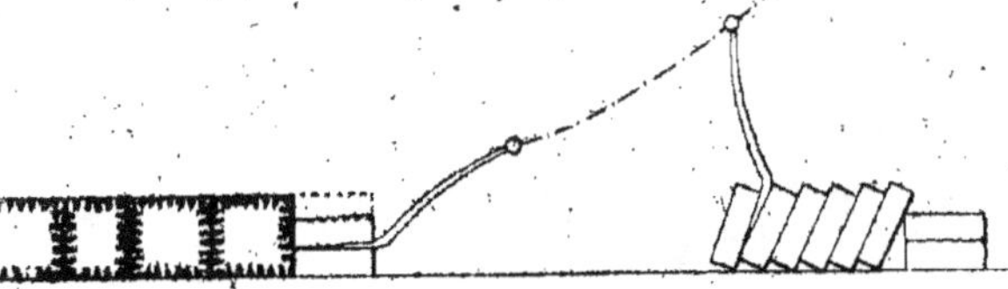

Fig. 42. — Relevage de la tourbe à la main. Méthode de Strenge.

nécessaire, après quoi les lames étant de nouveau abaissées le charriot repart dans une direction opposée à la précédente.

La distance est ordinairement entre les trucks longitudinalement de 42 mètres environ, transversalement de 20 mètres.

La machine est conduite par un seul homme.

La tourbe ainsi traitée est alors coupée à la main de l'épaisseur voulue puis levée pour sécher (fig. 42).

Les mottes sont ensuite empilées en tas et séchées comme à l'ordinaire.

§ 2. — Briquettes moulées.

Au lieu de couper la tourbe en briquettes on peut le mouler comme la terre à briques.

En Allemagne cette sorte de tourbe s'appelle Schlammtorf; dans les pays scandinaves, on lui donne le nom d'Altorff.

La tourbe brute provenant des différents étages de la tour-

(1) Rapports de Larrsoun au gouvernement suédois.

bière est plus complètement mélangée et réduite en pâte. Plus cette opération est exécutée à fond, plus le combustible obtenu est solide et de meilleure qualité. Les parois des cellules sont brisées et l'humidité contenue peut mieux s'évaporer. La tourbe bien réduite en pâte est relativement compacte et les interstices qu'elle contient sont très petits.

Quand une tourbe de ce genre est exposée à l'air, la surface sèche relativement vite, il se forme une peau dont les pores se ferment quand le temps est pluvieux et humide, par suite du gonflement de la tourbe. De ce fait, l'humidité ne peut plus pénétrer à l'intérieur. Quand le temps redevient sec, les pores se rouvrent et le séchage reprend virtuellement au même degré d'humidité.

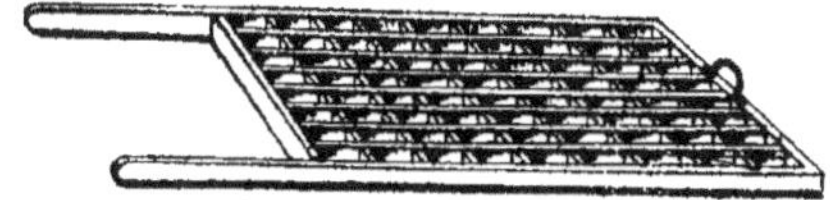

Fig. 43. — Moule à tourbe.

Si le malaxage se fait à la main le procédé le plus simple est le suivant : Un homme sort de la tourbière la tourbe coupée, la piétine en bouillie épaisse au fond de la tranchée, la pellette dans une benne d'où on la met en brouette pour la conduire au terrain de séchage. Elle y est alors jetée dans les moules.

Si la tourbe doit être foulée par des chevaux, on construit à 1 mètre au-dessous de la surface de la tourbière une auge rectangulaire en planches. La tourbe jetée dans l'auge y est additionnée d'eau, piétinée par un cheval et, quand elle est prête, chargée sur une charrette et conduite au terrain de séchage.

La tourbe est versée sur le terrain de séchage dans de grands moules divisés en sections rectangulaires de dimensions requises (fig. 43). Elle est égalisée au moyen de racloirs en bois, on lui fait remplir le moule et l'excédent est raclé dans le moule suivant.

Au bout de 10 minutes environ, l'excès d'eau s'est écoulé et les mottes de tourbe sont assez solides pour qu'on puisse enlever le moule.

Les jambes au dos du moule doivent être assez longues pour que la forme des mottes de tourbe ne soit pas dérangée quand on soulève le moule en avant et qu'on tire à soi. Quand elles sont assez sèches les mottes de tourbe sont retournées puis

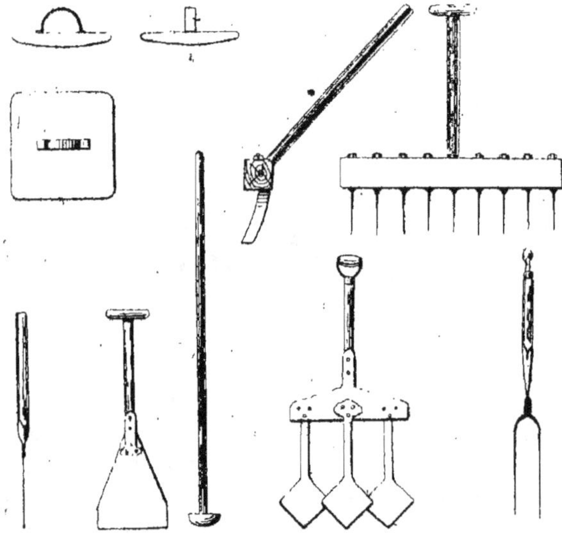

Fig. 44. — Outils de West Torup.

empilées en petits tas puis en tas plus gros, puis emmaganisées comme dans le procédé ordinaire.

En *France* à *Condé sur Escaut*, les habitants exploitent la tourbe pour leur consommation personnelle. La tourbe est extraite en masse, mélangée et foulée, et un ouvrier possédant une petite machine en bois, montée sur brouette, très analogue à la machine à main à mouler la brique, passe successivement chez les habitants et pour un prix convenu moule à façon la tourbe en petites briquettes qu'on met à sécher comme les briquettes ordinaires Le produit obtenu à Condé donne de bons résultats comme combustible.

En *Suède*, à *West Torup* (1) (fig. 44), on extrait la tourbe au moyen d'un élévateur latéral, dont la partie inférieure longue de 10 pieds est horizontale et suit la tranchée d'exploitation. Les ouvriers employés à bêcher la tourbe n'ont pas à soulever la matière, et par suite, la quantité extraite par homme et par jour est plus grande.

L'Elévateur extrait la tourbe par couches horizontales successives, et par suite la tourbe des diverses couches successives de la tourbière ne peut pas être mélangée dans l'élévateur, ce qui nuit à l'homogénéité du produit.

Les matériaux amenés par l'élévateur sont passés dans un malaxeur où ils sont additionnés d'eau. En sortant de la machine, la bouillie est évacuée d'un réservoir dans un wagon et transportée au terrain de séchage.

La bouillie de tourbe au terrain de séchage est coulée dans un cadre en planches de 8 mètres de long, 2 mètres de large, $1^m,20$ de haut. Le cadre porte en avant une poignée de bois, et en arrière 15 couteaux de bois espacés de 4 pouces. Quand la bouillie a pris une certaine consistance, on tire le cadre et les couteaux divisent la masse en 16 couches de 10 centimètres que l'on découpe ensuite en rangées couvenables.

Les mottes obtenues sont séchées par les procédés ordinaires.

Une commission officielle du gouvernement Suédois a constaté qu'un personnel de 7 ouvriers, sous la conduite d'un contremaître, produisait 20 tonnes de tourbe séchée à l'air par 10 heures. La force motrice nécessaire était d'environ 10 chevaux pour la production desquels on consommait par heure 60 kilogrammes de tourbe séchée contenant 87 0/0 d'humidité et 4,7 0/0 de cendres, d'un pouvoir calorifique de 3.500 calories.

Ce système convient seulement aux tourbières bien drainées, ayant au moins 2 mètres de profondeur et contenant une tourbe bien humifiée.

____

(1) *Monddelanden Fran Kungl Landsbrukstrylrelsen*, n° 7, 1904.

§ 3. — Pratique et Résultats d'Exploitation.

En général, dans les tourbières, le travail est fait par contrat les ouvriers sont payés par 1.000 mottes de tourbe.

Le tableau suivant tiré des rapports des ingénieurs suédois Larsson et Wallgreen permet de se rendre compte des résultats obtenus par les différentes méthodes d'exploitation que nous venons d'examiner.

Extraction à l'outil à main.

Tourbière	Prix aux 1.000 morceaux		Coût par tonne	Prix de vente	
	Extraction	Séchage final			
Sparkaer	1,40 fr.	0,25 fr.	4,05 fr.	—	—
Moselund	1,00	0,35	2,65	—	—
Triangell	1,25	0,60	2,50	—	—
Haspelmoor	1,00	—	—	—	—
Raubling	3,85	2,20	6,00	11,75	p. 10 t. sur wagon à 3 km. de la tourbière
Bernau	—	—	5,90	12,00	p. 10 t. sur wagon à 3 km. de la tourbière
Ferienbach	—	—	7,00	11,20	p. 10 t. sur wagon à 3 km. de la tourbière
Oldenbourg	—	—	8,50	7,50	sur bateau au canal
Russie	—	—	4,00	—	—

En *France* au *marais de Pierrepont, en Laonnois* où l'extraction en 1914 était encore fort active, on peut se rendre compte de la pratique actuelle de l'exploitation des tourbières (1).

Les marais de la *vallée de la Souche* renferment de vastes dépôts de tourbe de première qualité pour le chauffage. La tourbe est noire, bien décomposée, homogène, compacte. L'épaisseur qui peut dépasser 5 mètres, en beaucoup d'endroits, est en général de 3m,50 et tombe parfois à 1m,50.

La tourbe est calcaire, toutefois elle ne repose pas directement sur la craie, mais sur une couche de sable. Le marais est exploité méthodiquement; lorsque par suite de l'épuisement de la portion exploitée on doit ouvrir de nouvelles extractions,

(1) Conf. Coquidé. Vie agricole, janvier, 1916. Pratique de l'Exploitation de la Tourbe.

on divise la surface à exploiter en bandes parallèles aux étangs déjà ouverts et de largeur égale. L'extraction se fait le long de la bordure sud de chaque bande en se déplaçant de l'Est vers l'Ouest. On tirera ainsi une ligne de tourbe et lorsque celle-ci sera extraite, il en résultera un étang linéaire dont la longueur sera la longueur totale de la bande et la largeur sera égale à celle de l'outil employé pour le tirage de la tourbe.

Ligne par ligne, l'espace situé au bord sera extrait peu à peu, il sert à mesure que l'on tire la première ligne à déposer le combustible exploité et à le faire sécher. On compte que lorsque la première ligne a été extraite dans son entier, les mottes de tourbe retirées de l'eau et posées sur le bord même de l'étang en voie de formation doivent être enlevées et transportées plus loin pour le séchage. De la sorte, le tireur revient à son point de départ et peut commencer une deuxième ligne au nord de la première, en revenant sur lui-même, et, déposer les nouveaux blocs de tourbe qu'il va tirer.

L'on continue ainsi, jusqu'à ce que la partie non extraite de chaque bande soit suffisamment réduite pour ne plus permettre l'étalement des blocs tirés pour les faire sécher.

Chaque étang a progressé en largeur, et n'est plus séparé de son voisin que par une sorte de digue constituée par la bande étroite non extraite et qui sert de chemin pour circuler à travers la série d'étangs.

La plupart sont marais communaux. La municipalité établit combien de tourbe doit être extraite chaque année de façon à donner satisfaction aux habitants, tout en ménageant l'avenir.

La quantité de tourbe se mesure à l'aide de deux unités : d'abord le *morceau* qui au sortir de l'eau doit présenter les dimensions suivantes : section carrée, côté de 15 à 20 centimètres, largeur 0ᵐ,56 ; ensuite la *part* qui contient 6.000 de ces morceaux.

Chaque chef de famille résidant à Pierrepont a droit à une part, sur demande adressée à l'autorité communale. Les demandes sont examinées par la Commission municipale du tourbage qui écarte celles provenant d'ayants-droit qui n'auraient pas encore payé à la Commune le prix d'une part de l'année précédente.

La « *déclaration* » des « *parts* » est faite à la mairie du 1ᵉʳ février au 15 mars de chaque année.

Les tourbes extraites peuvent varier de qualité, pour éviter toute contestation on détermine d'avance les parts prévues selon le nombre des demandes justifiées et on les numérote. Puis du 15 au 25 mars a lieu le tirage au sort des parts. Chaque chef de famille tire d'une urne le numéro de la part qui lui sera destinée.

La commune réserve un certain nombre de parts pour les fonctionnaires communaux, (garde-champêtre, instituteur, institutrice), et aussi pour les indigents qui n'auront pas de redevance à payer, 120 parts furent concédées en 1914 à des chefs de famille, 20 parts furent attribuées aux fonctionnaires, réservées pour le chauffage des classes octroyées aux veuves et aux indigents.

Le garde a droit à une part, l'instituteur et l'institutrice à 2 parts 1/2, le chauffage des écoles 2 parts 1/2, les cantines scolaires 1 part 1/2, la mairie une demi-part, les indigents reçoivent chacun une demi-part.

L'extraction de la tourbe est confiée à des tourbiers, (tireurs de tourbe) qui s'engagent pour trois années, par adjudication publique au rabais. Un tourbier doit extraire par an 140.000 morceaux, dans une période qui, commençant au 15 ou 20 mars, doit être terminée pour le 10 juillet.

L'on se sert, comme dans toute la Picardie, d'un grand louchet. La longueur du fer utilisé à Pierrepont est de 1ᵐ,12. La pointe extraite et coupée transversalement donne deux morceaux.

Les morceaux étendus sur le terrain sont d'abord retournés, puis mis en petit tas de 15, en 5 étages de 3 morceaux entre lesquels l'air peut circuler. Les tas sont retournés plusieurs fois. On dispose chaque fois, au-dessus et au-dessous du tas les tourbes des couches superficielles moins sujettes à s'émietter en séchant.

Quand la dessication parait faite, on fait des tas de mille morceaux.

Les manipulations du séchage, pour chaque part, incombent à celui à qui elle est échue, la plupart du temps, le travail est fait par les femmes et les enfants.

A partir du 1ᵉʳ octobre, on rentre les tourbes lorsque les travaux des champs le permettent.

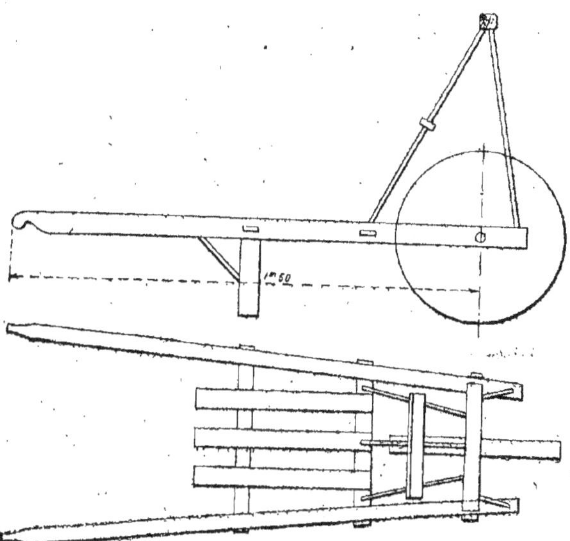

Fig. 45. — Brouette picarde pour le transport de la tourbe.

De chaque étang, on tire 24 parts. La surveillance de l'exploitation est assurée par le garde. Quand chaque tourbier a tiré une ligne de tourbe le long d'un étang, le garde compte le nombre de tourbes extraites et les répartit entre les participants, jusqu'à concurrence de 6.000 pour chaque part.

En dehors de l'exploitation communale, il existe des exploitation privées ou des « marchands de tourbe » extraient du combustible pour le revendre. Ce sont des propriétaires ou des locataires de marais employant des tourbiers dans les mêmes conditions que la commune et des journaliers pour le séchage,

Pour la vente, les morceaux sont disposés le long des routes en tas marchands de 600 morceaux vendus 7 francs le tas.

Des sociétés se sont constituées pour l'exploitation de marais. Chaque ouvrier reçoit pour extraire, faire sécher et empiler la tourbe 4 fr. 50 par mille morceaux. On emploie le grand louchet, soit à main, soit mécanique.

La production des marais de Pierrepont atteignait en 1914, 8.140.000 morceaux.

Le prix de revient de la tourbe extraite à Pierrepont peut s'établir de la manière suivante. On extrayait en 1914 :

Exploitation de la commune.......................	840.000 morceaux
Exploitation de la société des marais de la Souche.	7.000.000 —
Exploitations particulières.......................	600.000 —

Dans les exploitations communales, le tourbier reçoit pour 1.000 morceaux 2 fr. 50, le séchage s'il est fait par des journaliers revient à 13 francs les 6.000 morceaux, la redevance communale est de 21 fr. 75 plus 0,25 de timbre par 6.000 morceaux, pour les parts tirées au sort entre les ayants-droit. Si l'exploitation est faite par un locataire celui-ci paix au propriétaire une redevance de 1 fr. 50 à 1 fr. 75 par mille morceaux.

Le charretier qui assure le transport du marais au domicile reçoit 2 fr. 50 par mille morceaux.

La part de tourbe communale revient donc à :

Redevance communale et timbre....	22
Séchage et empilage...............	13
Transport.........................	15
Soit.............................	50 francs.

Le coût d'exploitation par la Société Locataire revient comme suit :

Redevances........................	9
Séchage...........................	13
Transport.........................	13
Soit.............................	37 francs

On évaluait en 1914 le bénéfice de la commune à 4 francs environ par part.

En Picardie, l'exploitation est beaucoup moins bien organisée. Il ne reste d'ailleurs que fort peu de tourbe et dans un grand nombre de localités, on a abandonné l'extraction. L'exploitation était faite sans méthode, on a exploité les banes de tourbes un peu partout aux endroits où elle était abondante et de bonne qualité. Comme on ne connaissait pas le grand Louchet on ne pouvait exploiter de tourbières au delà de 50 centimètres, et l'on a dû ainsi abandonner les tourbes inférieures que l'on est aujourd'hui bien aise d'extraire. C'est surtout en ouvrant des étangs un peu au hasard qu'on a compromis l'avenir des exploitations qui aujourd'hui doivent être abandonnées faute de terrain de séchage.

La commune se charge, non seulement de l'extraction, mais du séchage pour lequel elle rénumère les ouvrières. La municipalité met en adjudication la tourbe après la mise en tas de mille morceaux.

Au lieu d'exploiter elles-mêmes certaines municipalités mettent en adjudication l'exploitation de la commune et la concèdent a des « Marchands de tourbe » qui revendent le combustible aux particuliers.

L'exploitation est peu différente de celle de Pierrepont, le tireur n'ayant pas à se préoccuper des parts dépose ses pointes sur le terrain derrière lui. Des femmes et des enfants trient les pointes superficielles, moyennes et profondes, les découpent en briquettes de 30 centimètres de longueur. Les briquettes étendues sur le sol sont retournées plusieurs fois avant d'être accumulées en petits tas ajourés. Le tourbier n'a jamais derrière lui beaucoup de pointes ; il a un chantier beaucoup plus petit et ne se préoccupe pas des parts. Les briquettes sèches sont transportées en brouettes le long d'une chaussée, par les femmes et mises en tas, d'importance variable suivant les localités.

En Hollande à *Ilpendam* où la tourbière n'est pas drainée mais est exempte de racines et de souches, on emploie le procédé dû à M. N. Van Bremen de Harlem. L'extraction se fait au moyen d'une machine à couper la tourbe placée sur le devant d'un chaland et consiste en cadres rectangulaires avec bords coupants. C'est une sorte de louchet dont le fond est garni de

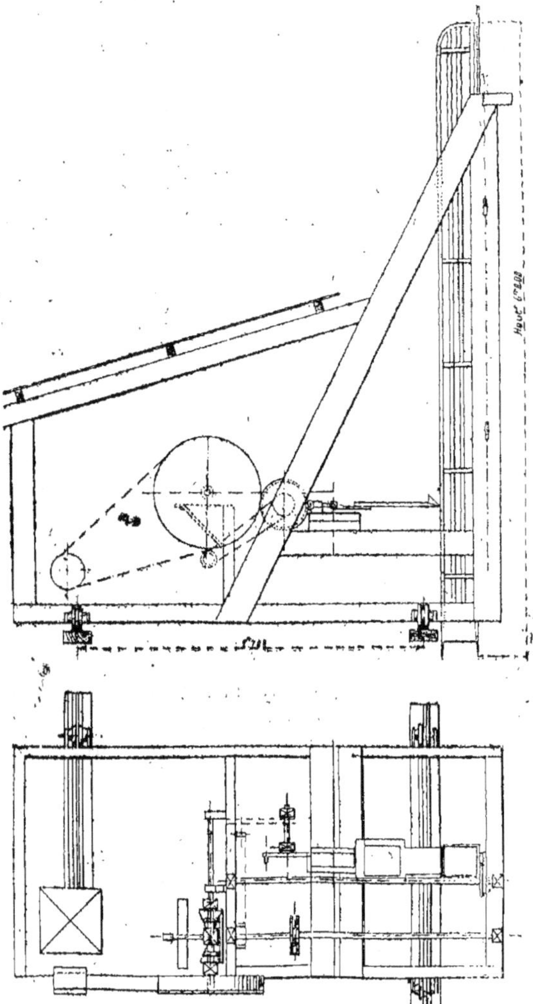

Fig. 46. — Louchet mécanique (la Faloise).

deux grandes soupapes qui s'ouvrent quand on pousse l

cadre à fond et se renferment par le poids de la tourbe quand on les relève. Les cadres sont manœuvrés au moyen d'une crémaillère et d'engrenages.

La tourbe enlevée est sortie des cadres au moyen de rateaux et tombe dans un malaxeur où elle est réduite en pâte. La bouillie est coulée par une rigole d'acier jusqu'à une auge faite de parois de planches mobiles.

La bouillie de tourbe envoyée dans l'auge possède une épaisseur de $0^m,60$ environ après 24 heures, l'eau s'étant égouttée, l'épaisseur est réduite de moitié. La masse est déjà assez consistante pour qu'on puisse enlever les parois de planches pour la rendre encore plus compacte, 2 hommes ayant à leurs pieds des morceaux de bois carrés piétinent la tourbe en même temps qu'ils écrasent la masse avec une sorte de pilon de bois. L'opération est répétée au bout de 3 jours suivant les conditions atmosphériques. Quand la tourbe est assez sèche, on la découpe en mottes par les procédés ordinaires.

Avec 10 hommes, la production d'une telle installation est de 80 tonnes de tourbe séchée par journée de 10 heures.

Le prix de revient est évalué à 14 fr. 50 par tonne, mais il faut tenir compte du prix élevé de la tourbière en Hollande (3.000 Gulden par har (1) pour une tourbière de 2 mètres de profondeur). Le coût de l'installation Van Bremen est de 40.000 francs environ.

La figure 46 représente un type de Louchet mécanique moderne employé actuellement en Picardie. La tourbe remontée dans le Louchet, mû par pignon et crémaillère, est coupée par un couteau à mouvement alternatif, qui forme les briquettes au fur et à mesure que la tourbe remonte avec le louchet. L'ensemble actionné par un moteur de 7 à 10 HP est monté sur un chassis en fer roulant sur rails.

Les briquettes au fur et à mesure du découpage sont mises en brouettes et portées au terrain de séchage.

Les Figures 47 et 48 montrent les dispositions du louchet

---

(1) 6.250 francs par hectare.

mécanique de M. van Eecke employé aux environs de Saint-Omer en 1918.

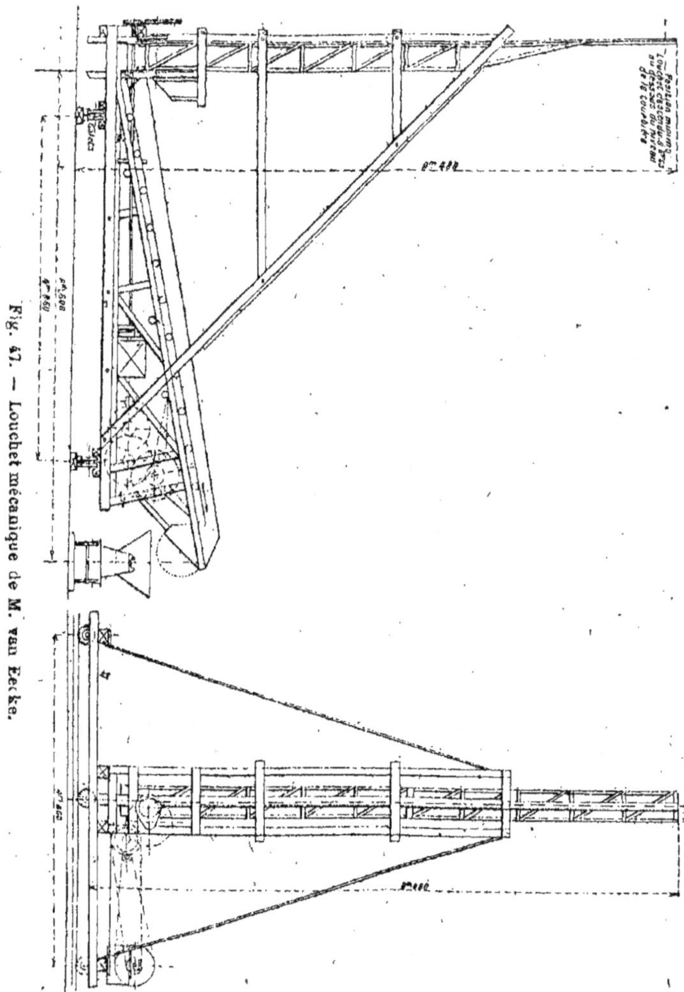

Fig. 47. — Louchet mécanique de M. van Eecke.

Le louchet est encore ici un cadre en fer, ajouré, muni à la base de couteaux et mû par pignon et crémaillère. La tourbe pendant la montée du louchet est contrainte par un grattoir-verspir de tomber sur la toile d'un transporteur à rouleaux qui la déverse dans des wagonnets.

Ceux-ci la transportent au terrain de séchage. Suivant le cas et l'état de la tourbe, le produit est mis à égouter dans des

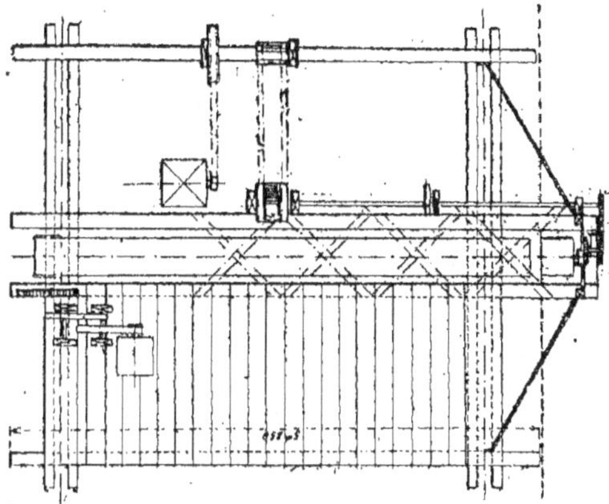

Fig. 48. — Louchet mécanique de M. van Eecke (Plan).

auges, ou étendu à la presse portative genre Jacobson; ou malaxé dans une machine pour être directement formé en briquettes. Dans une tourbière non drainée sans souches ni racines d'une puissance de 6 mètres environ, ce louchet peut extraire jusqu'à 90 ou 100 mètres cubes par 10 heures; en absorbant de 8 à 10 HP.

CHAPITRE IV

Tourbe à la machine

Le travail de fabrication de la tourbe à la machine comporte quatre grandes opérations :

1° Extraction de la tourbe brute de la tourbière ;
2° Traitement mécanique de la tourbe ;
3° Transport au terrain de séchage ;
4° Séchage.

§ 1. — Extraction.

L'extraction peut se faire soit à la pelle, soit au louchet mécanique, soit avec un excavateur, ou une drague.

Les pelles et le louchet mécanique sont analogues aux appareils de même nom employés dans les exploitations de tourbe en briquettes.

De nombreux appareils, drague ou excavateurs ont été proposés.

L'excavateur Lincoln a été employé à Farnham dans la province de Québec, pour creuser automatiquement la tourbe. Il était muni d'une étendeuse et d'un malaxeur système Anrep.

Une plateforme roulant sur Caterpillar repose directement sur le sol de la tourbière, et porte, outre l'excavateur, le moteur à gazoline et la machine à tourbe.

L'excavateur est placé parallèlement à la plus grande longueur de la plateforme. Il peut se mouvoir de bas en haut et l'on peut régler la profondeur de la tranchée de travail. Il creuse un fossé d'environ $0^m,30$ de large.

La tourbe extraite est amenée par une courroie à godets au malaxeur ; après que la tourbe est bien malaxée, elle tombe dans un récipient d'environ 4^m,50 de long placé en travers de la partie arrière de la plateforme.

Dans ce récipient se trouve une chaîne diviseur sans fin qui distribue la pâte également des deux côtés et l'étend sur la surface de la tourbière, où elle est formée et coupée.

Avec trois hommes et un gamin, en consommant 135 litres d'essence par jour, on peut produire 20 à 25 tonnes de tourbe formée.

L'inconvénient est que la tranchée creusée sera l'hiver suivant exposée à la gelée, et une grande quantité de produit sera détruit.

Les parois verticales recoupées par l'excavateur sont sujettes à des éboulements occasionnant des pertes de temps et de matériel.

A la tourbière de Baeck en Scanie (Suède), on emploie l'excavateur dû au lieutenant Ekelund et construit par la firme Munktell de Eskiltuna (Suède).

Le sol de la tourbière à Baeck est placé par nature plus haut que le terrain environnant, il est uni et dur, avec une pente égale et est composé de sable et de gravier; par conséquent, il peut être facilement drainé. La tourbe uniformément drainée a une profondeur d'environ 3 pieds. On considère cette tourbière en Suède comme exceptionnelle. L'excavateur lourd peut donner de bons résultats parce que la surface de la tourbière est dure, il peut travailler comme les dragues à sable et argiles.

L'appareil Ekelund creuse une tranchée de 8^m,50 de large, drague autour des souches, troncs et racines. Les opérations ne sont arrêtées que pour enlever les souches ou déplacer les différentes couches de la tourbière.

Si l'excavateur est placé sur le sol de la tranchée de travail, on ne peut endiguer la tranchée pour l'hiver et la tourbe est exposée à la gelée ce qui est très nuisible.

De ce fait l'appareil ne peut être employé dans les pays où les conditions climatériques doivent être prises en considération.

Si le sol de la tourbière est de l'argile bleue ou de nature

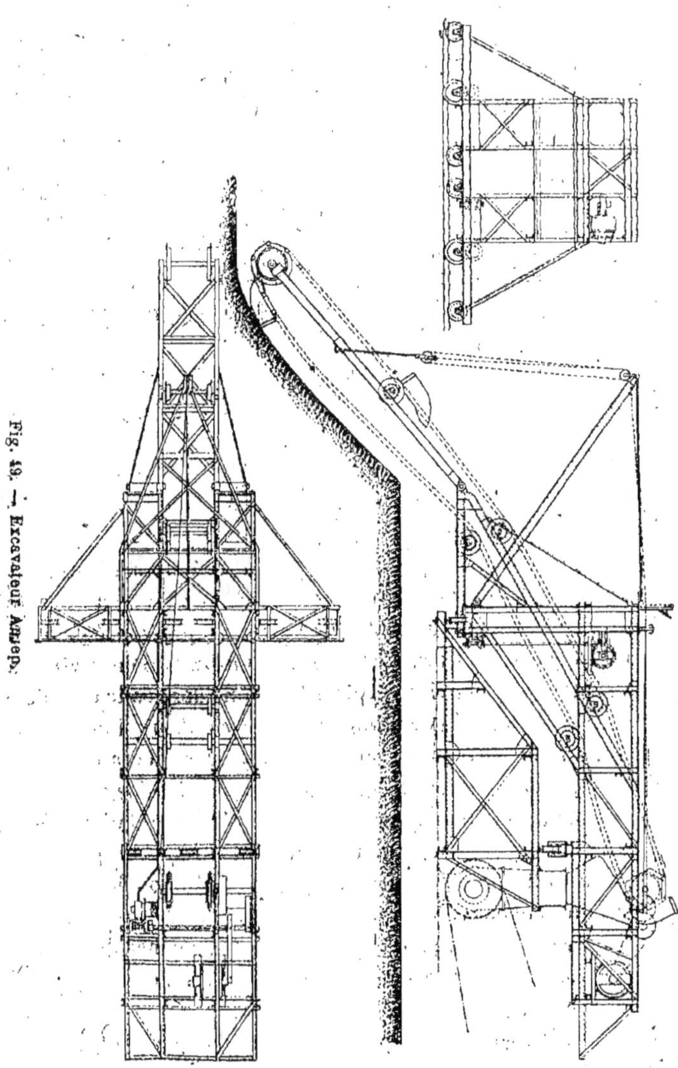

Fig. 49. — Excavateur Anrep.

calcaire, l'assise sera insuffisante pour permettre d'employer l'excavateur lourd d'Ekelund.

L'excavateur Anrep (fig. 49) consiste essentiellement dans la combinaison d'une plate-forme reposant sur trois rails parallèles à la surface de la tourbière, avec un excavateur à godets monté sur chariot et pouvant se déplacer avec des rails placés obliquement en arrière de cette plate-forme; les trois rails transportant la plate-forme; vont longitudinalement à peu près au centre de la tranchée, tandis que le rail le plus intérieur est à quelque distance au-delà du bord.

La table est munie d'un transporteur à godets s'étendant dans la voie des traverses pour enlever et amener la tourbe coupée dans une trémie.

A travers cette trémie, la tourbe brute est déchargée dans un moulin à tourbe où elle est bien malaxée; du moulin, la pâte homogène de tourbe va à l'aide d'une courroie à travers une conduite dans des wagonnets à bascule et dans ceux-ci elle est transportée par une voie sans fin sur le terrain à étente.

On emploie pour former la tourbe une presse de campagne du genre de la presse Jacobson, mais réversible.

A l'avant de la table, trois tambours lourds en bois, avec une baguette fixée à celui du milieu servent aussi bien à niveler la surface de la tourbière qu'à retourner l'appareil à étendre et à former.

En prenant la baguette vers le bas, le dos de l'appareil remonte du sol, toute l'étendeuse peut facilement être tournée complètement et placée dans une position permettant de travailler tout le terrain en retour et étendre la tourbe dans la direction opposée.

La machine est munie d'un serpentin qui étend la masse de pâte uniformément dans la boîte.

Derrière le serpentin se trouve un large cylindre de bois, en travers de la table, qui égalise la surface de le tourbe étendue. Le long et mince couteau qui coupe facilement la tourbe vient après et ne déchire pas les bords de tourbe étendue. Cet appareil est lié à un câble qui suit l'extérieur de la voie de manière à permettre alternativement le mouvement du câble dans les deux sens. Un système de cordes et poulies avec contrepoids donne au câble la tension voulue.

La machine exige un moteur de 40 à 45 HP et produit de 60 à 80 tonnes de tourbe par jour de 10 heures, avec un personnel de 10 hommes et un gamin employés comme suit :

    1 homme surveillant l'excavateur
    2 hommes chargeant et accouplant les wagons
    2 hommes détachant les wagons et étendant la tourbe dans la presse de
      campagne
    1 mécanicien
    1 gamin pour la manœuvre des leviers
    2 hommes pour niveler et déplacer la voie dans la tourbière
    2 hommes pour niveler et déplacer la voie dans l'atelier.

A la tourbière Alfred en 1913, on a combiné l'excavateur et le macérateur Anrep avec la machine à étendre Mooré.

En 1914, une nouvelle pulperie fut montée d'une capacité plus grande que l'ancienne, l'excavateur, sous la conduite d'un seul homme fonctionnait sans à coup, sans arrêt, sans aucun inconvénient pour les ouvriers. Il creusait une tranchée extrêmement propre dont les talus étaient très unis.

La capacité d'extraction de l'élévateur peut se régler d'après les besoins des autres appareils.

La tourbe moulée étendue sur le terrain de séchage était d'aspect très uniforme. Après 7 à 10 jours suivant les conditions atmosphériques, la tourbe en séchage était retournée, ce travail se faisait par de petits garçons.

En 1913, on laissait la tourbe sur le terrain jusqu'à une teneur de 25 0/0, la tourbe séchait fort mal, aussi la met-on aujourd'hui en petits tas cubiques pour faciliter le séchage.

Le combustible était transporté sur des voies portatives aux magasins ou à la gare d'expédition.

La tourbe venant de l'aire de séchage était chargée par un élévateur de chargement, dans le genre de celui qui fonctionne à la tourbière de Wiesmoor.

La fabrication a été arrêtée par la guerre.

A la tourbière Farnham à 70 kilomètres de Montréal (Canada), sur la ligne du chemin de fer Central Vermont, on a employé depuis 1912 un excavateur Krupp combiné avec une machine

Krupp à réduire la tourbe en pâte un dispositif Ekelund pour transporter la pulpe au terrain de séchage et une presse de campagne Jacobson.

L'excavateur, la machine à tourbe, le moteur à gazoline sont

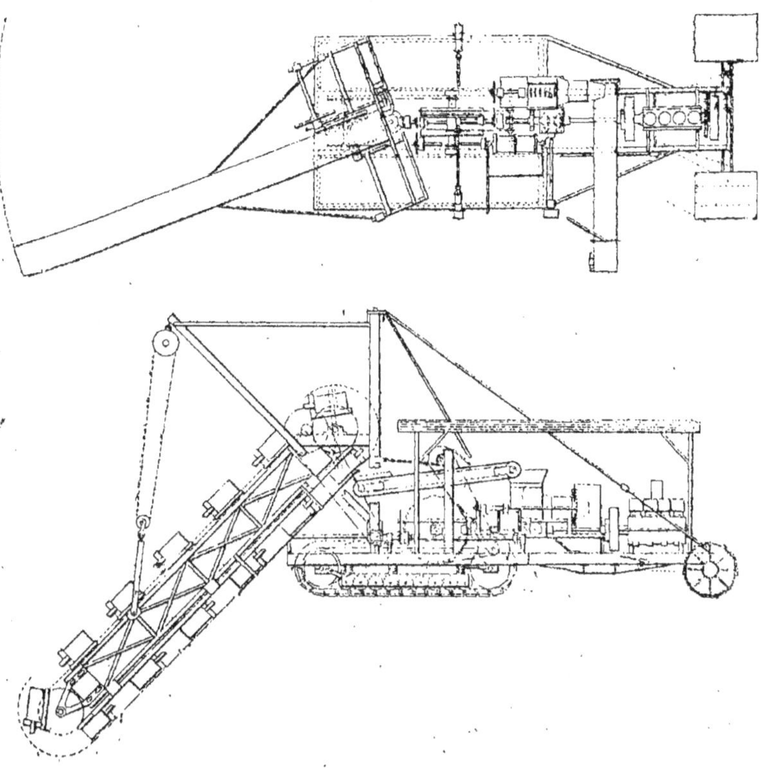

Fig. 50. — Excavateur Krupp.

montés sur une plate-forme reposant sur une chenille (Caterpillar rollers) placée directement sur la surface de la tourbière (fig. 50).

A l'arrière de cette plate-forme une grue est montée de manière à tourner sur un axe vertical. La grue est pourvue de supports aux extrémités desquels sont attachées des poulies et

9

cordes mues par des tambours montés de manière à tourner sur la plate-forme.

Un arbre moteur est relié à chaque tambour au moyen d'embrayages et de façon que lorsque l'arbre moteur se trouve relié à l'un des tambours l'autre tambour se trouve libre. De cette manière la grue peut à volonté être tournée d'un côté ou de l'autre. Sur la grue est fixée une poutre qui peut tourner autour d'un axe horizontal. Cette poutre qui peut être élevée ou abaissée selon la profondeur de l'excavation sert à supporter les godets excavateurs. Près de l'extrémité libre de la poutre est attaché un câble passant par deux poulies; il sert à élever ou abaisser la poutre.

Le câble peut être actionné de manière quelconque, par exemple au moyen d'un tambour auquel il est attaché par son extrémité inférieure.

Le support horizontal qui passe librement par l'extrémité inférieure de la poutre repose sur des coussinets et sert d'arbre moteur pour la chaîne à godets et le couteau automatique qui sont décrits ci-après.

A cette fin l'arbre est muni de deux roues à chaîne espacées d'une distance un peu moindre que la largeur de la poutre. A l'extrémité libre de la poutre, il y a aussi deux roues à chaîne semblables et pareillement espacées, permettant ainsi d'y placer deux chaînes sans fin auxquelles sont attachés les godets qui s'étendent le long de la poutre.

Sur le côté supérieur de la poutre il y a deux rails parallèles formés de morceaux de fer pliés, longitudinalement, en angle droit et posés de manière que l'un des bords soit horizontal et l'autre vertical. Sur le dessous de la poutre il y a deux rails doubles faits de fer cannelé. La chaîne sans fin portant les godets est maintenue sur les rails au moyen de coussinets qui projettent latéralement du haut de chaque godet.

Ces coussinets peuvent être faits de blocs de bois façonnés pour entrer dans les rails cannelés au dessous de la poutre; les coussinets qui se trouvent sur la partie de la chaîne au dessus de la poutre reposent simplement sur les rails. Ainsi les godets sont solidement supportés quand ils sont au dessous de la poutre et doivent suivre un chemin déterminé, quand le moteur qui les met en marche est actionné.

Comme la tourbe à l'état brut est ordinairement une substance très adhérente, une partie du contenu de chaque godet y restera collée si l'on compte seulement sur la pesanteur pour opérer la décharge des godets au temps voulu. Pour obvier à cet inconvénient, un expulseur mécanique ayant la forme d'une pelle à double lame, est relié à l'arbre moteur entre les deux roues à chaîne. Les parties sont proportionnées et ajustées de telle manière que lorsque chaque godet approche de la roue, une des lames descend dans la partie supérieure du godet et comme celui-ci tourne autour de la roue à chaîne, la lame pénètre au travers du seau, expulsant le contenu par le fond. Ainsi lorsque les godets passent autour des roues, les lames s'y engagent et assurent un déchargement complet de leur contenu.

L'arbre moteur peut être actionné de la manière que l'on veut. A une de ses extrémités, il est pourvu d'une roue qui, au moyen d'engrenages, s'engage avec un pignon fixé à un contre-arbre monté sur la grue. Ce contre-arbre est relié, au moyen d'une chaine sans fin, avec un deuxième contre-arbre monté sur la grue près de sa base. A l'axe de rotation de la grue il y a un engrenage horizontal qui s'engage avec un pignon fixé à l'arbre. Le système peut être mis en mouvement par un arbre moteur convenable. L'arbre est monté sur des coussinets stationnaires pour qu'il ne gêne pas la fonction des différentes parties quand la grue tourne sur son axe.

L'appareil est placé au point de départ, la poutre est tournée jusqu'à ce qu'elle atteigne un des côtés de la tranchée à excaver, la chaîne à godets est mise en mouvement et la poutre baissée jusqu'à ce que les godets fassent une coupe d'environ 0^m,30 de profondeur. La grue elle-même est alors mise en mouvement, tournant tranquillement la poutre à travers la tranchée à excaver jusqu'à ce que l'autre côté de la tranchée soit atteint. Quand une première coupe a été faite, la poutre est de nouveau abaissée et mise en mouvement vers le côté d'où elle est partie. De cette manière, la poutre est tournée de côté et d'autre, étant abaissée à chaque limite de son mouvement, jusqu'à ce que l'excavation soit de la profondeur désirée. Cette profondeur atteinte, on cesse de faire mouvoir la poutre dans le sens vertical, elle est simplement tournée de côté et d'autre dans la direction transversale, l'appareil étant avancé de la distance voulue pour une nouvelle coupe à la fin de chaque mouvement transversal de la poutre.

Les godets en laissant la surface inclinée de l'excavation passent au dessus de la plaque protectrice, ce qui empêche leur contenu de tomber par leurs fonds béants. Quand un godet a atteint l'extrémité supérieure de la plaque protectrice, une des lames automatiques de nettoyage le pénètre et son contenu est déchargé sur un transporteur à vis qui charrie la tourbe dans une trémie ayant la forme d'un cône renversé, ce qui empêche la tourbe de se fouler et d'obstruer le passage comme elle le ferait autrement. De la trémie, la tourbe tombe dans le cylindre de la machine à tourbe. Après que la tourbe est complètement pétrie et qu'elle est pratiquement homogène, elle sort de la machine à tourbe et au moyen d'un transporteur à vis est déchargée dans les wagons-bascule. Ces wagons circulent sur une voie ferrée et sont traînés par une petite locomotive à gazoline. Les wagons chargés sont amenés au champ de séchage et déchargés dans une presse portative « Jacobson » d'une construction simplifiée. Cet appareil étend, coupe et divise la tourbe en quinze bandes ou rangs continus. Par un couperet spécial ayant trois disques d'acier, ces rangs ou bandes sont coupés en blocs de $25 \times 7,5 \times 10$ centimètres.

Main-d'œuvre employée :

1 mécanicien
1 homme recevant les wagons
1 homme remplissant les wagons
1 homme déchargeant les wagons à la presse portative
1 homme étendant la tourbe dans la presse portative
1 homme coupant verticalement les rangs de tourbe.
1 homme chargé de déblayer le terrain
2 ou 3 gamins

Total : 7 hommes et 3 gamins.

La capacité de la machine est, selon mon estimation, de 35 à 40 tonnes par jour de 10 heures de travail sans arrêt.

L'objection que l'on fait à cet excavateur est qu'il ne fait pas une taille nette, les parois verticales de ses coupes sont dentelées. En voici la cause : chaque fois que l'excavateur cesse de travailler un côté de la tranchée pour aller sur le côté opposé! il laisse à la coupe qu'il vient de faire une saillie en coin qu, se projette à angle droit et qui mesure $1^m,80$ de long, $0^m,90$ de large et 3 mètres de profondeur. Cette condition de la tourbière est très dangereuse pour les pays où le climat est rigoureux, car une certaine profondeur de la tourbe exposée à la surface des parois gèle durant l'hiver et sèche durant l'été. Par suite de ces changements successifs, les parois devront s'écrouler, ce qui rend difficile le retour de la machine pour creuser sur le bord de l'excavation antérieure. Comme l'excavateur en usage à Farnham est d'une construction très lourde, il lui faudrait reprendre le travail à 12 ou 15 mètres de la tranchée primitive. Ceci découperait la tourbière et entraînerait un gaspillage considérable de terrain utilisable. C'est le seul défaut de l'appareil.

§ 2. — Traitement mécanique.

Suivant le mode de fabrication on distingue la tourbe moulée et la tourbe pressée.

Tourbe moulée. — Elle se produit dans de petits ateliers où la force motrice est fournie par l'énergie animale où dans de grands ateliers qui sont conduits par des moteurs mécaniques ou électriques.

Dans les petits ateliers, la tourbe extraite est soit jetée dans une benne, soit jetée directement dans la machine (fig. 51). On commande les machines par un dispositif analogue à une machine à battre, le cheval se déplace sur un chemin en planches pour éviter qu'il enfonce dans la tourbière dont la surface est généralement trop molle.

Ces petits ateliers se déplacent au fur et à mesure que la tour

bière est exploitée, afin de réduire au minimum le transport
de la matière première.

La tourbe en pulpes est versée dans des moules comme nous
l'avons vu précédemment.

Avec 4 ou 6 hommes et un cheval, on peut produire de 5 à
8.000 kilogs de tourbe séchée à l'air.

Dans les installations importantes, les dispositions géné-

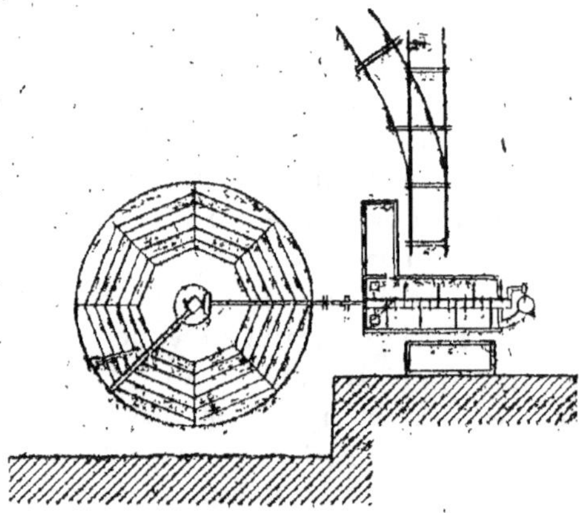

Fig. 51. — Petit atelier à tourbe.

rales, le mode d'exploitation et les méthodes varient beaucoup
suivant les divers endroits, on ne saurait poser de règles fixes
à cet égard.

L'Exploitation d'*Okaer* (fig. 52), dans la tourbière de Sparkaer
en Danemark, date de 1884 ; l'atelier a été construit sur le terrain solide à la limite de la tourbière. Le voisinage de grandes
plaines sablonneuses sans arbres, battues de tous les vents est
une situation excessivement avantageuse pour le séchage.

La tourbière bien drainée, contient une tourbe bien humifiée,
exempte de racines troncs et souches. On enlève d'abord à
fleur de sol une couche de 10 centimètres qu'on rejette dans la
tranchée d'exploitation antérieure.

La tourbière exploitée jusqu'à une profondeur de 3 mètres
est reliée à l'atelier par un chemin de fer. Près du chantier

d'exploitation on pose une voie latérale permettant d'attaquer la tourbière au moyen de 2 voies à 8 mètres de distance l'une de l'autre ·

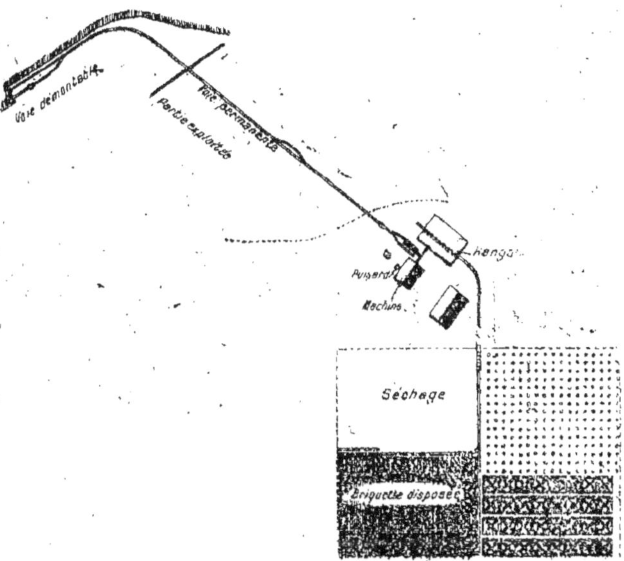

Fig. 52. — Tourbière d'Okaer.

La tourbe extraite à la bêche (fig. 53) est chargée sur des wagonnets en bois, basculant, chaque wagonnet est tiré par un cheval conduit par un gamin.

On emploie 6 hommes pour extraire la tourbe et la charger

Fig. 53. — Bêche d'Okaer.

sur wagonnets ; deux gamins assurent le transport, tandis qu'un homme défriche la couche de surface et veille à l'entretien des voies.

Le travail de la tourbe et la réduction en pâte se fait dans une auge longue de $8^m,50$ environ, profonde de $0^m,60$ dans aquelle un arbre porte-couteaux tourne à une vitesse de 50 tours environ par minute.

Un ouvrier bascule les wagonnets venant de la tourbière et surveille le débit de l'eau.

La tourbe en pâte passe de la machine à un élévateur qui l'amène à une trémie de chargement d'où elle est directement vidée dans les wagons. Cet élévateur est une auge en bois pourvue à chaque extrémité d'un arbre de couche, muni de roues à dents et de chaînes à articulations garnies de palettes

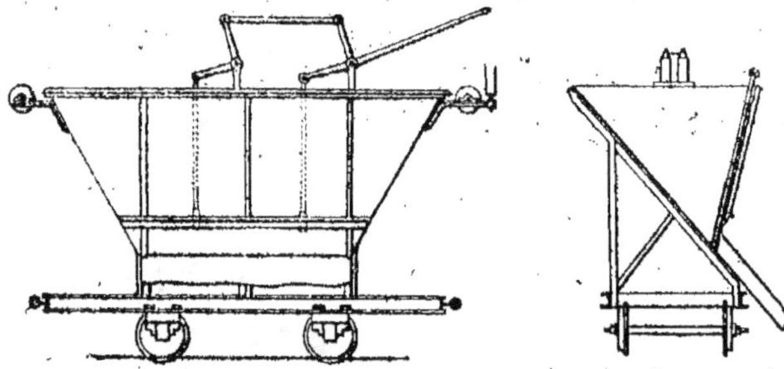

Fig. 54. — Wagonnets à bouillie de tourbe.

qui circulent dans le fond de l'auge et raclent la bouillie en avançant.

L'installation pour le traitement mécanique de la tourbe absorbe une puissance de 20 H. P.

La tourbe en bouillie est chargée dans des wagonnets à bascule en acier. On charge 12 wagons à la fois. Pour charger cette rame de wagons l'amener au terrain de séchage, la décharger et la ramener au point de départ après avoir parcouru environ 900 mètres, il faut environ 10 minutes.

La voie portative est faite en sections facilement détachables et susceptibles d'être rapidement montées. Les sections de voie sont reliées au moyen de semelles à glissières qui sont ramenées sur les rails d'une section quand on l'enlève, puis qui glissent pour couvrir les jointures quand on désire raccorder les sections.

Les moules employés sont en planches ; ils comprennent

55 espaces de $25 \times 14 \times 8$ centimètres. Le devant est muni de deux poignées, le derrière de 2 jambes de 50 centimètres de long en fer rond. Le moule est levé devant et tiré en avant en reposant sur les jambes.

Chaque wagonnet contient la substance pour charger trois moules. Une rame de wagonnets peut charger trente-six moules. On règle donc les wagonnets pour que la longueur de deux wagonnets équivale à celle de trois moules. On décharge d'abord un wagonnet sur deux dans l'ensemble de la rame, puis le train est avancé de la longueur d'un wagonnet et alors on vide les wagons encore pleins. La masse est égalisée dans les moules à l'aide de racloir. Quand les mottes de tourbe sont assez sèches, on les dresse sur champ, puis on les empile en tas coniques de 2 mètres de haut.

Le séchage et l'empilage sont exécutés par des femmes. Une ouvrière relève 6.000 morceaux, on en empile 2.500

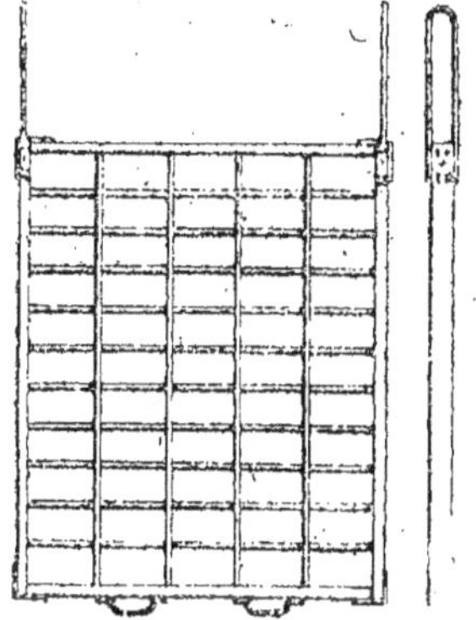

Fig. 55. — Moule à tourbe d'Okaer.

par heure. Si la température est favorable, le séchage peut être terminé en trois semaines, mais il faut souvent beaucoup plus.

A *Sparkaer*, pour une production journalière de 45 tonnes environ, il faut 14 hommes, 3 gamins et 4 chevaux. Le prix de revient d'une tonne de produit est estimé à 7 fr. 50, tandis que le prix de vente atteint 9 fr. 75.

La même méthode a été introduite en Suède et essayée à *Stafsjö*, mais les conditions locales, moins favorables au séchage n'ont pas permis d'atteindre la production désirée.

Pour un total de 25 tonnes, on employait 12 hommes, un gamin, trois chevaux. La force motrice absorbée était d'environ 8 HP. Le prix de revient était estimé à 7 fr. 50, tandis que le prix de vente atteignait 10 francs.

A *Herning* en Danemark, on travaille de façon toute différente. On exploite jusqu'à 2m,50 à 3 mètres. Les machines sont
montées sur une plateforme mobile qui se déplace avec la
tranchée d'exploitation.

La tourbe brute extraite d'une tranchée de 10 mètres de large

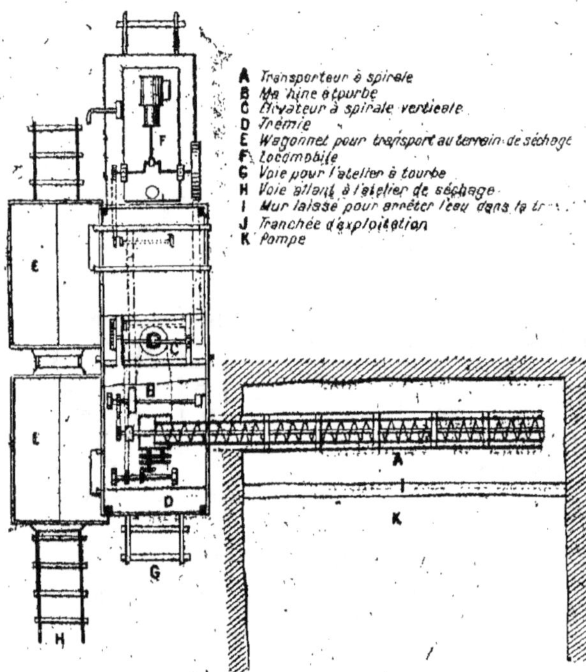

Fig. 56. — Exploitation de Herning.

est jetée dans un transporteur à hélice, d'où réduite en bouillie
elle est montée par une vis sans fin à une trémie qui surmonte
la plate-forme.

La force motrice absorbée par l'ensemble des machines est
de 16 HP.

La bouillie de tourbe est vidée de la trémie dans 2 wagonnets en bois. D'un côté du terrain de séchage on pose une voie
fixe et au moyen d'une voie portative on peut atteindre n'im-

porte quel point du terrain de séchage. De chaque côté de cette voie on se sert de deux grands moules en fer. Ce sont des plaques de 3 millimètres divisées en 500 espaces rectangulaires de $18 \times 7,5 \times 5$ centimètres. Ces moules forts pesants sont déplacés par un appareil de levage spécial.

Pour une production journalière de 70.000 mottes, pesant environ 50 tonnes, on employait 10 ouvriers répartis comme suit :

> 5 pelleteurs
> 1 homme à l'installation
> 1 mécanicien
> 1 machiniste de locomotive
> 2 sécheurs.

La main-d'œuvre par tonne à la tourbière est de 2 fr. 10 et le coût de la tonne f, o, b, station de Herning est d'environ 6 fr. 25.

A *Moselund*, en Danemark également, les dispositions ressemblent à celle de Herning, mais l'installation est fixe, et la tourbe lui est amenée par des voies desservant les tranchées d'exploitation. La tourbe brute, par une vis sans fin est jetée dans une machine Dolberg ; de là, elle va à la trémie placée en dessous. Les briquettes retournées pour séchage sont empilées par tas parallélipipédiques (fig. 25 et 26).

Avec 16 hommes, en 11 heures, l'usine produit à peu près 50 tonnes de tourbe séchée à l'air, elle absorbe 15 HP.

La tourbe rendue à la gare de Moselund à 2.500 mètres de l'usine et chargée sur wagon revient à 4 fr. 20 par tonne, le prix de vente est de 10 fr. 50 par tonne.

A *Aamosen*, en Danemark, la tourbière exploitée n'est pas drainée, la situation est donc toute différente, l'usine est montée sur un chaland et un élévateur amène la masse à une trémie mobile sur des rails posés au bord de la tranchée. Elle est de là vidée en wagonnets et portée au terrain de séchage. Les moules sont les mêmes qu'à Sparkaer. Il en est ainsi également pour les malaxeurs.

Pour produire de 17 à 22 tonnes de tourbe séchée en 11 heures, on consomme 4 HP, et l'on emploie 9 hommes et 1 cheval.

La dépense de main-d'œuvre est de 3 francs par tonne. Le prix de revient de la tourbe séchée, rendue à la gare de Vedde

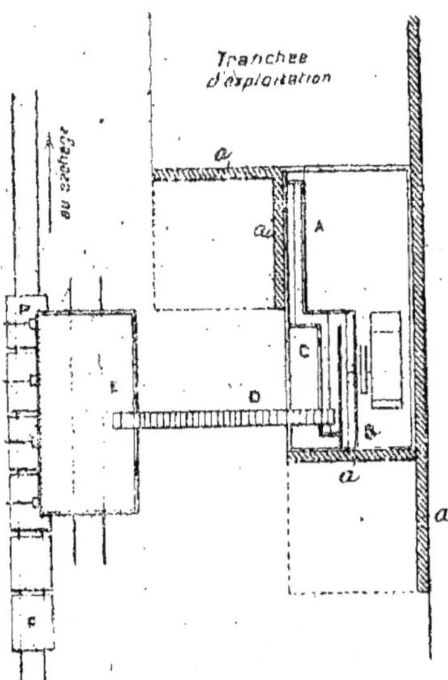

Fig. 57. — Atelier d'Aamoseu.

à 9 kilomètres de distance est estimé à 6 fr. 50 par tonne ; le prix de vente f, o, b, gare de Vedde est de 12 francs.

§ 3. — Tourbe pressée.

A. PRINCIPES D'EXPLOITATION.

Malaxer, réduire en pâte et façonner la tourbe sans ajouter d'eau est la méthode la plus employée et la plus convenable, surtout quand on doit prendre la surface de la tourbière comme terrain de séchage, et quand les conditions du séchage sont moins favorables.

La tourbe brute est plus complètement malaxée et réduite en pâte, ce qui permet la fabrication d'un bon combustible avec de la tourbe fibreuse et moins humifiée.

L'Installation pour la fabrication de la tourbe façonnée à la machine consiste en un outillage pour malaxer et réduire en pâte, et, en dispositifs pour le transport de la tourbe.

Les installations de malaxage et d'étente employées sont en général portatives sur rails, auprès de la tranchée d'exploitation ; on évite ainsi le transport à grande distance de la tourbe brute. En se servant de la surface de la tourbière immédiatement voisine de la tranchée comme terrain de séchage, on réduit à la plus simple expression, le transport de la masse de pâte de tourbe humide.

La largeur du terrain de séchage doit être telle que le creusage de la tranchée et l'étente puissent marcher de pair, au surplus le terrain de séchage doit être bien drainé.

La tranchée d'exploitation doit être aussi longue que possible, ou tout au moins assez longue pour que, lorsqu'on atteint l'extrémité, la tourbe étendue au commencement ait eu le temps de sécher et puisse être enlevée avant de commencer une nouvelle tranchée.

Dans les tourbières très profondes le poids du matériel peut faire céder les murs de la tranchée, mais en règle générale, une tourbière bien drainée peut facilement supporter une installation.

Les installations sont très différentes mais toutes peuvent donner lieu à quelques remarques générales.

Presque partout la tourbe brute est sortie de la tourbière, à la main à l'aide de bêches dont la lame est en forme de cœur et jetée sur un élévateur qui la transporte à la machine à tourbe. Il n'existe pas d'excavateur réellement pratique, il faudrait que l'apparel pût fonctionner malgré les souches et les racines et le problème n'est pas d'une solution facile.

L'excavateur inventé par Schlikeysen extrayait 60 mètres [3] de tourbe à l'heure, et dans le même temps se déplaçait de 60 mètres, mais il ne creusait qu'un alignement triangulaire et, quand on le mettait à l'œuvre sur l'alignement suivant il laissait une berge triangulaire et par suite beaucoup de tourbe restait dans la tourbière.

On emploie dans les tourbières où l'extraction se fait mécaniquement les machines de Dolberg, de Strenge ou de Van Bremen.

On emploie des élévateurs de tête et de côté. Les élévateurs de côté sont placés perpendiculairement à la direction dans laquelle se déplace l'installation, ils donnent à l'ensemble une meilleure fondation, la tranchée étant alors creusée en gradins, ils ont l'inconvénient de ne permettre le creusage que

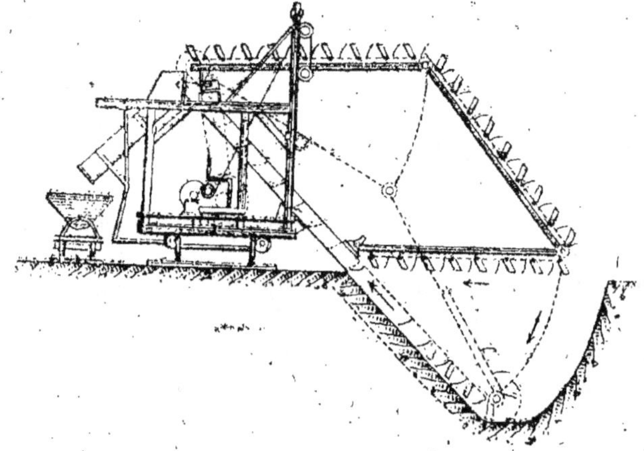

Fig. 58. — [Excavateur de [Schlekeysen.

d'un côté, d'être un obstacle lors du déplacement de l'installation, et d'être d'une longueur limitée qui s'oppose à l'emploi d'un grand nombre d'hommes dans les tranchées profondes où l'on obtiendrait aisément un très fort rendement.

Pour ces divers motifs, dans les grandes installations on préfère l'élévateur de tête.

B. MACHINES A TOURBE.

Un grand nombre de machines différentes ont été proposées pour le traitement de la tourbe.

Il semble bien que les premiers essais de fabrication d'un combustible avec la tourbe au moyen d'un traitement mécanique aient été faits par Challeton de Brughat en France à Montangier, près de Corbeil en 1860.

La tourbe était amenée de la tourbière directement à l'usine, où elle était passée dans une machine consistant en rouleaux de fonte de 40 centimètres de diamètre et 1ᵐ20 de longeur à la surface desquels étaient disposés des couteaux de 10 centimètres de longueur.

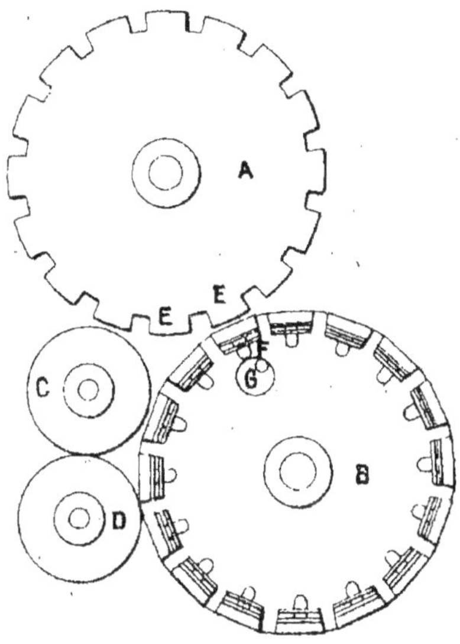

Fig. 59. — Dispositif de la machine de Siemens pour mouler la tourbe.

Pendant son passage dans la machine la tourbe était mélangée avec de l'eau de telle manière qu'elle sortait sous forme d'une pulpe fine. Cette pulpe était par tamisage débarrassée des fibres et des corps étrangers, puis envoyée dans des réservoirs garnis dans le fond de matières poreuses qui drainaient l'eau contenue dans la tourbe. En peu de temps, elle devenait assez consistante pour être coupée en bloc qu'on achevait de sécher à l'air ou par la chaleur.

Dans le procédé employé à Pékin N. Y. (Etats-Unis), la tourbe passait dans une roue où elle se débarrasait des pierres et des fibre grossières, puis, elle était mélangée à l'eau et amenée à l'état d'une pâte qu'un transporteur mécanique conduisait d'un terrain de séchage où elle était étendue sur une épaisseur de 10 centimètres environ. Au bout d'une semaine, la pâte étant devenue consistante on la coupait en morceaux à la bêche et trois fois de suite, en trois semaines, à huit jours d'intervalle, on retournait ces blocs pour activer le séchage. En 4 semaines, au plus, on obtenait un produit combustible, l'installation traitait de 20 à 30 tonnes de tourbe par jour.

Le professeur *Siemens*, de Hohenheim, en 1817, imagina de délayer la tourbe avec de l'eau, dans des bassins faits en planches et d'achever le travail dans des machines analogues à celles des râperies de betterave.

La tourbe réduite en fine pulpe était versée dans des moules, formée ainsi en blocs que l'on faisait sécher à l'air.

8 hommes pouvaient faire par jour 10.000 briquettes. Pour mouler la tourbe, Siemens imagina une machine analogue à celle qui sert à faire les boulets avec les agglomérés de houille.

Weber fait passer la tourbe débarrasée des racines et tiges trop grosses dans une sorte de malaxeur où un arbre vertical muni de couteaux horizontaux tourne au milieu de couteaux parallèles aux premiers qu'ils encadrent au-dessus et en dessous. La tourbe est ainsi déchirée, réduite en pulpe, puis moulée et séchée.

Une machine de ce modèle en service à Stalhbach, travaillait de la tourbe très légère, la tourbière avait 200 hectares environ de superficie et le gissement de 4 à 7 mètres d'épaisseur.

Le malaxeur en fonte, de forme conique, avait 1 mètre de haut, 60 mètres de diamètre à la partie supérieure, et 38 à la base.

La machine de *Gysser* (fig. 60 et 61) se manœuvre à la main, sur le chantier même, elle ne convient pas pour les tourbes contenant des racines ou des fibres trop enchevêtrées, 6 couteaux de forme spirale sont montés sur l'arbre central et tournent entre des couteaux fixes. Au fond des cylindres est une sorte de vis d'Archimède qui force la tourbe à avancer vers le fond du cylindre muni d'une filière par où la tourbe sort sous la forme d'un tube que l'on coupe au fur et à mesure qu'il s'avance, en longueurs de 36 centimètres, 2 hommes et 2 gamins peuvent

en une journée produire 3.000 pièces pesant, une fois séchées, environ 450 grammes chaque, ce qui correspond à une production de 1.350 kilogrammes de combustible.

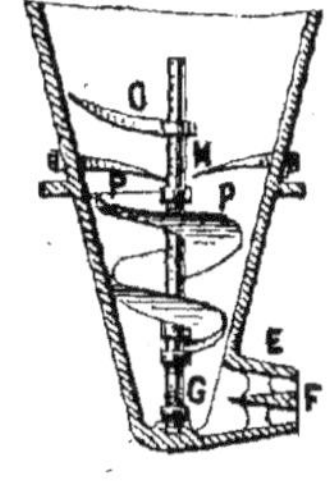

Fig. 60. — Machine de Gysser. Coupe.   Fig. 61. — Machine de Gysser. Plan.

Le système imaginé par T. H. Lewitt de Philadelphie a été décrit dans son traité « Questions de tourbe ». Le processus est semblable à celui de Weber dans les grandes lignes et a été employé dans la Boston Peat Company.

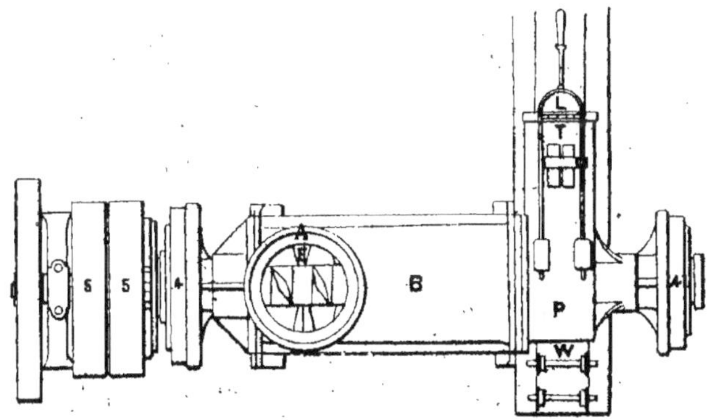

Fig. 62. — Machine de Hall et Bainbridge.

Le traitement est tel que la forme originelle de la tourbe est complètement détruite. D'autre part, l'air contenu dans les cellules est totalement expulsé. La tourbe est amenée, saturée d'humidité dans des moules qui circulent en file continue dans la machine qui, traitant de 50 à 100 tonnes de tourbe brute, peut produire 12 à 17 ou 30 tonnes de tourbe sèche et dure par jour.

La machine de Hallet Bainbridge consiste en un cylindre B de 50 centimètres de rayon et 1ᵐ,20 de longueur à l'extrémité duquel est une trémie A. Dans l'axe du cylindre tournent 2 arbres concentriques portés sur des paliers à chaque bout de la machine.

L'arbre creux porte une vis d'Archimède, tournant à la vitesse de 11 tours; il entraîne la tourbe et la force à travers les lames E à passer sur les couteaux portés par l'arbre intérieur qui tourne à 110 tours par minute.

La tourbe ainsi déchiquetée arrive à une sorte de trémie P d'où elle est, par pression, obligée à sortir l'ouverture L, d'où elle apparaît sous la forme d'un long boudin. Un couteau à contrepoids T coupe ce boudin en briquettes régulières qui, reçues sur des planches, sont entraînées sur les rouleaux en bois W.

Clayton découpe la tourbe par fragments, enlève par drainage l'eau en liberté puis malaxe toute la masse jusqu'à ce qu'il soit impossible de distinguer les fibres d'avec l'humus. La machine possède 5 filières par où sort la tourbe moulée qui s'avance sur des planches où on la prend pour la porter au séchoir. Après y avoir séjourné 3 semaines, elle est ordinairement convenablement sèche et prête à l'emploi.

La machine de *Schlickeysen*, construite en 1859, était faite avec un arbre muni de couteaux comme une machine à briques. La tourbe était introduite par le sommet, sortie par pression par l'embouchure du fond et découpée en briquettes de 26 centimètres.

La production de ces machines était faible, et on leur a substitué des machines à arbre horizontal, d'un rendement plus élevé, mais ces machines ne réduisent convenablement la tourbe en pâte que pour autant que la tourbière bien humifiée soit au surplus exempte de racines et de souches.

En plaçant dans l'entonnoir de sa machine un dispositif de couteaux pour déchiqueter la matière, Schlickeysen a beaucoup amélioré la qualité du produit. Les deux dispositifs pouvant être employés ensemble ou séparément la machine peut traiter diverses catégories de tourbe (fig. 63 et 64).

La tourbe, de l'entonnoir d'alimentation tombe dans les appareils à déchiqueter formés de 2 arbres à manivelle qui tournent dans des directions opposées comme un laminoir, le rouleau inférieur tournant en même temps contre un engrenage.

La tourbe est déchirée en morceaux par les manivelles et

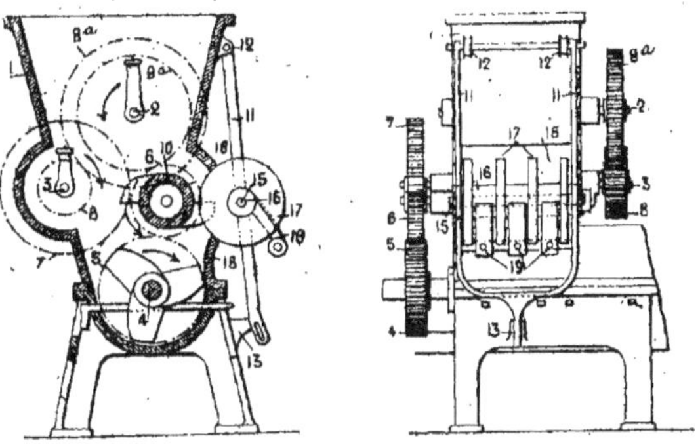

Fig. 63. — Machine de Schliekeysen.   Fig. 64. — Machine de Schliekeysen.

rejetée contre le rouleau des engrenages qui la malaxe et la réduit en bouillie. Elle est rejetée sur et entre les ailes ou couteaux de l'arbre qui avec sa couverture en fer forgé et son embouchure constitue la partie principale de la machine. Les couteaux sont placés sous forme de pas de vis et ont des bords tranchants, coupants contre des barres d'acier insérées dans la couverture. Ces barres d'acier, facilement accessibles de l'extérieur, peuvent être changées extérieurement sans arrêter la machine.

L'arbre fait 80 tours par minute. La masse de tourbe pétrie en bouillie est poussée vers l'embouchure qui a trois ouvertures

La tourbe brute pourrait en tombant trop vite de l'entonnoir caler la machine; on obvie à cet inconvénient au moyen d'un dispositif de sûreté. Si l'excès de l'alimentation est tel que le récepteur ne peut absorber toute la matière qu'on y presse, le rouleau à engrenage rejette le surplus de matière directement de la manivelle inférieure vers l'ouverture de l'entonnoir. Cette ouverture qui s'étend sur toute la largeur de l'entonnoir est habituellement fermée en partie par un rouleau à disque saillant en avant et consiste en disques minces réunis au moyeu tournant sur l'arbre.

Les dents du rouleau à engrenage passent entre les disques.

La machine *Dolberg* est probablement celle qu'on emploie le plus en Allemagne. Les parties principales de ces machines sont deux arbres de couche parallèles tournant l'un contre l'autre et munis de pas de vis. Celui du premier arbre pénètre dans celui de l'autre, la tourbe est mélangée et pétrie, pendant son mouvement vers l'embouchure de la machine.

Cette disposition ne permettant pas de traiter la tourbe plus fibreuse, Dolberg a créé une machine où manque un certain nombre de secteurs formant le pas de vis; de cette manière, les bords tranchants des autres secteurs découpent la tourbe et dans une certaine mesure la réduisent en bouillie.

Les machines de Dolberg sont construites les unes pour être actionnées par un manège, les autres par un moteur.

Fonctionnant avec un cheval, la machine n° 3 a produit de 8 à 12.000 mottes de tourbe de $10 \times 10 \times 20$ centimètres, tandis qu'avec 2 chevaux, la machine n° 2 produit de 18 à 25.000 mottes. Les machines commandées par moteur sont fabriquées en 3 tailles : — la plus petite, dont les arbres tournent à 70 tours par minute produit de 30 à 40.000 mottes, elle absorbe 4 à 6 HP.

La plus grande taille, tournant à 270 tours absorbe de 25 à 30 chevaux; elle produit également de 60 à 80.000 mottes de tourbe. La taille intermédiaire marchant à 90 tours produit de 60 à 80.000 mottes de tourbe en absorbant 15 à 18 HP.

Les deux derniers modèles sont toujours combinés avec des élévateurs qui amènent la tourbe brute automatiquement. L'embouchure est divisée en deux ouvertures par un couteau facilement amovible.

Heinen a d'abord fabriqué, comme Dolberg, des machines constituées par deux arbres parallèles munis de pas de vis et

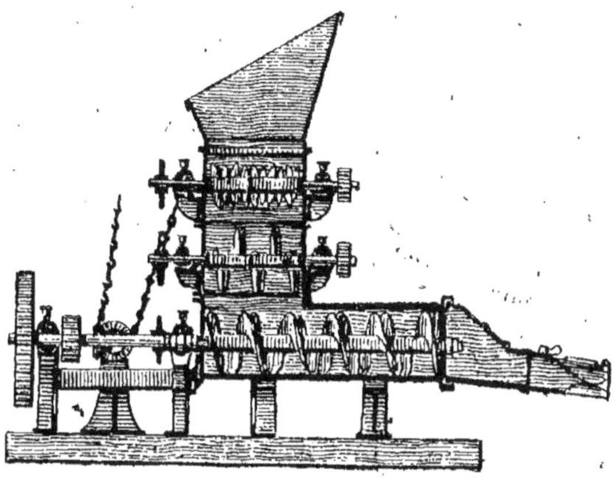

Fig. 66. — Machine de Heinen.

tournant en sens inverse. Ces machines ne convenaient qu'à la tourbe bien humifiée, exempte de racines et de fibres.

Pour traiter la tourbe fibreuse, Heinen a combiné trois appareils superposés. Dans l'entonnoir d'alimentation, il y a deux arbres munis d'ailes de malaxage qui mélangent et déchiquètent la tourbe brute. Sous ces arbres, il y en a deux autres munis de couteaux qui tournent entre des couteaux fixes enserrés au travers des parois. Ces couteaux coupent et réduisent la tourbe en pâte avant qu'elle entre dans la partie inférieure

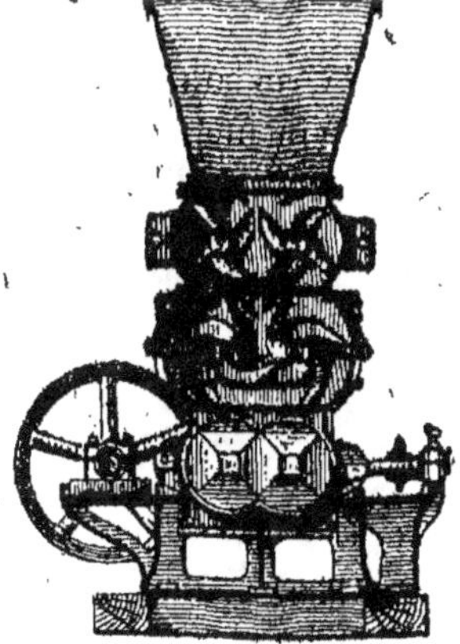

Fig. 67. — Machine de Heinen.

de la machine où elle est encore malaxée et pétrie par les vis. Les deux arbres supérieurs sont faits chacun en deux pièces réunies au centre, les arbres intermédiaires sont accessibles au moyen d'une plaque latérale mobile où sont assujettis les couteaux fixes. On peut également accéder à la partie inférieure de la machine en enlevant les boulons qui fixent les parties supérieures du couvercle. Les couteaux de l'embouchure sont également amovibles.

Toutes les paires d'arbres sont indépendantes, facilement amovibles et peuvent travailler indépendamment l'une de l'autre.

Pour permettre de réduire le terrain de séchage, Heinen a imaginé une embouchure spéciale de trois ouvertures. Au lieu

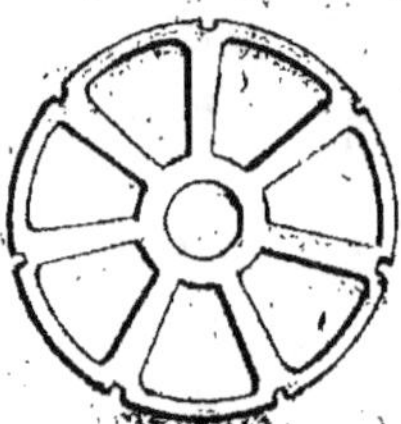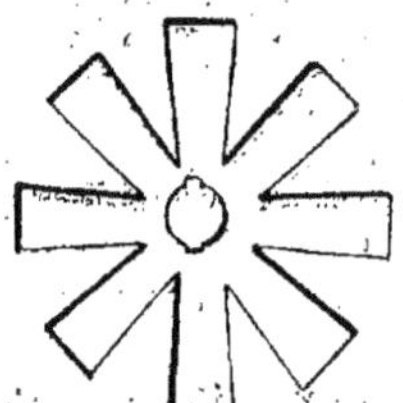

Couteau fixe.   Couteau rotatif.

Fig. 68. — Machine Abjørn Anderson.

de la table roulante ordinaire, la machine est munie d'une table courte inclinée en tôle d'acier tenue mouillée pour faciliter le mouvement de la tourbe. Entre les trois ouvertures, sont placées deux roues à couper. La tourbe coupée aux longueurs requises est au terrain de séchage mise debout pour sécher.

Lutch n'a qu'un seul arbre de couche tournant dans un cylindre qui a un plus fort diamètre à l'extrémité d'alimentation.

Dans cette partie plus large, l'arbre de couche est muni de couteaux placés dans les parois et d'une partie de pas de vis. Dans la partie plus étroite du cylindre, l'arbre de couche est muni d'un pas de vis sans fin, dans lequel tourne une roue d'éperon ou molette, comme le montre la figure 69. Cette roue a pour objet de tenir la vis propre et d'aider à pousser. Ces machines, il faut le reconnaître n'ont aucun avantage spécial.

Dans la machine d'*Abjorn Anderson*, les machines ont deux arbres parallèles tournant l'un contre l'autre munis de couteaux placés de manière à former un pas de vis Les couteaux de l'un tournent dans l'espace laissé libre par les couteaux de l'autre, des couteaux fixes placés dans le fond et logés dans le couvercle de dessus servent de coussinets pour les arbres.

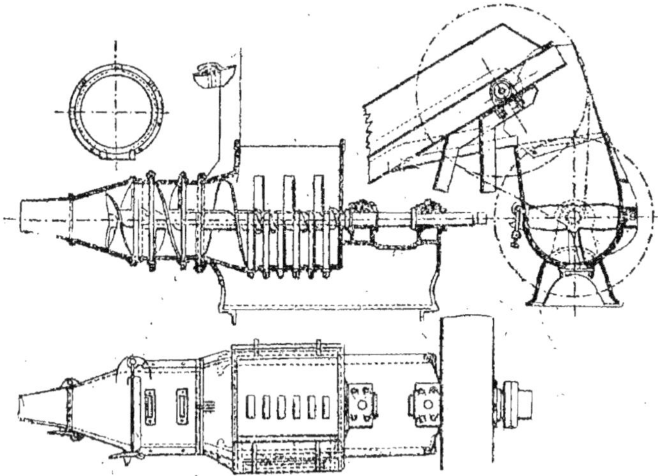

Fig. 69. — Machine Anrep.

Une vis d'Archimède contraint la tourbe à entrer dans le malaxeur, les couteaux broient la tourbe pendant qu'elle avance sous l'action de la vis, l'action est analogue à celle de la machine, bien connue, à hacher la viande.

Dans une disposition plus récente, la machine est à un seul arbre muni de couteaux tournant entre des couteaux fixes très robustes.

Une machine de ce genre ayant neuf couteaux fixes et neuf couteaux mobiles produit 81 coupes par tour et, à la vitesse de 150 tours par minute, cela représente 12.150 coupes par minute. Suivant l'avancement de la masse de tourbe on la coupe en fragments de 3 à 4 millimètres.

L'ensemble des appareils, élévateur à chaîne et machine à
tourbe est monté sur un chassis qui porte également le
moteur. Le tout roule ainsi sur rails le long du chantier d'exploitation.

La machine d'*Anrep* est formée de deux parties, la première
se compose d'une trémie, de couteaux, la seconde de vis d'Archimède.

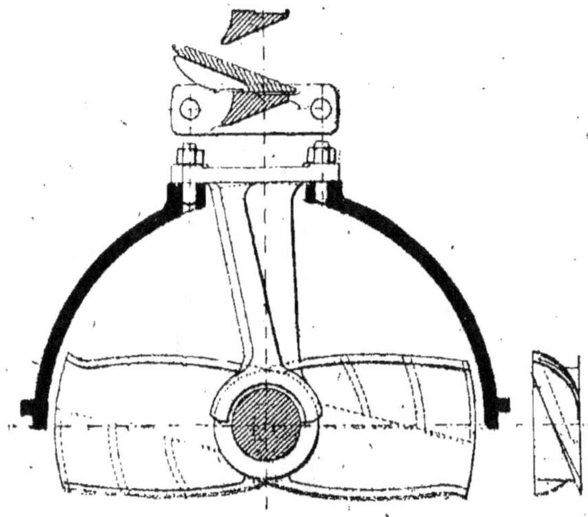

Fig. 70. — Couteaux de la machine Anrep.

L'entonnoir d'alimentation est fait plus étroit au sommet et
s'élargit vers la machine. Le cylindre est fait en deux diamètres
différents réunis par une partie conique. Dans la partie la
plus large, en dessous de l'entonnoir d'alimentation, l'arbre
de couche est muni de six couteaux doubles. Les couteaux fixes
agissent comme demi-coussinets pour l'arbre.

Dans la partie conique du couvercle, l'arbre de couche est
muni d'un pas de vis qui, avec ses bords coupants, taille contre
les couteaux fixes de l'autre côté. Le cylindre plus étroit a
3 couteaux fixes insérés au travers du fond et trois au travers
du sommet, et ces derniers, avec les couteaux correspon-

dants qui traversent le fond forment les coussinets de l'arbre.

L'arbre est muni dans cette partie de deux couteaux et d'un double pas de vis, qui, si la tourbe exige une réduction plus intense peuvent être remplacés par des couteaux fixes et tournants. En avant du cylindre est l'embouchure de la machine. L'arbre dans cette partie conique est muni d'un double pas de vis qui presse la tourbe dans l'embouchure.

Sous l'entonnoir d'alimentation, les couteaux ont les pointes

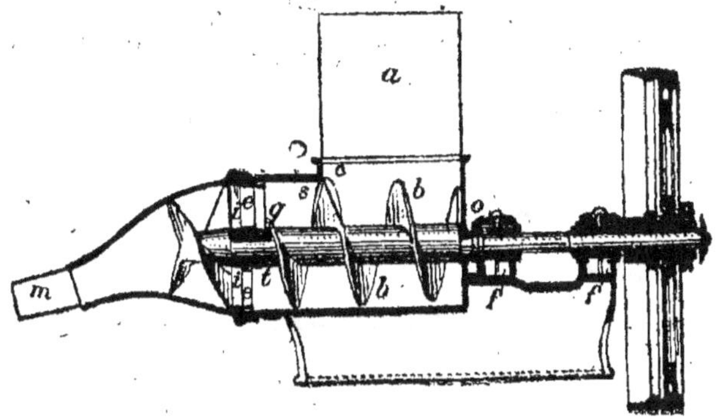

Fig. 71. — Machine Tredrikson.

en forme de becs sur lesquels tombe la tourbe pendant leur mouvement ascendant. Ils déchirent la tourbe en morceaux et la passent aux couteaux fixes, l'arbre tourne à 260 tours. La masse de tourbe est excessivement bien réduite en pâte.

Ces machines avec leurs accessoires absorbent 40 chevaux environ. Leur production en dix heures est d'à peu près 50 tonnes de tourbe séchée à l'air.

Anrep produit une seconde machine basée sur le même principe que la première mais ne donnant que 7.700 coupes par minute et produisant seulement en dix heures 30 tonnes de tourbe séchée à l'air.

Dans la machine de *Tredrikson*, l'entonnoir (*a*) tourne sur charnières. Le morceau conique du devant (I) contenant l'embouchure (*m*) s'ouvre aussi facilement. La machine n'a qu'un arbre muni dans l'entonnoir et, à quelque distance, dans le cylindre d'un pas de vis, (*b*) dont le bord tranchant coupe contre le bord (*c*) attaché dans le cylindre, et long de 40 centimètres. En avant de la vis, il y a un couteau unique (*g*) qui coupe contre le bord des coussinets (*e*). La masse de la tourbe poussée en avant, déchiquetée, est coupée par les couteaux rotatifs, en avant desquels il y a une vis à double pas (*k*) qui pousse la masse pour la faire sortir par l'embouchure.

Les deux arbres de couche de la machine d'*Akerman* sont

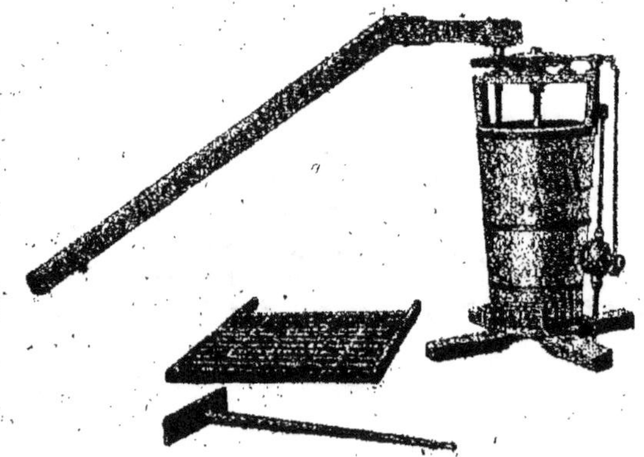

Fig. 72. — Machine Egeberg (par cheval.

placés dans un couvercle conique, ce qui complique beaucoup la construction. La machine ne donne pas satisfaction avec des tourbes fibreuses ni avec celles où abondent les racines. Elle convient aux tourbes bien humifiées. La machine se fait en trois dimensions :

Le numéro 1, absorbant 13 HP employant 8 ouvriers et 2 gamins produit 10 tonnes par jour.

Le numéro 2 avec 19 HP, 12 hommes et 2 gamins produit 24 tonnes.

Le numéro 3 emploi 27 HP, 16 hommes et 2 gamins et produit 32 tonnes.

M. Egeberg en 1914 à l'exposition de Christiania présentait 3 modèles d'une machine à réduire la tourbe en pulpe.

Dans le type mu à main, la tourbe est entassée dans un seau

da grande capacité à l'intérieur duquel se trouve un arbre tournant à hélice. La tourbe est mise en pulpe par la force de l'homme et chassée par une ouverture près du fond du seau.

La machine pour la manœuvre exige 5 hommes et 1 gamin, savoir :

Deux tournant la machine à pulpe, un l'alimentant, un recevant la tourbe réduite, un l'étalant sur le terrain un gamin sert d'aide.

Dans le type mû par chevaux, on trouve un seau analogue mais plus grand. On emploie toujours cinq hommes et un gamin répartis comme suit :

Un homme à la tranchée.

Un homme pour amener la tourbe en brouette.

Un homme pour alimenter la machine.

Un homme pour transporter la tourbe en pulpe aux chassis sur l'aire de séchage.

Un homme pour étaler la tourbe sur les chassis.

Un gamin pour servir d'aide.

En 10 heures la machine produit 28,5 m³ de tourbe humide étendue correspondant à 14 m³ de tourbe séchée à 25 0/0 et donne 14.250 mottes sèches ayant 235 × 105 × 75 centimètres humides et 155 × 65 × 45 centimètres sèches.

Mue au moteur la machine est analogue, sauf que la tourbe est amenée à la machine par un transporteur.

Ce genre de machine convient très bien aux fermiers qui n'ont que quelques aires de tourbière et n'ont besoin que de faibles quantités de combustible.

La *presse portative* a été inventé par C. W. Jacobson, mais l'idée primitive vient de Th. Ekholm.

Cette presse de campagne consiste en 3 parties : une partie antérieure destinée à recevoir la tourbe, une partie moyenne pour égaliser la tourbe à une épaisseur uniforme, une troisième pour découper cette couche en rangées parallèles.

La partie antérieure consiste en un cadre rectangulaire muni d'un rouleau de bois en dessous du côté antérieur et ouvert du côté opposé ; la partie centrale est reliée à la partie antérieure par des boulons de façon à pouvoir se mouvoir dans le sens vertical. Elle est munie d'un couvercle légèrement incliné dont le côté le plus haut est en avant.

Fig. 73. — Machine Egeberg (à moteur).

La partie postérieure est aussi reliée à la partie centrale, elle est aussi mobile dans le sens vertical et couverte de la même façon.

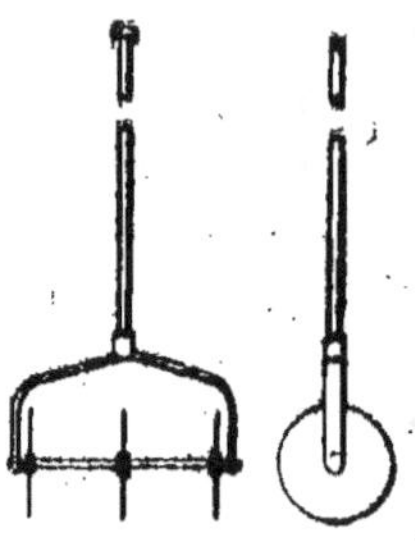

Fig. 74. — Outil à couper employé avec la presse portative.

Sous ce couvercle sont placées 14 plaques verticales hautes de 12 centimètres qui coupent la masse de tourbe à cette épaisseur. Quand la presse est avancée, ces couteaux tranchent la masse de tourbe et, au moyen de couteaux en bois placés en arrière et abattus par des ressorts, la masse est divisée en 15 rangées ininterrompues.

Les rangées de tourbe étendues par la presse sont coupées à la longueur voulue au moyen d'un outil à 3 disques (fig. 74).

La presse se meut dans une seule direction seulement,

Le câble employé pour tirer la presse est attaché à un anneau relié à l'avant de la presse par deux câbles d'égale longueur. De là, il passe sur une poulie tenue en place par deux ancres et va à un cabestan faisant partie du moteur.

Quand on a atteint la fin de la ligne, la presse est chargée sur un chariot bas et amenée au commencement de la ligne suivante.

On emploie généralement un homme à la presse pour égaliser la tourbe qu'on y jette, un autre coupe les rangs de tourbe à la longeur convenable, un gamin signale au mécanicien s'il faut arrêter la presse.

Par cette méthode les mottes de tourbe étendues à sécher ont une bien meilleure forme, l'on évite le travail malpropre de charger et décharger les palettes.

Au surplus, la production est beaucoup augmentée et le prix de revient diminué en raison du nombre d'hommes supprimés.

La machine de *Zelenay* employée en Russie comprend essentiellement un appareil tubulaire de découpage, un dispositif de déchiquetage de la tourbe situé à l'extrémité inférieure de l'appareil précédent, un transporteur à vis et un appareil de mélange.

L'ensemble est monté sur une plateforme 1 se déplaçant sur des rails 2 le long de la tourbière au moyen du treuil 3 et deux chaînes motrices 4 et 5. La plateforme porte deux rails formés de deux poutrelles 6, sur lesquels peut se déplacer la charpente mobile 7, qui porte l'appareil de découpage de la tourbe. Le déplacement de cette charpente se fait à la main au moyen de l'appareil 8 (voir fig. 75).

Pour maintenir l'équilibre de la machine pendant les déplacements de la charpente 7, cette dernière porte un contrepoids baladeur 50 commandé par les câbles 51 (voir fig.), passant sur les poulies guide 52 et 53. Ces câbles sont fixés de telle façon au contrepoids et à la charpente que ces deux dernières s'avancent ou s'éloignent simultanément de la plateforme 1.

L'appareil de découpage de la tourbe comprend l'appareil de désagrégation 9, et le transporteur à vis 11, logé dans le

tube 10. Ce tube lui-même est fixé à la plaque 12. qui porte
également le moteur électrique 13, les coussinets des appareils
de découpage, du transporteur, des engrenages, etc. (voir
fig. 76). La plaque 12 est suspendue par un câble 19, passant
autour des poulies 16 et 17. Elle peut monter et descendre avec
le tube 10 et les appareils accessoires au moyen du treuil 18.

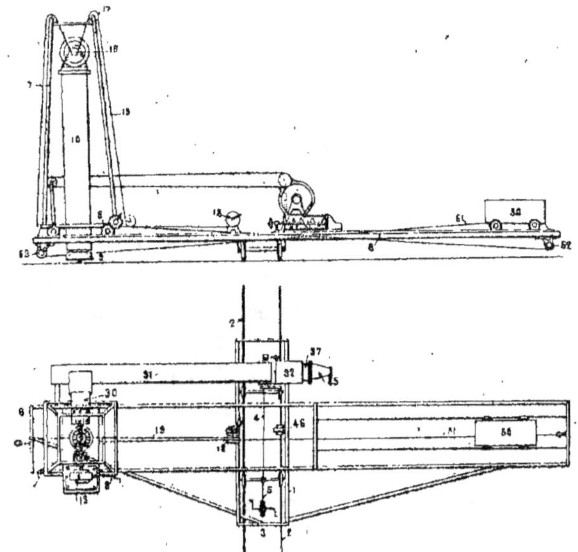

Fig. 75. — Mach de Zelenay.

La tourbe est découpée dans la tourbière, soit longitudinalement, soit transversalement. Quand un sillon transversal a
été creusé on déplace la machine d'une distance égale au diamètre du tube au moyen du treuil 3.

La longueur du tube 10 est réglée d'après la profondeur du
lit de tourbe à exploiter.

A l'intérieur du tube 10 se trouve un arbre 20 sur lequel est
fixé l'appareil de découpage 9. Cet arbre est entouré d'un
deuxième arbre creux 21 entraînant un transporteur à hélice.

A l'extrémité inférieure du tube 10 est fixée une traverse 22

portant trois coussinets à billes 23, 24 et 25 pour les arbres 21 et 20 (voir fig. 77). L'appareil de découpage est formé d'une pièce conique renfermant deux cloisons diamétralement oppo-

sées à surface hélicoïdale 26 ou, si on veut, deux ouvertures ou passages hélicoïdaux (voir fig. 78). Le bord inférieur de ces cloisons porte de larges couteaux plats 28 qui découpent la tourbe et se fraient un chemin hélicoïdal dans les corps durs comme les vieux troncs d'arbre.

L'arbre 20 et son appareil à découper tournent à grande vitesse de sorte que la tourbe monte d'elle-même par son inertie dans le cône 9 et dans les ouvertures hélicoïdales.

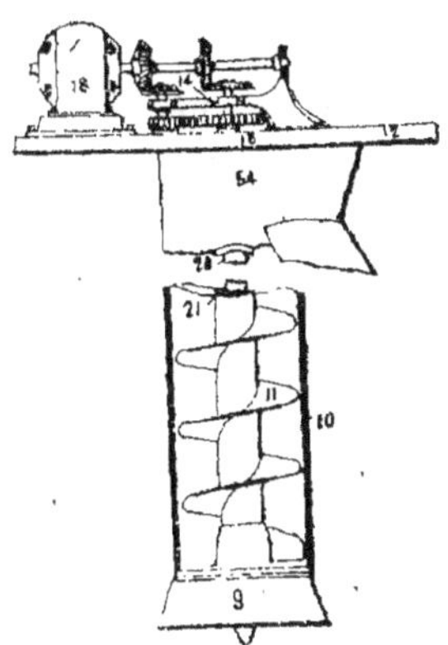

Fig. 76. — Machine de Zelenay.
Appareil à découper.

Pour que la tourbe soit bien prise, la partie interne de l'appareil est conique, de sorte que tous les morceaux de tourbe projetée par la force centrifuge sont saisis par les ouvertures 27.

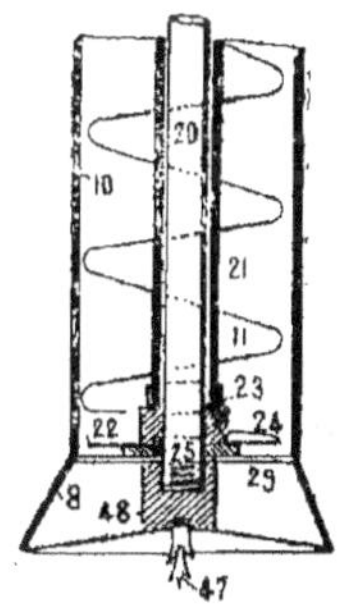

Fig. 77. — Appareil de Zelenay.
Coupe du transporteur à hélice.

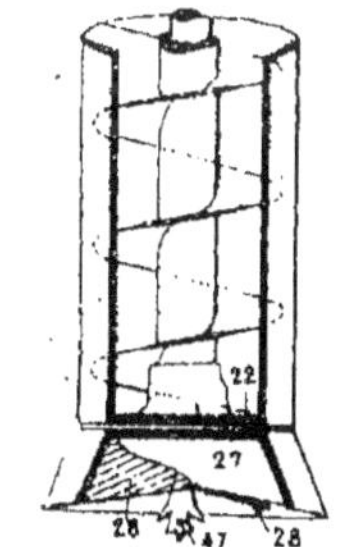

Fig. 78. — Machine de Zelenay.
Coupe du système de découpage.

Dans ce même but les bords des lames coupantes 28 sont fixés obliquement par rapport au rayon. Pour empêcher l'usure des bords supérieurs des cloisons 26, les parties hautes du cône 9 sont recouvertes d'une plaque de retrait en acier trempé (voir fig. 79) de sorte.que cette plaque forme avec les bras de la traverse 22 un deuxième appareil coupant. Les bords des couteaux 28 dépassent le bord inférieur de l'appareil conique de façon à empêcher le coincement de ce dernier par la tourbe et à faciliter le découpage et la remontée de la tourbe.

Dans le but de faciliter le découpage du lit de la tourbe, l'appareil de désagrégation 9 est muni à sa partie inférieure d'un trépan en forme de triangle 47 dont la plus grande largeur est égale au diamètre de l'axe 48 de l'appareil de désagrégation.

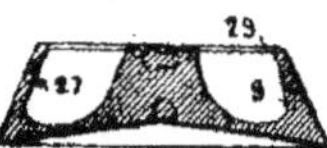

Fig. 79. — Partie supérieure de l'appareil de découpage.

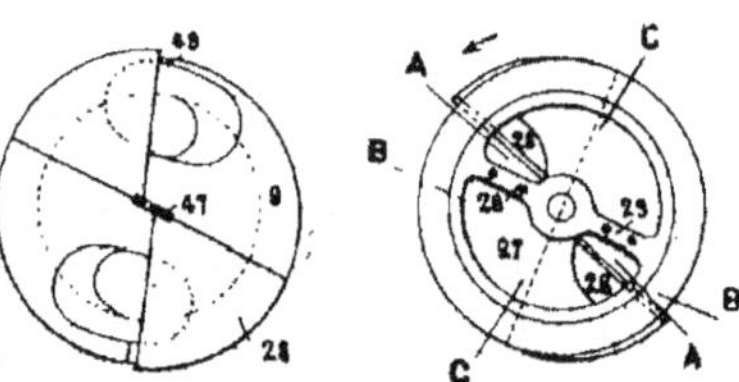

Fig. 80. — Couteaux.

Le bord de cet appareil porte d'autres couteaux triangulaires 49 en face des couteaux 48 qui ont pour but d'empêcher l'accumulation en cet endroit, de tourbe, pierre ou éclats de bois (voir fig. 80).

Dans les dessins, l'appareil de désagrégation ne porte que deux ouvertures comme exemple, mais on peut en mettre un plus grand nombre si le diamètre de l'appareil ou la nature particulière de la tourbe l'exige.

La tourbe désagrégée qui monte dans le tube 10 est prise par le transporteur à hélice 11 fixé sur l'arbre 21 et est amenée au sommet où elle s'échappe par les grandes ouvertures 54 du tube 10. Elle monte alors dans un couloir de longueur réglable 30, puis sur un transporteur à couloir 31.

Les arbres 20 et 21 sont entraînés par des roues dentées commandées par le moteur électrique 13.

Le couloir 30 est monté sur charnières à ses deux extrémités ; une des charnières est immédiatement au-dessus du transpor-

leur à courroie; l'autre se trouve à la partie supérieure du
tube 10. De cette façon quand le tube descend la partie supérieure l'accompagne, et comme le couloir lui-même est en

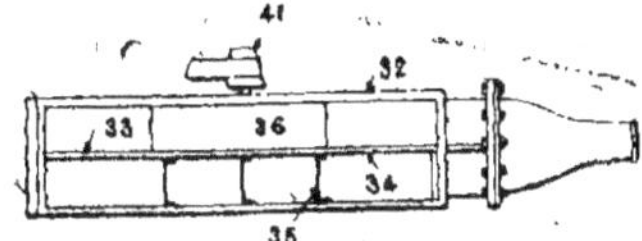

Fig. 81. — Appareil de découpage.

deux parties qui glissent l'une sur l'autre, le couloir se raccour-
cit automatiquement.

La courroie transporteuse amène la tourbe dans un appareil
de brassage qui mélange la tourbe d'une façon plus intime et qui
comprend deux systèmes distincts : un système de distribution
et un système de mélange proprement dit. Le système de dis-

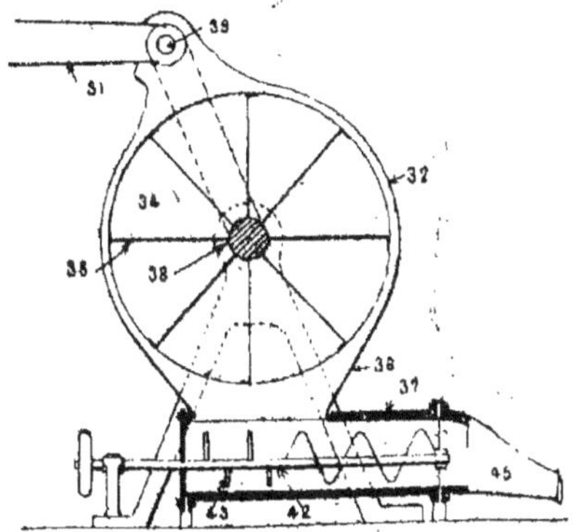

Fig. 82. — Appareil de découpage.

tribution a pour but de mélanger grossièrement et provisoi-
rement la tourbe provenant des divers niveaux de la tourbière
ce qui facilite beaucoup le mélange intime dans l'appareil de
mélange proprement dit. Ce dernier appareil est formé d'une
enveloppe cylindrique 32 divisée par la cloison 33 en deux
chambres l'une vide, l'autre occupée par un cylindre 34 qui

peut tourner autour de son axe horizontal et qui est ouvert à sa
surface cylindrique (voir fig. 81). Ce cylindre est divisé lui-
même par des cloisons rayonnantes en un certain nombre de
compartiments. L'enveloppe 32 est munie à sa partie inférieure
d'une gaine d'évacuation conduisant à la presse à tourbe 37

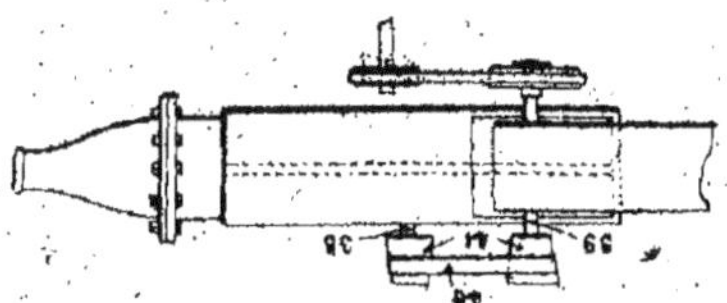

Fig. 83. — Appareil de découpage.

(voir fig. 82). Cet appareil remplit les fonctions suivantes : le
tube 10 dans sa descente pénètre successivement dans les
diverses couches de la tourbière, par exemple d'abord une
couche fibreuse au sommet, puis une couche intermédiaire puis
une couche en décomposition au fond.

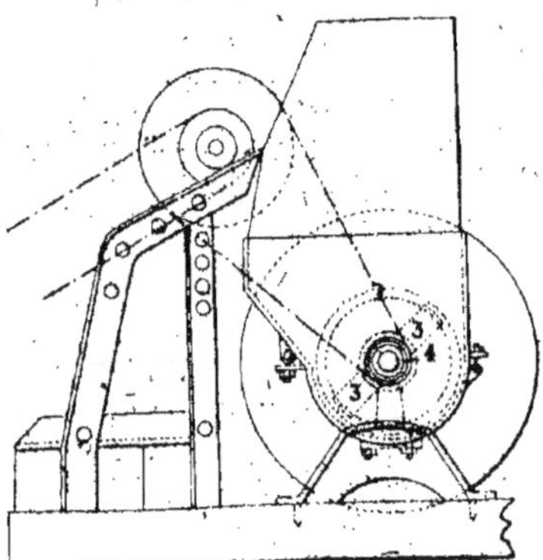

Fig. 84. — Macérateur Anrep (Vue en bout).

Au fur et à mesure qu'elle est arrachée, la tourbe remonte
dans le même ordre par le moyen de l'hélice et arrive ainsi à
la courroie transporteuse.

Si on voulait obtenir un produit tout à fait uniforme, il
faudrait un grand mélangeur d'une capacité au moins égale à

une fois et même plutôt deux fois la capacité du tube 10. Le mélange d'aussi grandes quantités de tourbe exigerait une énergie considérable. Les appareils d'aussi grandes quantités que nous avons décrits ont pour but de remplacer ces grands mélangeurs et d'éviter ainsi une forte consommation d'énergie motrice.

Quand la tourbe tombe dans la chambre 32 et le cylindre 34, la porte inférieure de la gaine 26 est d'abord fermée, de façon à ce que la tourbe ne pénètre pas trop tôt dans le mélangeur 37.

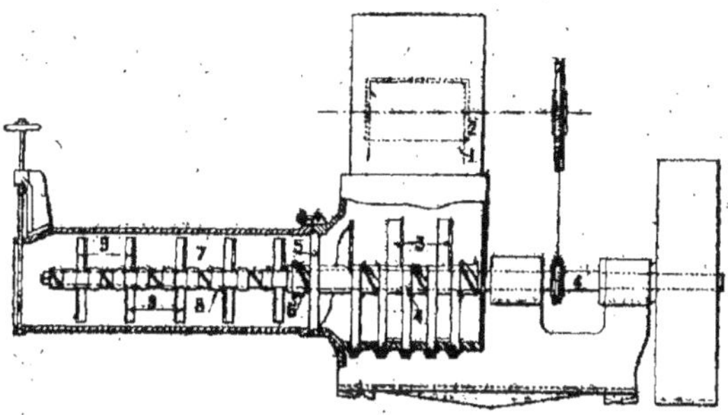

Fig. 83. — Macérateur Anrep (coupe).

De cette façon la tourbe des couches supérieures de la tourbière se dépose au fond puis viennent les couches moyennes et enfin au-dessus les parties décomposées. Aussitôt que les deux cylindres qui réunis, ont à peu près la capacité du tube 10, sont pour laisser passage à la tourbe qui entre dans la presse 37, et remplis, leur paroi s'ouvre comme le cylindre 34 tourne sur son axe, ses compartiments se remplissent successivement de tourbe venant de couches différentes, de la tourbière, et à la sortie, toutes les couches de la tourbière sont représentées. La vitesse de rotation du cylindre peut être réglée de telle sorte que la tourbe provenant des couches supérieures de la tourbière vienne toujours en contact avec la tourbe des couches infé-rieures. A cet effet, l'arbre 38 du cylindre 34 et l'arbre 39 de la poulie de la courroie transporteuse sont munis de poulies côni-ques 4 reliées entre elles par une courroie 40 (voir fig. 83).

La répartition préliminaire de la tourbe rend possible l'emploi de petits appareils mélangeurs sans que l'homogénéité du mélange final en soit gravement affectée.

La tourbe qui sort du cylindre répartiteur et qui entre dans le mélangeur 37 est saisie et intimement mélangée par les

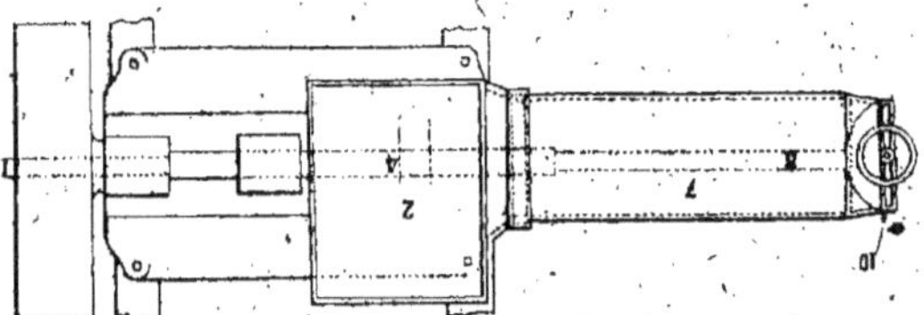

Fig. 86. — Macérateur Anrep (Vue en plan).

lames inclinées 43, montées sur l'arbre 42. Une vis sans fin montée sur le même arbre force alors la tourbe à sortir du mélangeur par une buse 45. On obtient ainsi un ruban de tourbe qu'on découpe en blocs de la façon habituelle.

Les mélangeurs, le transporteur à courroie et le treuil de soulèvement sont entraînés par un moteur électrique 48, muni de tous les appareils habituels de transmission.

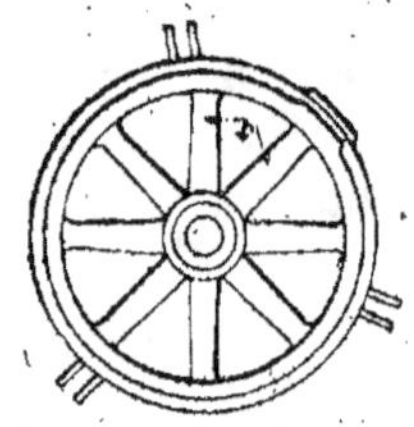

Fig. 87. — Macérateur Anrep. Couteau fixe.

M. Aleph. Anrep, en 1915, a mis en vente une nouvelle machine à travailler la tourbe, au macérateur dont la particularité est d'opérer le traitement complet de la tourbe en une seule opération continu.

La tourbe ayant au préalable, si c'est nécessaire, subi une désagrégation mécanique est d'abord coupée puis soumise à un déchiquetage intense entre des couteaux fixes et des couteaux mobiles et enfin forcée dans un appareil de pétrissage et demalaxage.

La tourbe de la trémie 2 tombe, si on le juge nécessaire, sur les couteaux 3 (fig. 84 à 87) qui, oscillant verticalement déchiquètent la matière. Le produit passe dans les couteaux 4 et sont classés et travaillés pour éviter tout engorgement de la machine.

La tourbe arrive alors aux couteaux 5 fixes, dont le nombre peut varier suivant la nature de la tourbe traitée. Ayant été finement hachée, la tourbe pénètre dans un long tambour 7, traversé dans sa longueur par un arbre 8, armé de bras malaxeurs 9. La tourbe alors parfaitement pétrie sort par l'orifice 10.

La tourbe abandonne peu à peu son eau, le produit final acquiert une plasticité uniforme. La contraction au séchage étant beaucoup plus grande, le combustible obtenu est dur et peu perméable à l'humidité.

§ 4. — Transport et étente de la tourbe à la machine.

La tourbe au sortir de la machine est prise sur des palettes posées sous l'embouchure de la machine, sur la table roulante, et elle est coupée en longueurs requises, au moyen de lourds

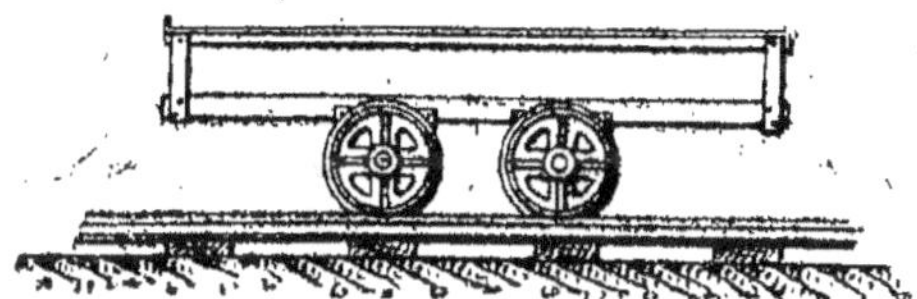

Fig. 88. — Wagonnet de Sugg pour palettes de tourbe.

couteaux, ou parfois au moyen d'une planche à bascule pourvue d'un certain nombre de lames coupantes.

Les palettes, avec les mottes, sont transportées au terrain de séchage, soit sur des brouettes roulant sur des planches, soit sur des wagonnets en bois ou en fer roulant sur des rails.

Ces wagonnets sont construits pour deux ou trois étages de palettes, sur le troisième étage cependant le chargement et le déchargement deviennent déjà plus difficiles.

Lorsque le rendement des machines ne dépasse pas 20 à 25 tonnes de tourbe séchée à l'air en 10 heures, on se contente d'une voie portative et d'une voie d'évitement pour la manœuvre des wagons aller et retour ; la voie est continue et disposée en rectangle, elle est dite voie ronde.

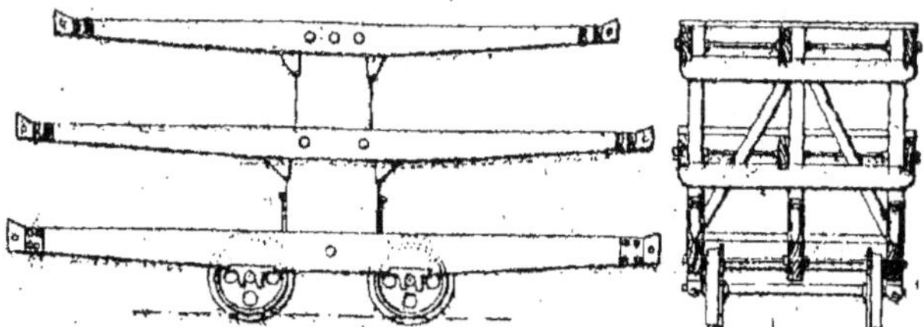

Fig. 89. — Wagonnet Anrep à 3 étages.

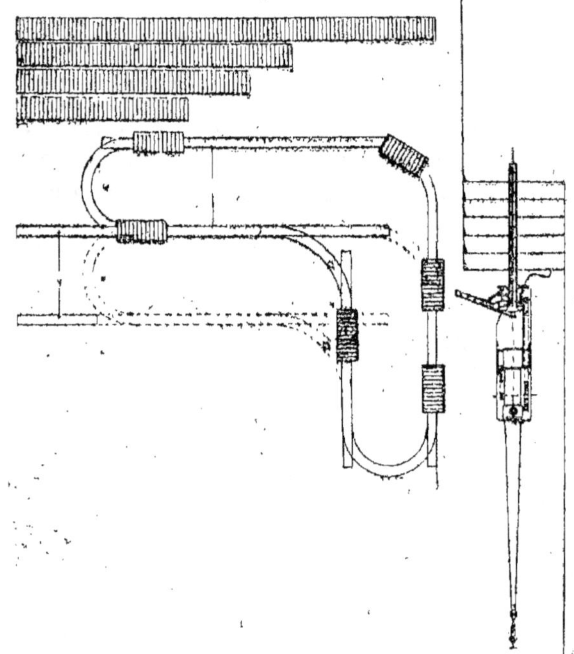

Fig. 90. — Méthode d'Anrep. Transport à bras sur voies parallèles.

Dans la méthode des voies parallèles (fig. 90), employée en Suède et en Allemagne, les mottes de tourbe sont d'abord étendues à la plus grande distance de la tranchée d'exploitation et aussitôt que le terrain de séchage en avant d'une section de la voie est couvert, cette section est déplacée à la distance d.

Quand la largeur du terrain de séchage est couverte en par-

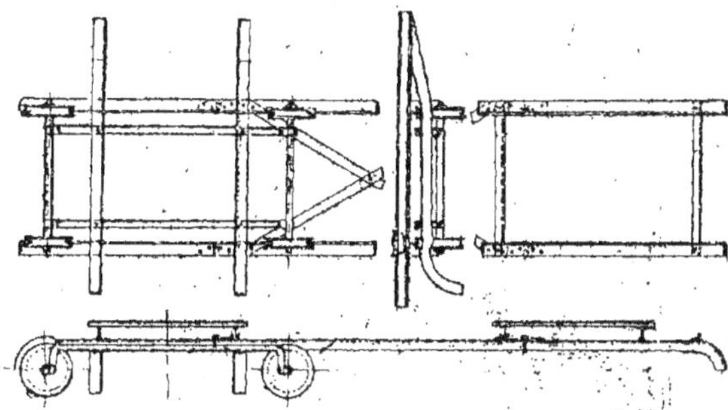

Fig. 91. — Chariot d'Anrep.

tant de la voie A, les courbes C, D et E sont déplacées et mises à leur nouvelle position et la tourbe est apportée par l'ancienne voie de retour.

Au lieu des courbes qui exigent que l'on déplace la voie de la même longueur, on emploie un cadre portatif posé en tra-

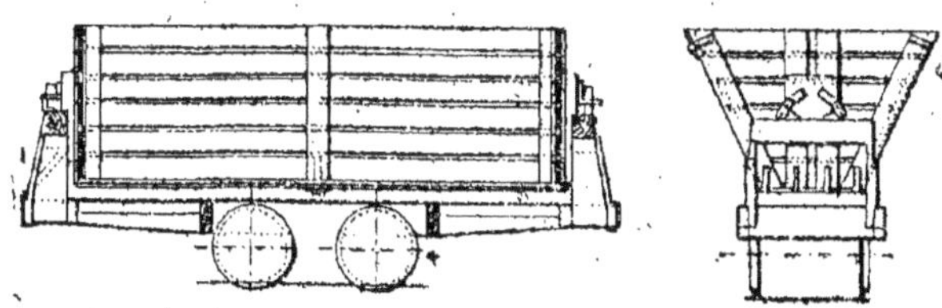

Fig. 92. — Wagon pour transporter la tourbe séchée.

vers de deux voies parallèles. Ce cadre porte un truck bas, avec des rails, pour les wagons à tourbe vides qui sont poussés sur ces rails et transportés à l'autre voie. Quelquefois, on jette simplement une plaque de fer en travers de ces deux voies et au moyen de cette plaque les wagons vides peuvent être déplacés d'une voie à une autre.

Les mottés de tourbe étendues sur le terrain de séchage sont retournées et empilées en tas. Elles peuvent en être reprises pour la vente, si celle-ci se fait sitôt la tourbe séchée, sinon il faut empiler et emmagasiner.

On construit une voie permanente à quelque distance de la tranchée d'exploitation et des voies portatives partent de cette

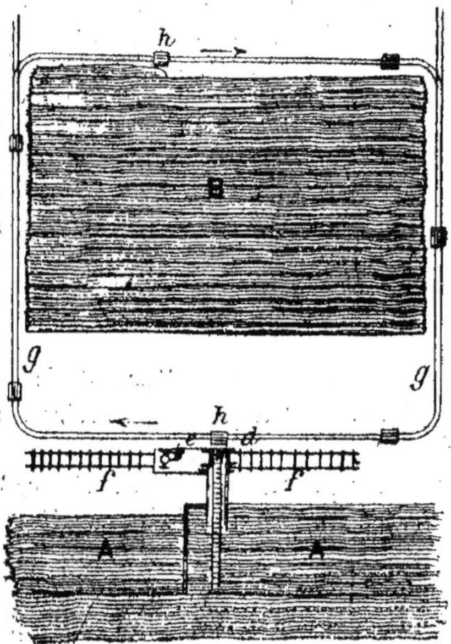

Fig. 93. — Étente avec voie ronde (méthode Dolberg).

voie fixe pour atteindre le terrain de séchage. Les voies employées sont faites de rails légers boulonnés et rivés par sections à des traverses d'acier.

A. Installation Dolberg.

a) Dans une tourbière drainée (fig. 93).

La tourbe extraite au louchet est jetée sur la toile d'un élévateur d'où elle passe dans la machine à tourbe, montée sur une voie parallèle au chantier d'exploitation.

La tourbe en mottes est chargée sur des wagonnets circu

lant sur une voie sans fin, rectangulaire, avec voie d'évitement.

b) Dans une tourbière humide.

La tourbe extraite à la machine à couper à main est reçue et

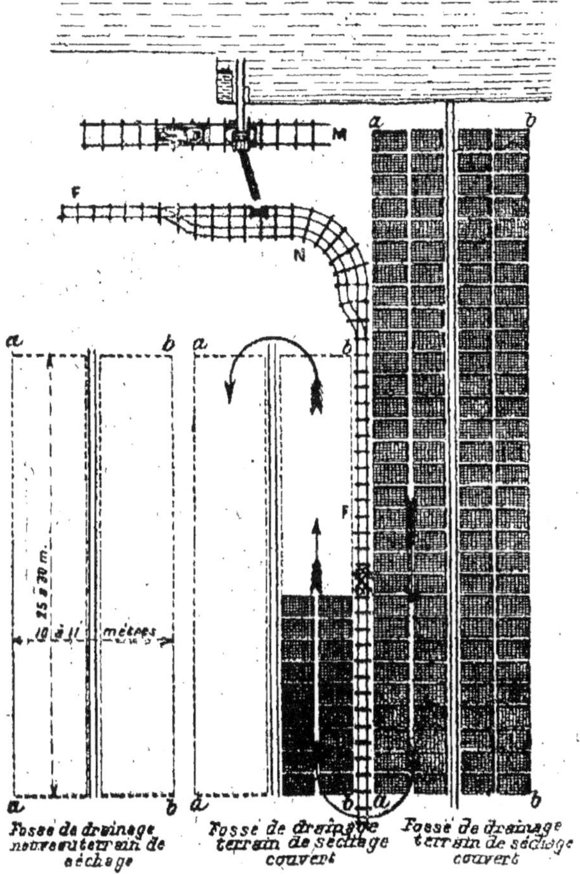

Fig. 94. — Méthode d'exploitation allemande.

amenée à la machine dans des wagonnets circulant sur une voie en cœur, formée en mottes, elle est chargée sur wagonnets comme précédemment.

Si l'extraction se fait à la machine à couper, mue mécaniquement, les machines sont groupées et mobiles sur une voie parallèle au chantier d'exploitation. La tourbe en mottes est chargée sur des wagonnets circulant sur une voie doublée aux abords de la machine à tourbe. La voie est déplacée au fur et à mesure de l'avancement des travaux (fig. 94).

B. Installation Anrep avec chariot sur voie ronde.

Les wagonnets sont transportés au moyen d'un câble sans

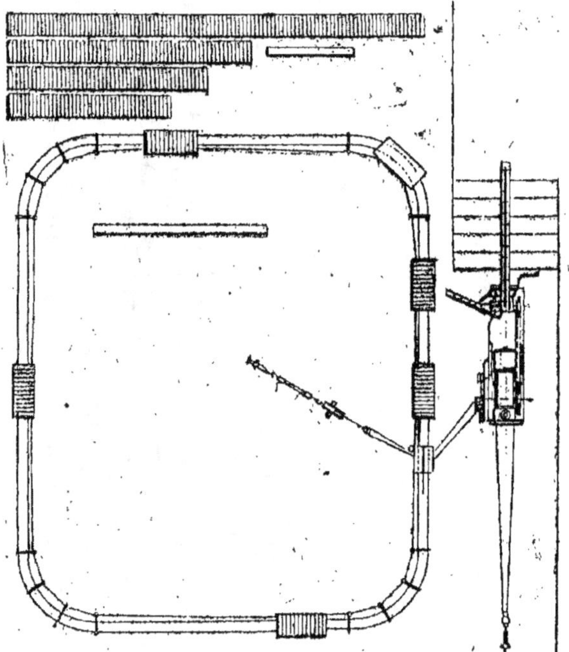

Fig. 95. — Installation Anrep avec chariot sur voie ronde.

fin actionné par le même moteur que la machine à tourbe, ce qui économise la main d'œuvre employée au transport.

La plateforme de la machine à tourbe est munie de deux poulies à corde dont l'une est actionnée par une chaine et une roue à chaine accouplé et découplé au moyen d'accouplement par friction.

Le cable de 5 millimètres de diamètre passe sur deux poulies à corde et sur deux autres poulies posées sur le chariot de la machine à tourbe qui tient les deux parties en position.

De là il va à ce qu'on appelle le wagon d'arrêt pourvu de deux grandes et deux petites poulies. Une partie du câble va de là à un moufle horizontal qui est tenu en place par un cable passant sur deux poulies verticales placées dans un cadre tendu par un poids. Le cadre est tenu en place par un dispositif d'ancrage. Le câble retourne du moufle au wagon

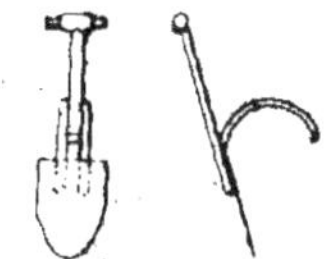

Fig. 96. — Ancre d'Anrep.

d'arrêt en passant sur une grande poulie et autour de la voie qui est pourvue de rouleaux aux courbes.

Les wagonnets pourvus d'appareils coupleurs en bois fonctionnant par un levier et permettant d'accoupler et découpler facilement.

C. Installation Anrep combinée avec la presse Jacobson.

La machine à tourbe est munie d'une courroie convoyeuse qui porte la tourbe aux wagonnets à bascule qu'un homme attache sitôt chargés au cable sans fin. Sur le terrain de séchage un homme égalise la tourbe tandis qu'un autre coupe les rangs de tourbe à la longueur convenable et qu'un gamin signaleur transmet au mécanicien l'avis d'arrêter où mettre en marche la presse.

Par cette méthode qui s'emploie également bien sur voie ronde (fig. 97) et sur voie parallèle (fig. 98) on obtient des mottes de meilleure forme, et l'on évite le travail de chargement et déchargement des palettes. Avec une production plus élevée on obtient un prix de revient d'autant plus bas que la main-d'œuvre est plus réduite.

D. Installation Anrep a cable de traction.

Anrep a imaginé un dispositif spécial de câble de traction

destiné à entraîner des chariots roulant sur une voie circulaire
portative, analogue au dispositif employé à transporter des
blocs de tourbe de la machine à mouler aux aires de séchage.
La caractéristique de ce dispositif est l'allongement ou le
raccourcissement automatique du câble de traction d'après les

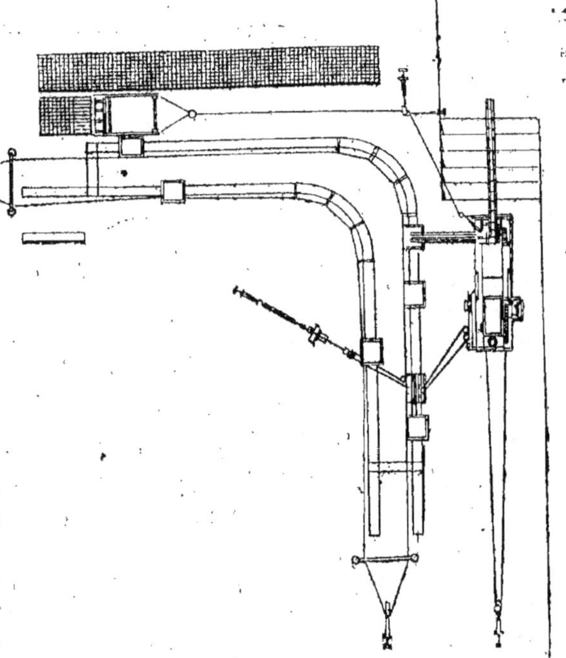

Fig. 97. — Méthode d'Anrep. Transport par câble sur voie ronde et presse
portative.

déplacements que la voie, d ite circulaire, servant au transport
aux aires de séchage, doit subir et d'après le mouvement d'avancement de l'excavateur à tourbe ou de toute autre machine
analogue. Le dispositif prévoit également un système automatique de tension du cable.

Le cable de traction 1 (fig. 99) est placé du côté intérieur
de la voie circulaire et la force motrice lui est transmise par la

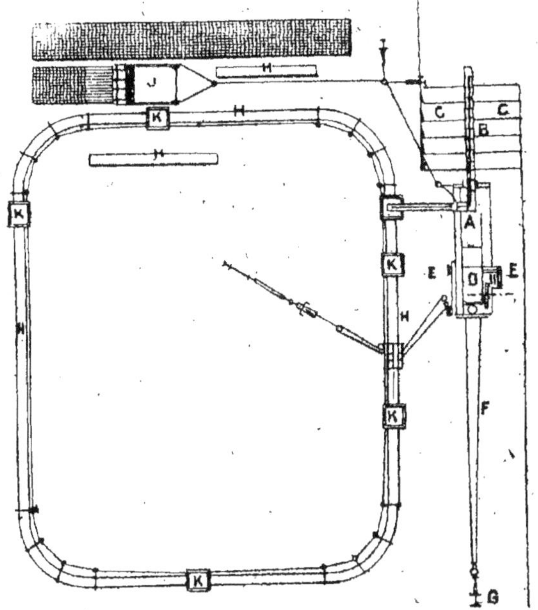

Fig. 98. — Méthode d'Anrep. Transport à câbles sur voies parallèles et presse portative.

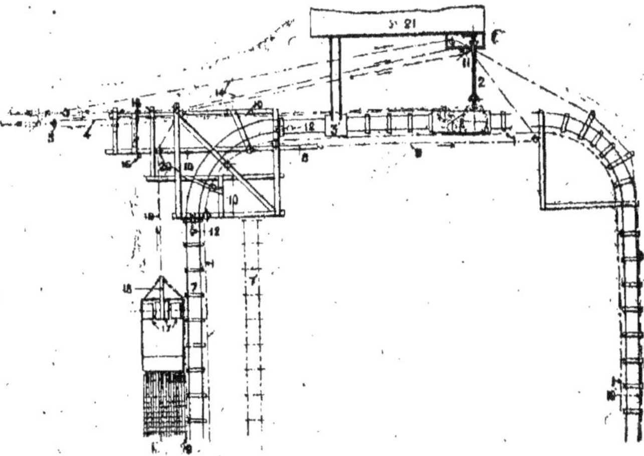

Fig. 99. — Installation Anrep à câble de traction.

machine d'extraction de la tourbe (excavateur) 21, au moyen
du chariot 3. Le cable 1 sert à faire avancer le wagonnet
transporteur 3'. Le cable 1 forme une longue boucle 4,
exactement en ligne avec le mouvement d'avancement du dispositif d'extraction de la tourbe 21 et passe sur la poulie 5 maintenue fixe par un système d'ancrage. La courbe 4 contient la
poulie 6', ou le système de poulies sur lequel agit le contrepoids (voir fig. 100).

Quand la machine d'extraction de la tourbe 21 avance, on a

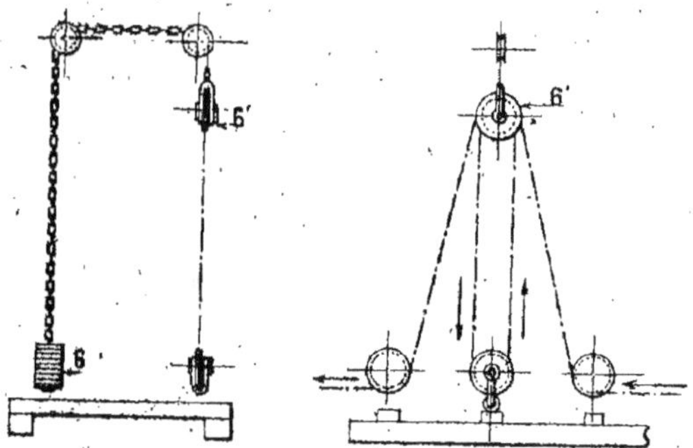

Fig. 100. — Ancrage.

besoin de plus de câble et la longueur supplémentaire nécessaire est fournie automatiquement par l'abaissement de la
poulie 6', qui force le contrepoids 6 à monter. Quand la machine
d'extraction 21 s'est déplacée d'une distance égale à la largeur
de l'aire sur laquelle on doit disposer les blocs de tourbe à
sécher, on l'arrête et on transporte en avant le chassis courbe 10
d'une longueur égale à la largeur de l'aire de séchage ; cette
opération se fait au moyen du cable 9 et du treuil 11.

Le déplacement de la courbe amène l'allongement du câble
de traction, mais le surplus du câble est absorbé par le mouvement du contrepoids 6 sur la poulie 8'. Comme conséquence de
ce mouvement alternatif et par suite de l'ancrage de la poulie 5,
la tension du câble se maintient constante jusqu'à ce que les
voies qui sont posées sur le terrain de façon à former un angle

avec la ligne de travail, viennent trop près les unes des autres. La poulie 5 peut, si on veut, être commandée directement par le poids ; elle traîne alors sur le fond ou dans des guides.

La même figure 99 montre également un dispositif légèrement différent. Dans ce dernier, le câble de traction 19 placé à l'extérieur de la voie circulaire est directement entraîné par la machine d'extraction 21 de telle façon qu'il tire la machine 17 à disposer la tourbe sur l'aire de séchage. Cette machine avance et recule sur la voie le long de laquelle on dispose les blocs de tourbe. Le cable d'extraction qui, dans l'exemple actuel, se déplace dans la direction de la flèche, est disposé de façon à

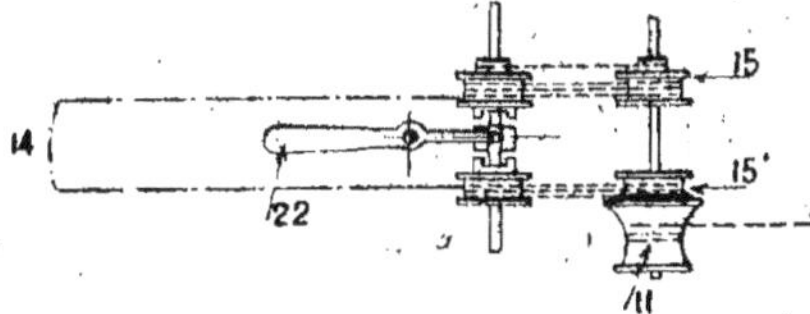

Fig. 101. — Accouplement.

former une boucle 14 et est pourvu de dispositif de contrôle 16 analogue, et de fonctionnement alternatif identique, à ceux du câble de traction 1 placé à l'intérieur de la voie. La seule différence est que les deux parties de la boucle sont pourvues de dispositifs séparés 15 et 15' (voir fig. 101) qui sont mobiles sur l'axe et qui sont arrangés de façon à pouvoir être enclanchés à volonté au moyen du système d'accouplement 22. Le câble se croise en passant dans la boucle et travaille alternativement en avant et en arrière; mais dans les deux cas il est soumis à l'action du contrepoids 16.

E. Appareil d'étendage E. W. Moore.

L'appareil de E. Moore est destiné à se déplacer le long de la tourbière et à déposer derrière lui la tourbe moulée en minces couches pour la dessication.

Il consiste essentiellement en un chassis portant à l'arrière une gouttière transversale dans laquelle tourne une vis sans fin distributrice. A l'arrière de la gouttière se trouvent un certain nombre de moules. Un moteur approprié fait avancer la machine et fournit en même temps la force motrice de l'appareil de moulage.

La tourbe passe de la gouttière distributrice aux moules par l'intermédiaire d'un certain nombre de vis sans fin qui tournent en sens inverse et dont les filets chevauchent l'un sur l'autre.

La machine consiste en un châssis 11 reposant sur le sol de chaque côté vers l'avant par deux chemins roulants 12

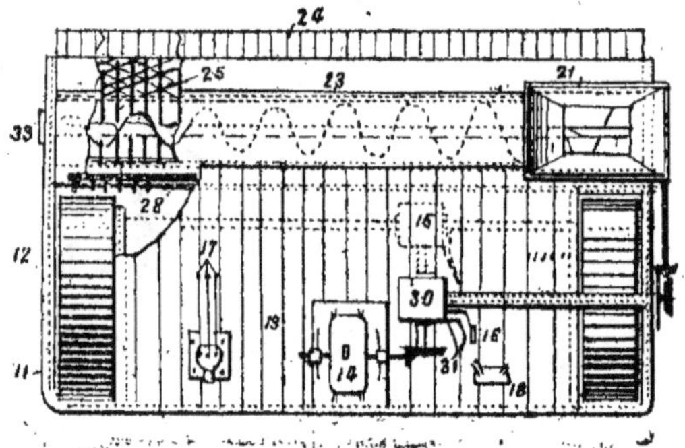

Fig. 102. — Appareil de Moore. Plan.

(caterpillars). Entre ces deux chemins roulants se trouve une plate-forme 13 sur laquelle est monté un moteur approprié 14 qui entraîne les chemins roulants. La boîte 15 contient un système d'engrenage commandé par le levier 16, de telle façon qu'on peut faire avancer un chemin roulant indépendamment de l'autre ou plus vite que l'autre et par suite diriger la machine (voir fig. 102).

Ce moteur peut être un moteur à gaz ou un moteur électrique; dans ce cas il faut disposer de trolleys pour amener le courant. Le moteur est réglé par un contrôleur 18 d'un type approprié.

Vers l'arrière de la machine se trouve une gouttière transversale 19 recouverte d'une tôle mobile 20 et pourvue à une extrémité d'une trémie 21. Dans la gouttière se trouve une grosse

vis sans fin qui tourne en s'éloignant de la trémie, on s'en rend
compte clairement par la figure 103. Au fond de la gouttière et
sur toute sa longueur on a pratiqué une longue rainure de
sortie 23 qui alimente une série de moules 24 se déchargeant

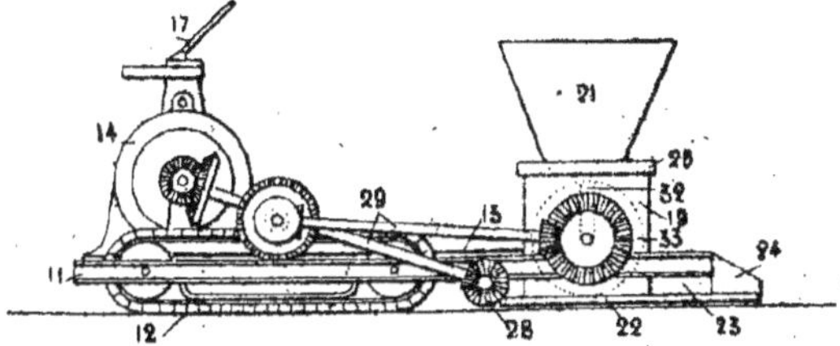

Fig. 103. — Appareil de Moore. Coupe.

par l'arrière. Ces moules peuvent s'incliner légèrement vers
l'arrière, comme le montre la figure 104, de façon à concentrer
la tourbe. Dans la rainure de sortie 23 se trouvent un certain
nombre de vis sans fin 25, à angle droit sur la vis distributrice 22.
Ces vis sans fin 25 sont dans l'axe des moules (voir fig. 102) de
sorte que les filets chevauchent l'un sur l'autre.

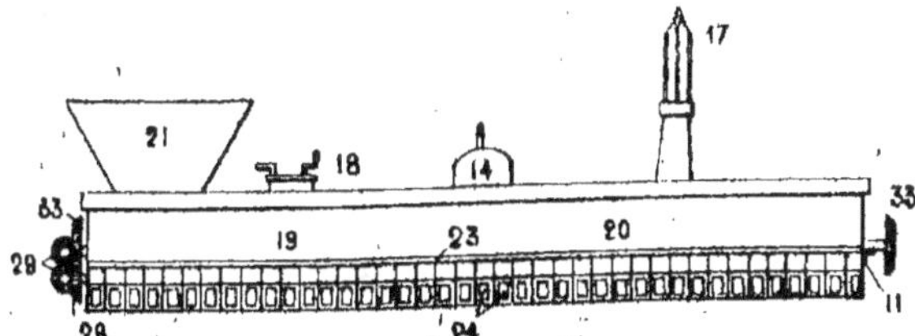

Fig. 104. — Appareil de Moore. Vue latérale.

Ces petites vis sans fin d'alimentation donnent ainsi un écoulement pratiquement continu de tourbe d'un bout à l'autre
de la gouttière et font pénétrer de force la tourbe dans les
moules. A cause du chevauchement des filets des vis, il serait
nécessaire, si toutes les vis tournaient dans le même sens, de
mettre de toutes ces vis parallèles, mais la rotation et la direction de toutes ces vis dans un même sens aurait pour effet de
presser la tourbe le long de la rainure. Aussi on est obligé de

faire tourner les vis alternativement dans un sens et dans l'autre, ce qui équilibre les efforts, maintient une alimentation uniforme et empêche tout déplacement longitudinal de la tourbe, dans la gouttière, autre que celui qui est donné par la grande vis distributrice. Cette rotation s'obtient en prolongeant les arbres 26 des vis à travers le fond de la gouttière et en entraînant ces arbres par les roues dentées 27 montées sur l'arbre principal 28. Ainsi qu'on peut voir sur le dessin ces engrenages sont disposés de façon à entraîner les vis alternativement dans un sens et dans l'autre.

L'arbre 28 et la vis distributrice 22 sont commandés par des appareils de transmission 29, venant du moteur 24. Au moyen de la boîte d'engrenages 30 on peut faire marcher à des vitesses différentes et indépendamment l'une de l'autre la vis de distribution 22 et la vis d'alimentation 25. Des leviers de commande 31 se trouvent à côté du levier 16; ces trois leviers étant aux-mêmes à portée de la main du contrôleur 18, un seul homme peut faire marcher tous les appareils sans se mouvoir sur la plate-forme.

La machine fonctionne de la façon suivante : la force motrice est prise par les trolleys 17 aux fils aériens et va au moteur qui entraîne le chemin de roulement 12. La machine avance donc sur le sol avec la vitesse et la direction que lui impose le mécanicien.

La tourbe amenée par un transporteur approprié tombe dans la trémie 21 et arrive à l'extrémité de la vis distributrice. Entraînée par cette vis de section décroissante la tourbe se distribue également sur toute la longueur de la gouttière. A ce moment les petites vis distributrices 25 la reprennent et la font pénétrer de force dans les moules 24. Le passage des matières dans ces moules offre une certaine résistance de sorte que la tourbe sort en rubans continus de matière compacte que la machine abandonne par l'arrière sur le sol. Comme chaque moule donne un ruban séparé, l'air arrive librement sur trois faces du ruban et plus ou moins librement sous la quatrième, et la dessication de la tourbe est très rapide. Outre l'avantage qu'on a ainsi d'avoir.

un produit plus maniable et plus facile à sécher, on peut donner aux moules une forme particulière, et les rubans de tourbe, c'est-à-dire les briquettes de tourbe marchande, auront à volonté une section ronde, ou cannelée ou de tout autre dessin.

La vis distributrice, plus large vers la trémie d'alimentation qu'à son autre extrémité, a une capacité égale à celle de tous les moules réunis, et la quantité de tourbe contenue dans la gouttière diminue de plus en plus d'un bout à l'autre. Cette diminution de capacité correspond à la quantité de tourbe que les moules exigent successivement. Si la vis était d'une largeur constante d'un bout à l'autre, l'alimentation des moules serait irrégulière, la partie de la gouttière la plus éloignée de la trémie de tête ne serait pas pleine, le déficit correspondant à ce que les moules précédents auraient consommé, si bien qu'au bout de la gouttière il y aurait si peu de tourbe que la vis n'aurait plus grande action sur elle et que les moules produiraient un ruban de tourbe extrêmement irrégulier.

Quand on a atteint la limite de la tranche à exploiter on retourne la machine et on la ramène en arrière le long de la même voie. On met le transporteur à la distance convenable et on retourne bout pour bout la plaque de couverture de la gouttière 19 car c'est l'autre côté de la machine qui se trouve maintenant à côté du transporteur. On retourne de même bout pour bout la vis de distribution, ce qui est facile grâce aux fentes 32 ménagées dans les bouts de la gouttière pour le passage de paliers de supports de la vis.

La vis peut également être pourvue à chaque bout d'un pignon d'entraînement 33 qui se relie au mécanisme 29 sans aucun ajustage.

On peut faire varier la consistance des rubans ou des briquettes en agissant sur la vitesse d'avancement de la machine de sorte que si la consistance de la tourbe n'est pas uniforme à la sortie, on peut régler les appareils pour y porter remède; il suffira de régler le rapport des vitesses d'alimentation et d'avancement ou des vitesses de rotation de la vis de distribution et des vis d'alimentation. Les détails exacts de cette opération ne peuvent pas se donner exactement à l'avance ; et il faut tenir grand compte de la nature de la tourbe, et du terrain sur lequel on fait l'étendage ainsi que des conditions atmosphériques.

F. Appareil Personn.

Le transporteur d'E. A. Personn consiste en deux câbles sans fin parallèles 1 (voir fig. 105), enroulés chacun sur une des poulies 3 fixées au chevalement 2 d'une machine portative ou

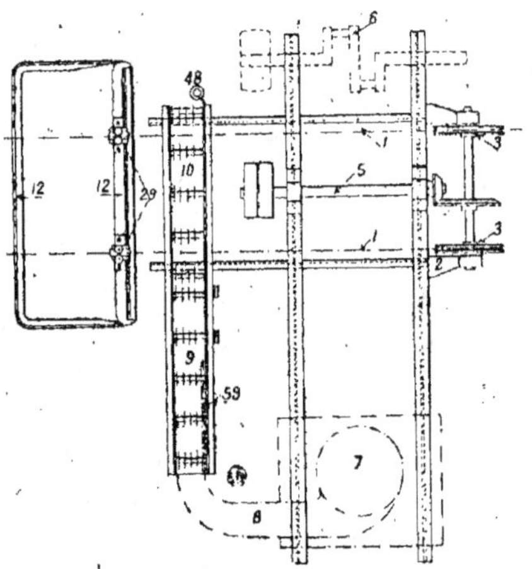

Fig. 105. — Transporteur Personn.

d'une machine mobile sur rails le long de la tourbière. Les poulies 3 sont entraînées par un système d'engrenage 4, qui reçoit sa force de l'arbre 5 entraîné lui-même par l'arbre à manivelle de la machine portative.

Le sens de rotation des poulies est tel que la partie supérieure des câbles aille de la machine aux poulies. L'atelier de préparation de la tourbe 7 est également supporté par le chevalement de la machine. La sortie 8 de cet atelier est perpendiculaire au sens longitudinal de la machine, et sa partie extérieure est courbée de façon à être parallèle à ce même sens.

A l'extrémité de cette sortie se trouve un transporteur mobile vertical, compris entre les deux câbles sans fin. C'est ce dernier transporteur que nous allons décrire. Les câbles qui sortent de la machine passent sur un chevalet à rouleaux ou appareils analogues et aboutit à une station sur truc 13 mobile sur rails. La distance de la machine à la station dépend de la grandeur de la tourbière en exploitation et peut avoir jusqu'à 200 m.

La station sur truc (fig. 106) consiste en un châssis sur roues 14 que porte deux poulies 16 à coussinets tournants 15. Le diamètre de ces poulies est calculé d'après celui des poulies 3 sur lesquelles s'enroulent les câbles.

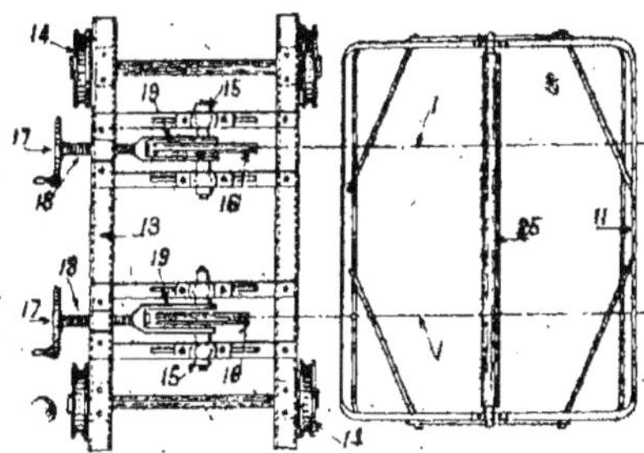

Fig. 106. — Truck mobile Perzon.

Les coussinets tournants peuvent se déplacer dans le sens des câbles au moyen des volants 17 à vis 18 qui font avancer ou reculer les étriers 19 sur lesquels sont fixés les axes des poulies. Dans ce but les boulons des coussinets sont mobiles dans une rainure longitudinale ménagée dans le châssis. Ce système permet de maintenir constante, entre certaines limites, la tension des câbles.

Les chevalets qui supportent les câbles sont de deux sortes : les uns (11) sont de dimensions réglables d'après la hauteur des câbles; les autres (12) ont une hauteur constante. Ces derniers servent aussi à guider les câbles entre la machine portative et la station sur truck 13, de façon que la distance latérale entre les câbles soit maintenue à peu près uniforme. Ces chevalets sont naturellement placés à des distances plus ou moins rapprochées suivant les conditions topographiques.

Les chevalets réglables suivant la hauteur des câbles (voir
fig. 107 et 108), sont formés d'un châssis à deux fers en U courbés, 20 et 21. Les parties supérieures de ces deux fers sont parallèles et constituent une glissière 22 dans laquelle peut se mouvoir une pièce 23 en forme d'échelle. La pièce 23 porte des
coussinets supportant les rouleaux 25 sur lesquels circulent les
câbles. L'échelle 23 est maintenue en place par un crochet
pivotant 26 dont la dent est engagée entre les barreaux de
l'échelle, les chevalets à leurs deux extrémités sont pourvus de
la même façon de coussinets à glissière, fixés à l'échelle 23, et

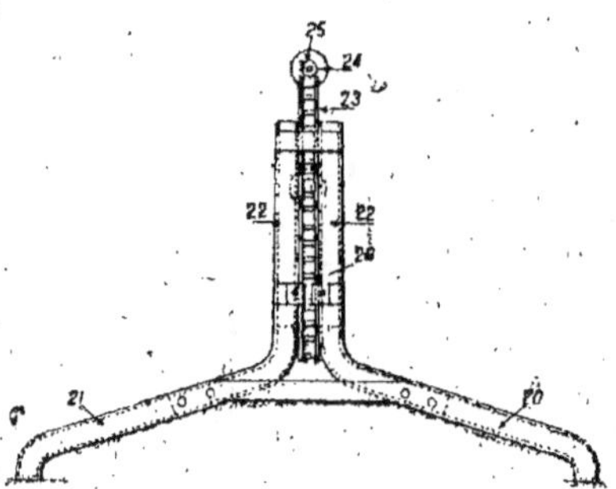
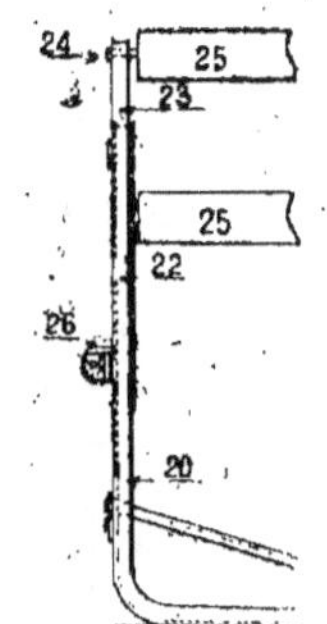

Fig. 107. — Guides supports des câbles.   Fig. 108. — Charpente
                                               latérale du track mobile.

maintiennent ainsi les deux rouleaux d'un même câble à une
distance invariable. Il en résulte que les deux parties d'un
même câble se trouvent toujours à la même distance verticale.
Les chevalets à hauteur fixe (fig. 109 et 110) sont construits
également en fers en U, et sont maintenus en place par une
jambe oblique 28 en fer cornière. La partie supérieure de ces chevalets est pourvue de guides 29 pour les deux câbles, tandis
que la partie inférieure est munie de rouleaux 30 de hauteur
convenable, destinés à supporter la partie basse des câbles.

Les guides 29 (fig. 111 et 112) sont constitués par deux roues
à gorge 31, placées presque à angle droit l'une sur l'autre et
inclinées à 45° environ sur l'horizontale. Ces guides sont
fixés sur des plaques 32 qui peuvent glisser l'une par rapport
à l'autre, les roues 31 étant elles-mêmes maintenues par des

axes 33 vissés dans les plaques. Les pas de vis de ces axes sont tels que les roues entraînées par les câbles tournent dans le sens où les axes se vissent dans la plaque ; ces deux pas sont donc de sens contraire l'un de l'autre. Les axes 33 sont également disposés de façon à ne pouvoir se visser que d'une certaine quantité et à n'amener jamais le coincement des roues.

Les rouleaux cylindriques qui se trouvent de chaque côté des roues 31 sont fixés sur des axes 35 assujettis à une des

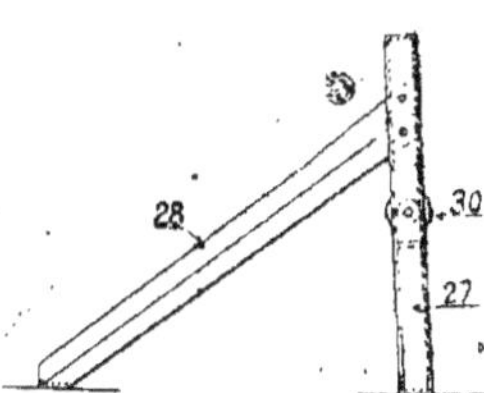

Fig. 109. — Fer U contreventé du truck mobile.

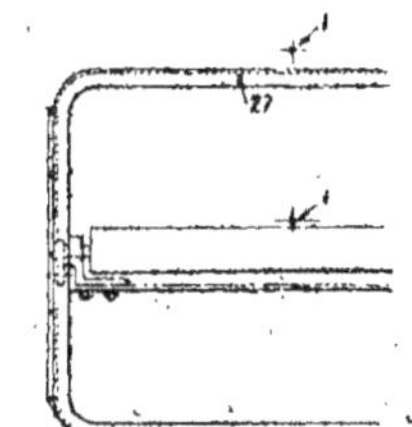

Fig. 110. — Rouleau des câbles.

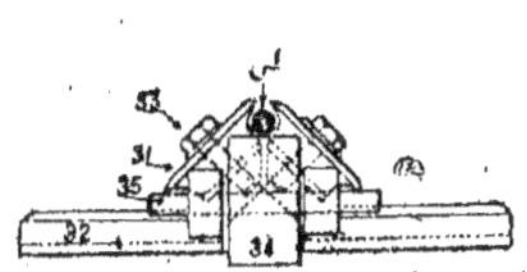

Fig. 111. — Coupe des galets.

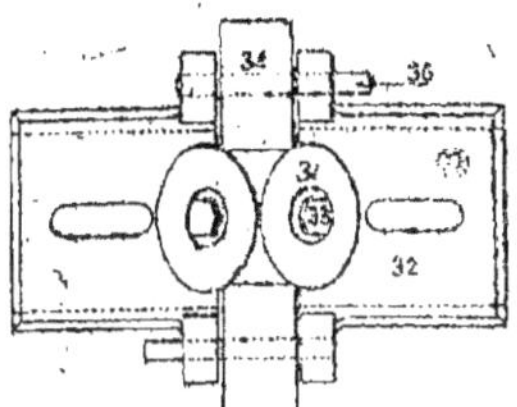

Fig. 112. — Plan des galets.

plaques 32 et mobiles l'une par rapport à l'autre. Ces rouleaux ont un diamètre tel et sont placés à une hauteur telle que la partie de leur circonférence se trouve légèrement plus haute que le fond des gorges des roues 31. Quand les câbles circulent ils reposent naturellement sur les rouleaux 34 et sont guidés latéralement par les poulies 31. Le rouleau qui se trouve en avant des roues dans le sens du mouvement peut s'enlever, comme inutile dans certaines conditions.

Le transporteur vertical mobile à rouleaux (fig. 113-114) consiste en deux fers cornière 36 auxquels sont assujettis les rouleaux 38 et leurs axes 37, à une distance convenable l'un de l'autre. Ces rouleaux 38 correspondent aux rouleaux 39 du transporteur 9. Les fers cornière 36 sont supportés par un des bras de levier 41 mobile autour de l'axe 40, l'autre bras étant balancé par le contre-poids 42.

Les rouleaux sont normalement maintenus dans la position

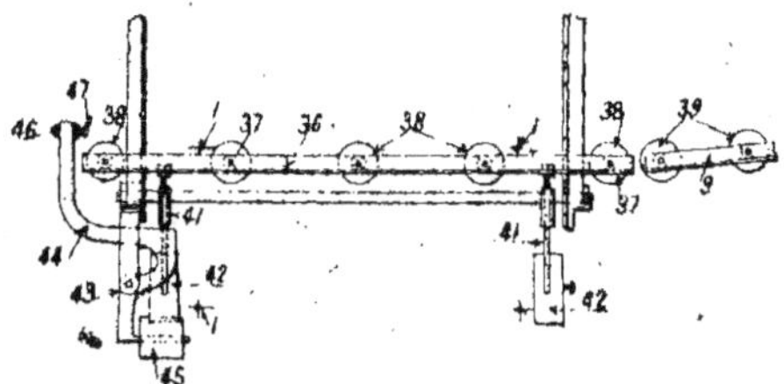

Fig. 113. — Transporteur à rouleaux. (Plan).

que représente le dessin et sont supportés par un boulon 44, tournant autour de 43 et pourvu d'un contrepoids 45. Le boulon 44 a un bras vertical muni d'un bouton d'arrêt 47 à l'extrémité du transporteur. Ce bouton peut se régler au moyen d'une vis 46. L'extrémité du transporteur (fig. 106) est pourvue d'une petite roue 48. Les câbles 1 circulent au-dessus et au-dessous du trans-

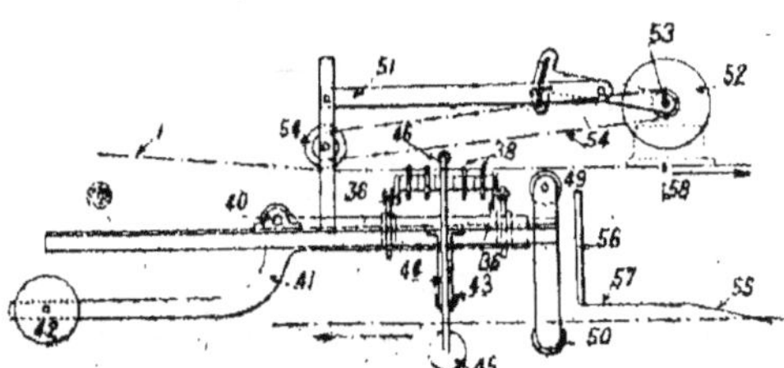

Fig. 114. — Transporteur Persson. (Vue de côté).

porteur ainsi qu'on peut le voir dans les dessins 113 et 114, et reposent sur des guides 49 et 50 convenablement disposés. Des couteaux circulaires 52, à réglage dans le sens vertical sont fixés à l'extrémité du bras 51 (fig. 113) au dessus du transporteur à rouleau 10.

Un plan incliné 55 et un pont 57, pourvu d'un heurtoir 56, sont disposés d'une façon convenable sur le sol entre les parties inférieures des câbles près du transporteur 9. On a prévu également dans la construction un certain nombre de planches mobiles 58 (fig. 115). Ces planches portent un certain nombre de rainures demi-rondes situées à un intervalle correspondant à la distance entre les câbles. Leurs angles sont arrondis.

Quand l'ensemble est monté pour le transport de la tourbe, toutes les parties sont entraînées par la machine portative. L'atelier de préparation marche également et donne à la sortie une bande de tourbe qui tombe sur le transporteur à rouleaux. Les planches 58 dont nous venons de parler sont placées à la sortie de l'atelier, suivant la façon dont la tourbe est évacuée.

Les planches sont placées au sommet des rouleaux du trans-

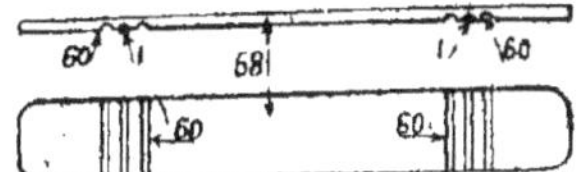

Fig. 115. — Planches recevant la tourbe.

porteur et viennent buter contre un couperet 59 (fig. 105) à l'extrémité de la sortie. Le ruban de tourbe amène alors les planches vers le transporteur 10; le transporteur 9 ayant été mis à la pente la plus convenable pour faciliter ce déplacement. Les deux derniers groupes de rouleaux près du transporteur 10, sont également entraînés par un câble ou un moyen quelconque. Les planches qui portent les blocs de tourbe arrivent donc au transporteur 10 avec une vitesse un peu plus grande et glissent à l'extrémité de ce transporteur. Le butoir 47 est alors heurté par le bord de la planche de sorte que le boulon 44 s'échappe du bras des leviers 41 qui supportent le transporteur à rouleaux.

Le poids des planches de la tourbe est tel que le transporteur s'affaisse et que les planches viennent reposer sur les câbles supérieurs. Ces planches sont alors entraînées par les câbles, passent au-dessus du chevalet et arrivent à la station sur truck. On enlève alors les planches vides et on les renvoie à l'atelier par les câbles inférieurs. Quand les planches vides arrivent au milieu du transporteur à rouleau 10, elles remontent en glissant le long du plan incliné 55 et viennent butter contre le heurtoir 56. C'est là qu'on les reprend pour un nouveau voyage.

La roue 48, à l'extrémité du transporteur, sert à pousser l'extrémité d'avant de la planche de façon à la faire partir dans la direction de la station sur truck.

Ce dispositif est indispensable.

Quand la planche chargée de tourbe passe devant les couteaux 52, la portion du ruban de tourbe qui repose sur la planche est coupée à la longueur convenable.

L'inconvénient de cet appareil est le temps considérable que prend la manipulation des palettes chargées ; il ne peut s'employer que si la main d'œuvre est très bon marché. Il exige aussi beaucoup de nettoyages.

En Russie on a essayé deux de ces appareils, l'un sur la tourbière de M. Marossof, l'autre sur la tourbière de la Compagnie d'Electricitéde Moscou.

G. Appareil Korner.

Le transporteur de Korner consiste en un certain nombre de tables roulantes placées sur supports en bois. Un côté de la table a les rouleaux dans un sens; un autre dans le sens opposé.

On place un certain nombre de ces tables en avant l'une de

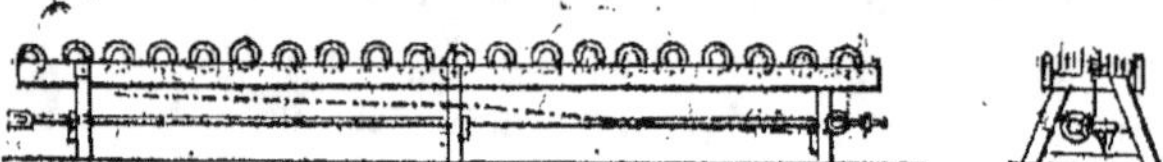

Fig. 116. — Transporteur à palettes de Körner.

l'autre jusqu'à ce qu'on atteigne le côté opposé du terrain de séchage. Chaque section longue de 6 mètres doit pouvoir se déplacer facilement.

Les rouleaux de chaque section sont tournés dans leur direction respective au moyen de chaînes passant sur le sommet et en dessous d'un rouleau sur deux comme le montre la fig. 116.

La chaîne est menée par une poulie actionnée par un engrenage en biseau mis en marche par l'arbre de couche placé en dessous. Cet arbre de couche est mis en mouvement par la machine à tourbe et muni d'accouplements pour chaque section, construits de telle façon que les diverses sections puissent faire certains angles les unes avec les autres.

La tourbe, au sortir de la machine, est coupée à la longueur requise et transportée par rouleaux sur un côté de la table au

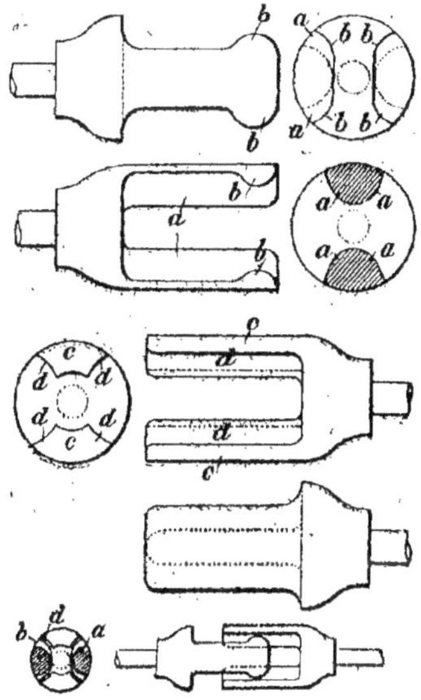

Fig. 117. — Couplage du transporteur Körner.

terrain de séchage. Les palettes vides sont placées de l'autre côté de la table et rapportées à la machine.

Les palettes peuvent naturellement être enlevées à n'importe quel endroit désiré. Quand le terrain de séchage le plus éloigné de l'installation est couvert, les sections qui desservent cette distance sont découplées et poussées jusqu'à la ligne suivante.

Cette disposition peut être suivie même quand la surface de la tourbière est inégale, et solutionne de façon très économique la question des transports. Cet appareil construit à Eslof en Suède coûte 45 francs par mètre courant.

H. Installation Baumann.

L'installation de *Baumann* telle qu'elle fonctionne à la tourbière royale de Rosenheim (Bavière) comprend les appareils suivants :

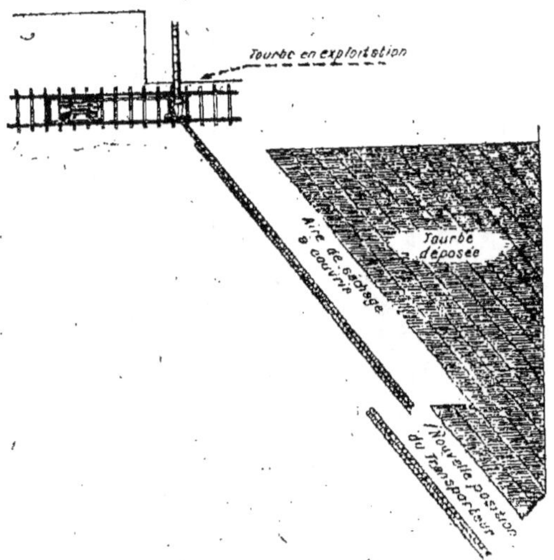

Fig. 118. — Méthode d'étente de Körner

1° Excavateur mécanique, employé comme auxiliaire lorsque la tourbière ne contient ni racine ni souche.

2° Elévateur latéral qu'on alimente soit à la main, soit mécaniquement par l'excavateur.

3° Broyeur de mise en pulpe et pressé à briquettes.

4° Transporteur à tourbe et appareil à étaler la tourbe sur le champ de séchage.

L'excavateur auxiliaire est situé à côté de l'élévateur latéral et peut facilement soit s'en séparer, soit lui être rattaché. On peut l'utiliser indépendamment du reste de la machine, Si un arrêt se produit dans l'appareil de broyage ou dans l'appareil à étaler la tourbe, l'excavateur peut continuer à fonctionner et extraire une certaine quantité de tourbe qu'on garde en avance pour l'élévateur et l'appareil de broyage. Si on arrive sur une partie de la tourbière chargée de racines ou de souches, on enlève l'élévateur auxiliaire, car il est bien rare qu'on puisse s'en servir utilement dans ces conditions.

L'excavateur enlevé, on exploite alors en tranchée à la main et l'élévateur est alimenté par les ouvriers.

De cette façon les opérations sont continues.

Un homme suffit quand il y a l'excavateur; autrement il en faut 4 à 6.

L'élévateur alimente directement la trémie de chargement du broyeur à pulpe. La longueur de l'élévateur c'est-à-dire la distance entre l'excavateur ou la tranchée en exploitation et le broyeur à pulpe, peut varier beaucoup. Dans ces dernières années, on a essayé d'enlever la tourbe autour des souches au moyen d'un excavateur à godets en forme de cuillère.

A la suite de l'élévateur vient une trémie d'alimentation en forme de V; la tourbe en sort pour entrer dans un double cylindre où tournent en sens inverse deux vis sans fin.

L'appareil de désagrégation et le mélangeur consistent en un tambour de fer divisé en 12 compartiments, la tourbe y est divisée en blocs au moyen d'un couteau radial et est poussée en avant.

La division par cloisons rayonnantes du cylindre de fer facilite la séparation des blocs de tourbe.

A l'usine de Rosenheim on a pu obtenir ainsi des blocs de tourbe de forme régulière, avec une vitesse de production très remarquable. La machine éjectait par seconde environ 3 blocs de tourbe ayant chacun un volume et une longueur de 40 centimètres.

Les blocs de tourbe sortant de l'appareil de moulage viennent se placer d'eux-mêmes sur la courroie de l'appareil d'étendage automatique qui se trouve au-dessous du cylindre de l'appareil de moulage en blocs.

Dans les conditions ordinaires, la longueur de l'appareil d'étendage varie de 100 à 130 mètres.

Cet appareil automatique consiste en une chaîne de Galle sans fin (chaînes à plaques) dont les plaques de fer reposent sur des longrines de fer parallèles et entretoisées.

De place en place, aux endroits convenables, ces longrines sont supportées par des chevalets mobiles.

Entre ces tréteaux se trouve un arbre portant deux larges poulies reposant sur des rails triangulaires en bois. Deux hommes peuvent facilement déplacer ces rails.

Les plaques de l'appareil automatique peuvent basculer.

La chaîne avec ses plaques fonctionne comme une jalousie. Les blocs venant de l'appareil de moulage se déposent automatiquement sur les plaques et bientôt tout l'appareil d'étendage depuis le broyeur à pulpe jusqu'à l'autre bout, est rempli de blocs de tourbe. Les plaques basculent alors et déposent les blocs sur le chassis de séchage. Tout l'appareil avance automaquement et l'opération recommence.

La capacité de cette machine est de 35 à 40 tonnes par jour de 10 heures de travail. Elle nécessite un personnel d'environ 5 ouvriers.

Le système d'étendage exige de grosses dépenses de construction de fonctionnement, de réparations.

Le transporteur sujet à de fréquents accidents obligera à de nombreux arrêts dans le travail et par suite la capacité de production s'en trouvera sérieusement diminuée.

I. Appareil de Krupp.

La machine à étendre de Krupp consiste en un chariot fait en forme de châssis rectangulaire ouvert sur lequel sont placés les dispositifs servant à étendre et couper la tourbe. Ce chariot est monté sur des roues et il se meut sur une voie ferrée. Sur le chariot est installé un moteur de force suffisante pour mouvoir le chariot et actionner le dispositif à étendre et à couper. Un mécanisme spécial fait tourner l'essieu dans les deux directions selon que l'on veut faire avancer ou faire reculer le chariot. Une manivelle qui forme partie de ce mécanisme sert à désembrayer entièrement le moteur d'avec les roues pour permettre au chariot de demeurer stationnaire quand le moteur est en marche.

Sur un des côtés du chariot se trouve une plateforme sur laquelle se dépose la tourbe à étendre. La machine est divisée en deux parties, sa partie antérieure servant à l'étendage, pendant que sa partie postérieure fait des coupes en travers sur

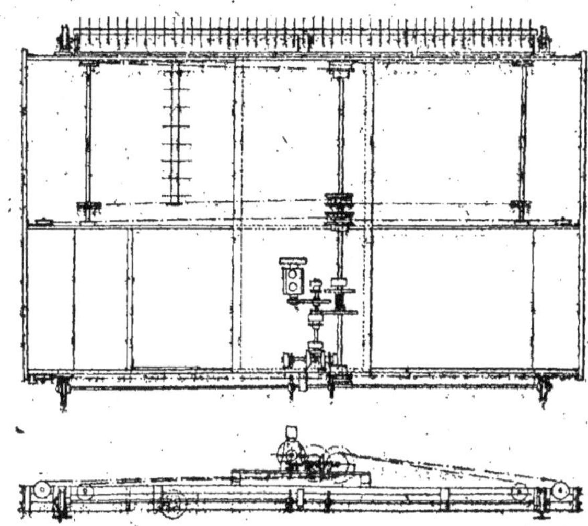

Fig. 119. — Machine à étendre de Krupp

une bande de tourbe égale en largeur à la bande qui est étendue à l'avant. Le châssis est divisé par une traverse passant par son milieu et la plateforme s'étend sur un côté de la machine, de son extrémité intérieure jusqu'à cette traverse. La tourbe est poussée en dehors de la plateforme, puis étendue en couche entre les rails par une pelle à étendre de même longueur que la plateforme et installée de manière à se mouvoir transversalement par rapport au chariot. Cette pelle à étendre est placée sur le côté du châssis au-dessus de la plateforme de telle sorte que quand la charge de tourbe y est déposée, ellle soit sur le

chemin de la pelle et soit ainsi facilement balayée de la plate-
forme quand cette pelle est mise en mouvement. Cette pelle ou
planche à étendre est mue de côté et d'autre et est contrôlée
pour que son bord inférieur voyage dans un plan horizontal à
une distance de la surface du sol égale à l'épaisseur de la couche
de tourbe que l'on désire obtenir. La masse de tourbe, poussée
par la pelle ou planche est étendue en une couche uniforme.

Le chariot consiste en deux châssis similaires placés, l'un
au-dessus de l'autre. La traverse consiste aussi en deux morceaux distincts parallèles. Conséquemment le membre d'avant
du chariot et le membre transversal forment des rails sur
lesquels peuvent glisser des coussinets fixes à angle droit à la
pelle à étendre. Au dessus de la plateforme se trouve un arbre
qui est relié au mécanisme moteur, au moyen de manivelles
d'embrayage pour la marche d'avant et d'arrière, afin que
l'arbre puisse demeurer stationnaire ou être mis en mouvement
dans l'une ou l'autre direction. Sur l'extrémité antérieure de
l'arbre il y a un tambour, et un autre tambour semblable est
fixé à l'arbre immédiatement en arrière du membre transversal. Sur chaque côté de la partie antérieure de la machine, il y
a une poulie et des poulies semblables sont posées juste à
l'arrière du membre transversal tout près des côtés du chariot.

Un câble fait deux ou trois tours autour du tambour, les
deux bouts partent du tambour en directions opposées et
passent par les poulies ; une extrémité du câble étant alors attachée à un des bouts du coussinet à l'avant de la pelle à étendre
et l'autre extrémité du câble à l'autre bout de ce même coussinet.
Un câble semblable entoure le tambour, passe par-dessus les
poulies, et est relié aux extrémités du coussinet situé à l'autre
bout de la pelle à étendre.

Grâce à cette disposition, quand l'arbre tourne en une direction, la pelle à étendre se meut en travers du chariot dans la
direction voulue pour étendre la tourbe, et quand l'arbre
tourne dans la direction contraire, la pelle à étendre revient à
sa position première.

La surface supérieure de la couche de tourbe peut se

trouver un peu raboteuse, aussi pour la niveler et l'aplanir la machine est munie d'une plaque nivelante; cette plaque est placée sous le membre transversal. L'extrémité antérieure de la plaque nivelante est retroussée afin qu'elle se pose sur la couche étendue, la pressant du haut et ainsi empêchant la tourbe de s'accumuler au-devant de la plaque quand le chariot avance. De l'extrémité retroussée de la plaque à l'autre extrémité, il y a une inclinaison graduelle, ce qui fait qu'il y a, appliquée sur la tourbe, une pression lentement croissante qui la laisse aplanie et compacte à mesure que le chariot avance.

La couche de tourbe est coupée selon des lignes à angles droits les unes des autres. Pour faire des coupes transversales d'une bande pendant qu'une autre bande vient se placer dans la machine, la moitié postérieure du chariot est munie d'un arbre qui le traverse et sur cet arbre sont fixés des couteaux de façon que lorsque l'arbre est mis en mouvement en travers de la machine, les couteaux coupent la tourbe et la séparent en plusieurs étroites bandes transversales.

L'arbre qui porte les couteaux est mû de la manière suivante : L'arbre principal est prolongé jusqu'à l'arrière de la machine et est muni de tambours placés à l'extrémité postérieure du chariot, directement à l'arrière du tambour ci-haut mentionné. Deux séries de poulies, correspondant aux poulies dont il est ci-dessus question, mais posées plus près les unes des autres pour être à l'intérieur des rails, sont montées sur la moitié arrière du chariot. Un câble entoure les tambours, passe au dessus des poulies et est relié par ses bouts à une extrémité de l'arbre : un câble semblable passe autour du tambour, au dessus des poulies et est relié par ses bouts à l'extrémité opposée de l'arbre. Ainsi l'on peut voir que quand l'arbre est mû de manière à faire traverser la pelle à étendre d'un bord de la machine à l'autre, il se produit un mouvement correspondant qui active les couteaux, de manière à produire des coupes transversales dans une bande pendant que la prochaine bande s'étend.

Pour couper la tourbe dans la direction du mouvement du

chariot, celui-ci est muni à la partie postérieure d'un arbre horizontal transversal qui repose sur des bras reliés à l'arrière du chariot de manière à pouvoir se mouvoir dans un plan vertical. Sur l'arbre, il y a des couteaux circulaires semblables à ceux déjà décrits. L'arbre, avec ses couteaux, peut être élevé ou abaissé à volonté au moyen de leviers montés sur le chariot. Quand l'arbre est levé le chariot peut être avancé ou reculé

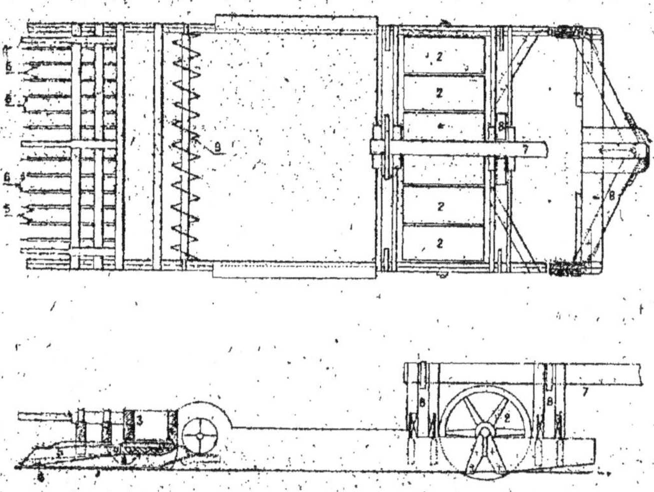

Fig. 120. — Étendeur Anrep.

sans que les couteaux touchent la tourbe, mais si l'arbre est baissé, la tourbe sera coupée longitudinalement si l'on avance ou recule le chariot.

Comme il est désirable que la tourbe soit coupée en blocs rectangulaires de dimensions variées, les couteaux circulaires sont montés de manière qu'ils puissent être facilement et rapidement changés de place sur l'arbre et solidement fixés dans les nouvelles positions.

Machine à étendre d'Anrep (1914).

Anrep entasse la tourbe dans un chassis (1) dont l'avant

repose sur des rouleaux (2) et l'arrière sur le chassis de moulage, relié au chassis par un pivot (3) et pouvant tourner dans un plan vertical de façon à reposer sans cesse sur le sol quand la machine avance.

La planche (4) est horizontale ou presque et moule le gateau de tourbe sans l'étirer ni le disloquer.

Les langues de séparation (5) sont munies de lames (6) qui divisent le gâteau de tourbe en bandes. Le rouleau ou les rouleaux nivèlent l'aire de séchage avant le passage de l'appareil.

Pour faciliter le déplacement, on emploie les rouleaux (2) comme roues en soulevant le chassis de moulage au moyen de la perche 7 reliée à l'appareil par les supports 8.

La vis 9 règle l'épaisseur de la masse de tourbe avant le moulage sous la planche 4.

On obtient avec cette machine un bon moulage uniforme pour toutes les variétés de tourbe.

§ 5. — Pratique et résultats d'exploitation.

I. — La Tourbière de *Koshivara* est installée dans le nord de la Suède par 66°39 de latitude. Elle a été ouverte à l'exploitation en 1902 par l'initiative du gouvernement suédois.

La saison pendant laquelle on peut fabriquer de la tourbe séchée à l'air est très courte, comme le montre le tableau suivant :

	Ciel		
	Clair	Demi-clair	Nuageux
Mois de Juin	12	13	5
— Juillet	5	12	14
— Août	4	16	11
Total sur 92 jours . . .	21	41	30

La machine à tourbe employée était la machine Anrep, actionnée par une locomobile de 23 HP.

Le transport et l'étente des mottes de tourbe se faisaient de la façon ordinaire avec des palettes de tourbes chargées sur des wagons circulant sur une voix parallèle.

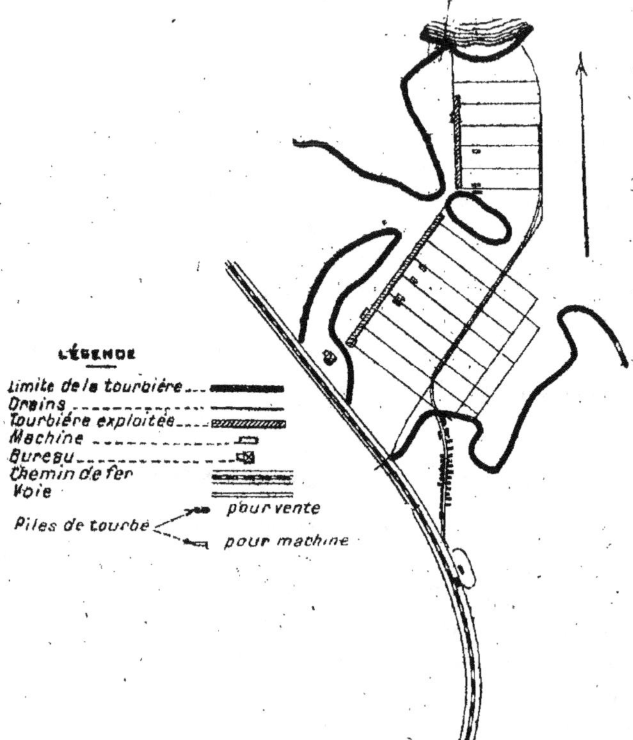

Fig. 121. — Tourbière de Koskivara.

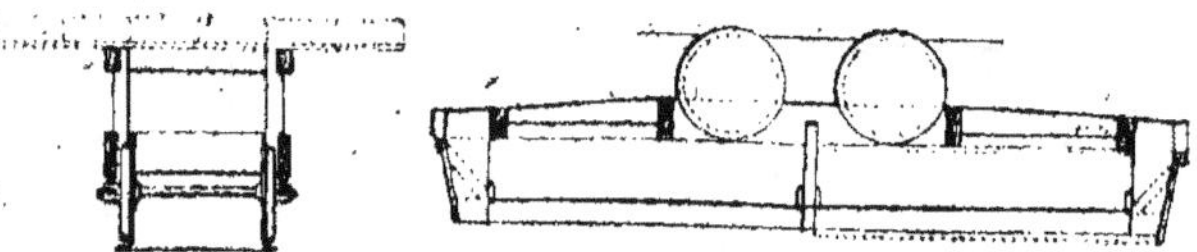

Fig. 122. — Wagonnet de Aurep pour palettes de tourbe.

Le tableau suivant indique les résultats obtenus dans une exploitation d'une année du 6 juin au 5 juillet :

Morceaux produits en 10 heures (moyenne).	21.733	34.717	28.500	30.045
Main-d'œuvre employée (2 gamins = 1 homme	15	16.5	13.5	6
Tourbe fabriquée (séchée à l'air) tonnes....	121		501	617
Frais de main-d'œuvre.....................	432,50		1.352,70	1.785,20
Frais de main-d'œuvre par tonne..........	3,55		2,70	2,90
Salaire journalier d'ouvrier..	4,80		5,50	4,90
Salaire journalier de mécanicien...........	5,50		5,50	5,50

Le travail de séchage d'une tonne de tourbe séchée à l'air
coûte :

pour retourner les mottes........	0 fr. 173
pour empiler en tas.............	0 fr. 441
pour transports.................	1 fr. 25
au total.........	1 fr. 864

Le prix de revient total par tonne, toutes dépenses comprises,
s'élevait à 7 fr. 50 environ.

II. La tourbière de *Saint-Olaf* a une étendue de 60 hectares
et une profondeur d'environ 4 mètres. La tourbe est de bonne
qualité, contient fort peu de cendres comme le montre l'analyse
ci-dessous :

Humidité	24,61 0/0
Cendres	1,20
Matières organiques...	74,19

Pouvoir calorifique dans le calorimètre à bombe :

Echantillon séché.....................	2.229 calories
Echantillon séché dénué de cendres..	2.250
Echantillon original,.................	1.512

La tourbière est en partie drainée par des fossés, en partie
tenue sèche au moyen d'une vis hydraulique. L'exploitation
est faite au moyen de deux machines à tourbe une de chaque
côté de la tranchée d'exploitation. Le terrain
de séchage est égoutté par des fossés couverts
pour que la surface soit bien égale. Ces fossés
sont creusés comme le montre la figure 123.
De grandes plaques de gazon sont découpées,

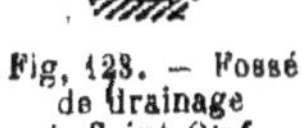

Fig. 123. — Fossé
de drainage
de Saint-Olaf.

puis replacées, quand un drain de 15 centimètres a été creusé.

Les deux machines employées du Type Anrep ont été construites par Abjörn-Anderson et par Munktell.

La machine d'Abjörn-Anderson est actionnée par une loco-

mobile de 42 HP qui fournit aussi l'énergie pour le transpor-
tour mécanique, la presse de campagne, et la machine à arra-
cher les souches.

La machine est combinée avec une presse portative Jacobson.

Les arrangements de la machine, de la presse des transporteurs sont analogues à ceux décrits pages :

Les wagons en fer du type ordinaire à bascule reçoivent la
tourbe du transporteur à courroie, puis par câble sont traînés
à la presse Jacobson.

La production en 10 heures a donné, en tourbe séchée à l'air
à 25.0/0 d'humidité, environ 55 à 60 tonnes.

Le personnel employé comprenait :

1 mécanicien
1 aide
10 pelleteurs
1 déchargeur
1 chargeur de wagons
1 égaliseur à la presse
1 coupeur
1 homme pour déplacer les voies
1 gamin signaleur

Soit : 17 hommes et 1 gamin

Les mottes de tourbe pesant environ 500 grammes avaient 20
× 125 × 12,5 centimètres.

La machine de Munktell était combinée avec un transporteur Korner de 200 mètres (voir page 186).

Sauf les mécaniciens payés 5 francs par jour, le reste du
travail était fait à l'entreprise.

Le coût d'exploitation était :

Creusage, transport, étente	2 fr.
Retournage des mottes	0 fr. 15
Empilage	0 fr. 35
Transport et emmagasinage	0 fr. 65
Transport à la station mise en wagons	0 fr. 40
Total	3 fr. 55

La tourbière coûte à peu près (y compris l'intérêt et l'amortissement) 1.775 francs l'hectare.

La production annuelle était d'à peu près 5.500 tonnes.

Le transport à la station du chemin de fer se fait par voie

aérienne, longue de 4 kilomètres environ, permettant de charger directement en wagons.

Le prix de vente, f. o. b., gare de *Saint-Olof*, était d'environ 12 fr. 25 la tonne.

III. — A *Yxenhult*; la tourbière exploitée a une étendue de 250 hectares et une profondeur de 3 mètres. Une partie de la tourbe formée de sphaigne un peu humifiée sert à produire de la tourbe litière.

La tourbière est parfaitement drainée, la tourbe employée à faire du combustible est de bonne qualité, mais on trouve de nombreux troncs d'arbre dans les couches du fond.

La tourbière est exploitée au moyen de deux machines, l'une du modèle Anrep d'Abjörn-Anderson avec transport mécanique et presse Jacobson comme à *Saint-Olof*; l'autre d'un modèle Anrep plus ancien avec le dispositif ordinaire d'étente.

Avec cette dernière machine, la production journalière dans les conditions normales était de 40.000 mottes de $12,5 \times 12,5 \times 300$ centimètres représentant à peu près 44 tonnes de tourbe séchée à l'air avec 25 0/0 d'humidité.

Le personnel employé comprenait 18 hommes, 4 gamins, 1 mécanicien, 1 aide.

Les frais de main d'œuvre se décomposaient comme suit :

	Par Tonne
Creusage, transport, et étente........	2,765
Retournage	0,125
Empilage........................	2,765
Transport en magasin...............	0,80
Total..............	6,455
Frais de mise en tas, le cas échéant..	0,75
Total..............	7,205

A la machine d'Abjörn-Anderson le personnel comprenait 16 hommes, un mécanicien et un aide. Les hommes étaient payés 35 centimes par mètre cube de tourbe brute extraite et préparée.

Les frais de main d'œuvre s'établissaient comme suit :

	Par Tonne
Creusage, transport et étente ..	2,055
Retournage	0,125
Empilage	0,210
Transport en magasin	0,840
Total	3,190

Les bêches employées pour bêcher la tourbe brute ont les bords carrés. Les méthodes employées sont analogues à celles des autres endroits.

Les briques de tourbe étaient mises en tas avec circulation d'air entre chaque brique.

Le prix par tonne de combustible f. o. b. station Yxenhult était en moyenne de 11 fr. 75 la tonne

IV. — A *Emmaljunga* on se sert également de machines Anrep.

Une machine à 2 arbres, d'ancien modèle a donné les résultats d'exploitation ci-après rapportés en francs par tonne.

Coût d'exploitation par tonne :

9 pelleteurs	0,92
12 hommes pour transport et étente	1,23
2 chargeurs	0,20
3 gamins	1,45
1 mécanicien	0,08
1 aide	0,806
Retournage	0,20
Empilage	0,20
Transport au magasin	0,54
Combustible pour locomobile	0,13
Total	5,11

à quoi il faut ajouter :

Amortissements et réparations	0,64
Administration	0,64
Dépenses générales	0,64
Mise en wagon	0,64
Total	2,56

Ce qui conduit au prix de revient total de 7 fr. 70 par tonne.

V. — A *Baeck*, la tourbière a une surface de 125 hectares avec une profondeur moyenne de 2,5 à 3 mètres après drainage. Sur les bords, la tourbe est bien humifiée mais dans différents endroits de la tourbière on rencontre à des profondeurs considérables une tourbe de sphaigne peu décomposée. De même sur les bords, les souches sont nombreuses mais dans les autres parties de la tourbière on les trouve moins fréquemment.

On creusait la tourbe pendant l'été (fin avril jusqu'au commencement d'août) en partie avec une machine Anrep, en partie avec une drague Svedala et en partie avec un excavateur Munktell.

La machine Svedala, construite par la maison Abjorn Anderson Mekaniska Verstad A. B à Svedala, est une drague à argile avec mélangeur et courroie pour charger la pâte dans les wagons à bascule qui transportent la tourbe au champ de séchage. Un moteur électrique met la machine en marche; ce moteur reçoit son courant de la station centrale de l'usine. La machine est placée directement sur la surface et demande pour son déplacement un sol assez égal.

Le bras de la drague est muni de godets enlevant la tourbe de bas en haut, de sorte que les différentes couches de la tourbière sont assez bien mélangées. La tourbe est déchargée dans le mélangeur placé en-dessous et de là par une courroie dans les wagonnets. Si la tourbière ne renferme pas de souches on peut facilement creuser 40 m³ de tourbe brute par heure, mais c'est l'exception car les souches et les racines causent avec cette machine de longs retards dans le travail. Par suite de son poids lourd, 18 à 20 tonnes, supportées sur une petite surface, le terrain s'écroule et se tasse souvent; la pose de la voie sera difficile. On ne peut pas non plus creuser complètement la tourbe au contraire, il faut laisser une grande partie occasionnant des pertes et des inconvénients si la tourbière doit servir comme champ de séchage.

Cette machine ne convient pour nos tourbières que dans quelques cas. Il faut 8 hommes pour creuser et étendre la tourbe.

L'excavateur Munktell est placé sur le sol de la tourbière et se compose de même que la machine Svedala, d'une drague d'une machine à creuser et d'une courroie transporteuse.

Cette drague a une grande capacité, mais on ne peut pas éviter certains accidents qui, avec la disposition de transport de la pâte au champ, abaissent le rendement à 35-40 m³ par heure. La production dépend de la situation de la tourbière. Dans une tourbière peu profonde il faut déplacer plus souvent la machine et les souches, qu'on doit enlever avec la drague, interviennent dans le rendement; de sorte qu'il est impossible de donner des chiffres exacts du rendement de la machine dans les différents cas. A Baeck la production moyenne est de 40 m³ par heure, mais on a trouvé durant la saison que différents changements augmentaient le rendement. Cet excavateur, combiné aux appareils accessoires inventés par le lieutenant Ekelund pour la fabrication de la pâte et le transport de la tourbe brute est sans doute le système le plus pratique en usage aujourd'hui.

La pâte de tourbe est transportée par des wagonnets à bascule, courant sur une voie étroite transportable le long de la tranchée jusqu'au champ de séchage. A côté de l'excavateur se trouve un raccordement et une aiguille pour les wagonnets vides prêts à être chargés.

Rempli jusqu'au bord chaque wagonnet contient 0 m³ 75, mais comme ils sont généralement chargés plus haut, leur capacité moyenne est de un mètre cube. De petits moteurs à gazoline tirent ces wagons au champ de séchage, qui a une longueur de 250 mètres et où la tourbe, est étendue des deux côtés de la voie; si une longueur de rail est assez recouverte de tourbe, cette section de la voie est déplacée de 5 mètres. De sorte que s'il faut une nouvelle ligne, la nouvelle voie est posée en déplaçant l'ancienne à l'exception de la courbe reliant cette voie à la tranchée; ce travail se fait en quelques minutes.

Une presse de campagne comprime, aplanit et coupe la tourbe en cordons de 15 mètres à raison de 15 cordons par table.

La presse est mise en mouvement par un moteur électrique de 10 HP avec câble et treuil. De chaque côté du champ se trouve des wagonnets placés sur rails. A un des wagonnets est fixée la roue du câble et à l'autre le moteur avec le treuil enrouleur. La tourbe est coupée en croix à la main par un couteau rotatif.

Chaque excavateur avec presse de campagne exige 75 HP,

Le personnel demandé durant l'été, par relève, pour creuser et étendre la tourbe se composait de :

1 homme surveillant l'excavateur; 1 homme et 1 garçon pour niveler la tranchée et huiler la machine; 2 hommes et 1 garçon pour charger, poser la voie et pousser les wagonnets; 1 homme pour la locomotive; 3 hommes pour le champ de séchage pour verser, presser, tirer, etc., en tout 8 hommes et 2 garçons.

Le gamin de la tranchée est payé 2 fr. 80 par relève, les autres sont payés 15 centimes par wagonnet pour le creusage et l'étente, le mécanicien reçoit en plus 0 fr. 70 par jour.

Pendant l'été on travaillait par équipes de 8 heures chacune et parfois avec une seule équipe de 11 heures.

Dans le premier cas la production journalière montait à 320 mètres cubes représentant 45 à 46 tonnes de tourbe à 30 0/0 d'humidité et les dépenses étaient :

Par équipe.....................	52,80
Par tonne de tourbe à 30 0/0....	1,17
Par tonne de tourbe sèche......	1.65

La « table » de séchage (largeur de la presse) contient en moyenne 70 wagonnets soit 10 tonnes à 30 0/0 d'eau, on paie par table 1 fr. 68 pour retourner la tourbe et 3 fr. 20 pour la mettre en piles.

Après séchage la tourbe est transportée en wagonnets de 2 mètres cubes tirés par des locomotives à essence, jusqu'aux hangars à tourbe.

Le prix total du travail, excepté le salaire du directeur, du machiniste et du contremaître est :

Prix par tonne

	à 30 0/0 Eau	à 40 0/0 Eau	à 50 0/0 Eau	Substance sèche
Creusage et étalage,......	1,17	0,98	0,82	1,65
Retournement.............	0,17	0,14	0,12	0,24
Mise en pile.............	0,35	0,30	0,25	0,50
Transport aux hangars....	0,70	0,60	0,50	1,00
Total.......	2,39	2,02	1,69	3,39

A ceci il faut ajouter le prix total de la production; intérêt

et amortissement de l'usine, coût de force motrice, huile, gazoline, direction, taxes, assurances, etc. Ces dépenses varient
considérablement suivant les capacités de l'usine.

VI.— La tourbière *Alfred* dans l'Ontario (Canada) est surtout
formée de sphaignes. La composition de la tourbe est la suivante :

Matières volatiles	68,13	68,72
Carbone fixe	26,26	24,22
Cendres	5,31	7,06
Phosphore	0,029	0,022
Soufre	0.292	0,375
Azote	1,23	1,920

L'exploitation se fait par les soins du gouvernement canadien
de la manière suivante :

Une surface de travail de 300 mètres de large sur 1000 mètres
de long ayant été mise à nu, est drainée par un fossé principal creusé sur toute la longueur de manière à mettre la tranchée de travail parfaitement à sec. A 300 mètres du premier
est creusé un second fossé parallèle. Entre les deux intervalles de 50 mètres sont creusés d'autres fossés qui ne drainent
pas la tourbière à fond, leur profondeur est suffisante pour
garder sec le pré d'étente et laisser assez de fond solide pour
les machines et les batîments. Pour préserver la tourbe de la
gelée, on endigue l'eau en automne après l'arrêt des travaux.

La machine à tourbe travaille sur le fossé principal qui creusé
à la main s'élargit simplement jusqu'à ce que toute la surface
soit vidée.

30 hommes et 3 gamins forment le personnel employé à l'atelier.

7 hommes creusent les tranchées, pelletant la tourbe brute
dans l'élévateur qui l'envoie au moulin à pâte lequel délivre
la pulpe dans les wagonnets. Ceux-ci, tirés par câble, sont poussés à la presse de campagne où la pâte est basculée dans l'appareil surveillé par un gamin.

La presse se déplace à angle droit, avec la tranchée de travail
laissant derrière elle, sur la surface du champ du séchage, une
bande de 200 mètres sur 2m50 de tourbe bien conditionnée,

On fait par jour 4 bandes contenant 7 à 8 tonnes de tourbe séchée à l'air.

Au bout de 7 à 10 jours la tourbe est retournée par des gamins qui reçoivent pour cela 0 fr. 35 par 1000 briques.

Elle est ensuite mise en petits tas pour le prix de 0 fr. 50 par mille briques.

Le combustible fini est enlevé et transporté au magasin ou au chemin de fer.

VII. — En Russie, dans la région de Moscou, où se trouve la principale industrie de la tourbe, la saison d'exploitation est courte par suite des conditions climatériques défavorables. La gelée sur le sol ne disparait pas avant fin mai et les pluies sont fréquentes en été. Les tourbières contiennent généralement des racines et des souches, il faut donc des machines solidement construites.

Les embouchures des machines russes ont 13×13 centimètres de section libre, la tourbe est coupée en longueur de 34 centimètres, chaque motte pèse environ 1200 grammes.

Le rendement par machine et par jour, varie suivant la nature de la tourbière entre 40 et 60 tonnes de tourbe séchée à l'air. On emploie à peu près 30 hommes dont 12 pelleteurs par machine et le travail de séchage emploie 15 femmes par machine.

La tourbe manufacturée, empilée sur la tourbière, revient toutes dépenses comprises entre 5 et 6 fr. 75 par tonne.

VIII. — La tourbière de *Feilenbach* en Bavière est une tourbière de plateau qui s'étend sur 300 hectares et dont la profondeur varie de 3 à 16 mètres. On exploite jusqu'à 7 mètres de profondeur. On trouve des sphaignes convenant à la fabrication de litières, à côté de tourbe humifiée et de bonne qualité comme le montre l'analyse ci-après :

Carbone	49,19 0/0
Hydrogène	5,30
Oxygène et azote	29,62
Cendre	1,16
Humidité	14,73

La tourbière est bien drainée, le terrain de séchage est

égoutté par de petits fossés de 75 centimètres de profondeur, espacés de 10 mètres.

La tourbière est exploitée au moyen de 9 machines à tourbe type Dolberg à élévateur latéraux. Chaque machine, actionnée par une locomobile de 16 à 18 HP et desservie par 17 hommes produit 22 tonnes par jour de 10 heures.

Le personnel employé est réparti comme suit :

 1 mécanicien
 5 femmes employées au pelletage
 1 coupeur
 1 homme à la machine à tourbe
 2 chargeurs des palettes sur les wagonnets
 4 pousseurs de wagonnets
 2 manœuvres étendant les mottes sur l'aire de séchage.

Les outils employés pour extraire la tourbe sont : un louchet à manche court et lame longue, une pelle à manche long et lame courte, une fourche.

Les machines à tourbe sont munies de 2 orifices de 10×12 centimètres, la tourbe est enlevée sur des palettes de $1^m,25$ de long et 31 centimètres de large ; chaque palette contient 6 mottes de $10 \times 12 \times 44$ centimètres.

Les ouvriers reçoivent par 1000 palettes, 20 fr. (6000 mottes étendues sur l'aire de séchage).

Le montant payé par 1000 palettes se répartissait, à chaque jour de paie, de la manière suivante :

1 mécanicien..................	1,50	1,50
5 pelleteurs..................	1,2125	6,0625
1 garnisseur de palettes..	0,575	0,575
1 coupeur....................	0,575	0,575
2 chargeurs..................	1,3375	2,6750
1 pousseur de wagon......	1,1750	4,70
2 déchargeurs...............	1,10	2,20
1 aide.......................	0,70	0,70
Total........		18,9875

Le solde, soit environ 1 franc, était retenu jusqu'à l'achèvement de la campagne d'exploitation et payé seulement à ceux qui restaient le temps convenu.

Les mottes séchées à l'air pesaient environ 750 grammes, ce qui mettait le prix de revient par tonne de tourbe séchée à l'air à 3 fr. 80.

Le combustible est amené à la gare d'Ober Aibling par un chemin de fer à voie étroite. Mis en wagons, il revient à 12 francs par tonne, ce qui serait ruineux si la houille ne se vendait dans le pays de 31 à 32 francs la tonne.

La tourbière de Feilenbach produit par an 15.000 tonnes de tourbe vendue f. o. b. Ober Aibling au prix de 17 fr. 50 laissant un bénéfice d'environ 80.000 francs par an.

IX. — La tourbière de *Triangel* près de Gifhorn appartient à la société des tourbières du Nord de l'Allemagne qui a développé les procédés et les méthodes de Rimpau de Brunswick.

La surface à exploiter est d'environ 1.200 hectares et la profondeur va de $4^m,50$ à $5^m,50$. Toute la partie de la tourbière qu ne sert pas actuellement à la fabrication de produits de la tourbe est cultivée.

La tourbière est une tourbière de plateau recouverte d'une couche de 20 centimètres environ de sphaignes employées pour la fabrication des litières.

Le drainage est fait au moyen d'un grand fossé coupant la tourbière et de fossés latéraux. Ce procédé l'égoutte bien jusqu'au fond et la tourbière sert de terrain de séchage ou de culture au fur et à mesure des progrès de l'exploitation.

L'installation comprend outre 10 machines à tourbe, 2 installations pour la fabrication de litière et de poussier de tourbe.

Une centrale de 200 chevaux alimente, par une distribution d'électricité à 3000 volts, des transformateurs qui débitent, aux moteurs actionnant les appareils, du courant alternatif à 300 volts.

Les machines à tourbe viennent pour la plupart de Königshütte à Lauterberg; elles ont un seul arbre à vis et un orifice à l'embouchure. Il y a aussi quelques machines Heinen à 2 arbres actionnées directement par locomobile.

Chaque machine occupe le personnel suivant :

    4 pelleteurs
    1 gamin plaçant les palettes
    1 chargeur de palettes
    3 pousseurs de wagons
    3 manœuvres au déchargement et au séchoir.

  Soit : 11 hommes et un gamin.

Chaque machine par heure produit 4000 mottes de tourbe mesurant humides $12 \times 13 \times 25$ centimètres ce qui correspond en dix heures à 19 ou 20 tonnes de tourbe séchée à l'air.

Le séchage et la mise en tas sur la tourbière reviennent à 4 fr. 90 la tonne en moyenne.

Une partie de la tourbe extraite est transformée en coke vendu 45 à 50 francs la tonne.

Dans les tourbières du centre de la France on a employé en 1917 une méthode et des appareils dus à la firme Pécard Mabille d'Amboise (Indre-et-Loire).

La tourbe brute est jetée dans des wagonnets, sorte de corbeilles, formés d'une paroi cylindrique démontable montée sur chassis à 4 roues.

Ces wagonnets sont amenés sous une presse à vis ou hydraulique, et l'ensemble est analogue aux presses à fruits employés par les vignerons ou dans les cidreries.

Le gâteau de tourbe comprimée est ensuite passé dans un macérateur du type des machines à tourbe allemandes ou suédoises.

La tourbe sort de la machine sous forme de boudin qui coupé en longueurs égales donne des briquettes de tourbe combustible.

Les tourbière du centre de la France sont constituées par des sphaignes et se présentent sous la forme de tourbières bombées, elles peuvent généralement être drainées et peuvent toujours être exploitées à sec, au louchet ou à l'excavateur.

Dans ces tourbières, les méthodes et appareils de M. Pécard Mabille semblent avoir donné de bons résultats. Les sphaignes se brisent assez bien sous la pression et après le malaxage final, la tourbe obtenue peut ne contenir que 60 et parfois 50 0/0 d'eau.

On laisse les briquettes de tourbe sécher à l'air quelques jours sur le sol ou sur des clayonnages et on achève le séchage, si l'on désire activer l'opération, en passant les briquettes dans un four à sécher.

Il est douteux que l'application puisse se faire avec le même

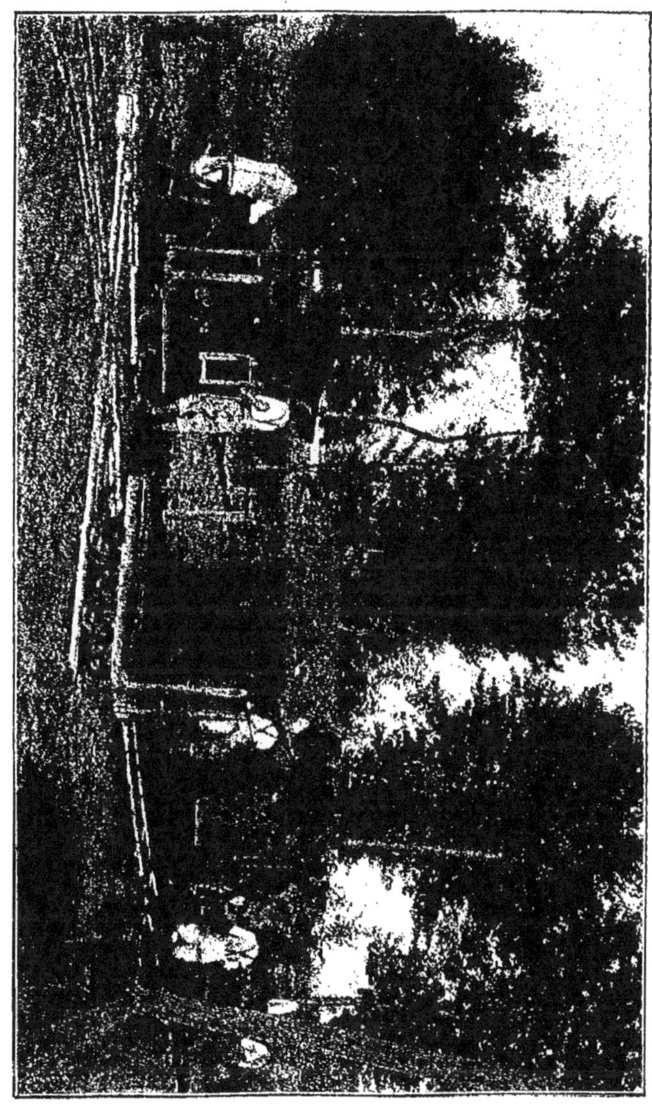

Fig. 124. — Vue générale de l'installation Mabille.

succès aux tourbières humides comme celles de la Picardie et de Saint-Omer ou la tourbière est non seulement noyée mais encore formée d'hypnes et de Carex qui paraissent devoir se prêter beaucoup moins bien à ce traitement.

La figure 124 montre l'ensemble d'une installation de ce genre.

CHAPITRE V

Poussier de tourbe

Le lieutenant H. Ekelund de Jönköping (Suède) a inventé, il y a une dizaine d'années, une méthode de fabrication de poussier de tourbe.

La matière première est de la tourbe coupée partiellement, séchée à l'air puis séchée artificiellement et pulvérisée. La tourbe brute est laissée en plein air pour geler ce qui aide à la pulvériser et permet de travailler la tourbe plus longtemps que par les autres procédés.

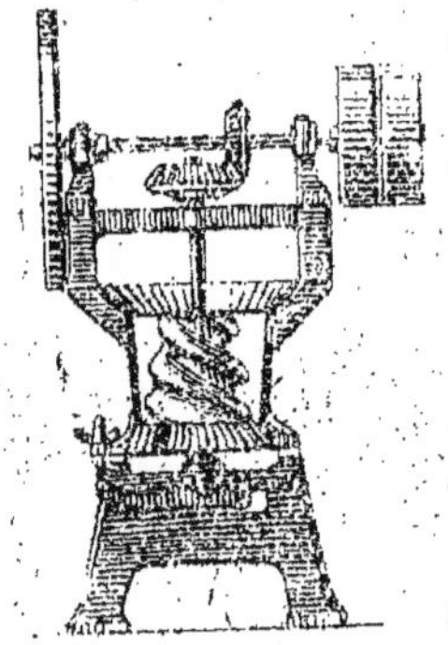

La méthode est employée à Baeck, en Suède. Nous avons vu page 125 comment s'y pratique l'extraction.

La tourbe extraite est chargée dans les hangars dans des wagons basculeurs d'une capacité de un mètre cube, lesquels, par treuil et câble, sont élevés à l'étage au-dessus du broyeur.

Fig. 125. — Broyeur à poussier de tourbe.

Par une trappe, la tourbe passe sur des rouleaux dentés. Après quoi, la tourbe passe dans un finisseur composé de deux disques munis de dents ou clous et tournant très rapidement. Les disques tournent en sens opposé et les dents ou clous sont placés de façon à pouvoir bien s'entrecroiser.

A la sortie du broyeur fin, la tourbe bien désagrégée passe dans un crible à fin où la plupart des fibres sont enlevées. La matière criblée est transportée par courroie au four, et de là elle est élevée au haut du four par une chaîne à godets.

Du four, le poussier séché passe à un crible à fin qui donne à peu près 40 à 50 0/0 de matière finie; le reste va au cribleur à gros où les fibres et les morceaux de tourbe non suffisamment broyés sout séparés les uns des autres. La matière criblée passe à travers trois moulins dont seulement deux peuvent fonctionner en même temps, à cause du manque de force motrice. Tout ce qui passe à travers le premier moulin est mis directement en sacs, mais le produit du second et du troisième moulin est de nouveau criblé à fin et l'on obtient ainsi un poussier très fin. La partie la plus grosse est rebroyée.

Le poussier en sacs imperméables est emmagasiné dans des hangars spéciaux pour être transporté à la station de Baeck.

Le four est ordinairement chargé de tourbe séchée à l'air; mais si la saison de séchage est défavorable, il peut arriver que la tourbe contienne encore 50 0/0 d'eau. Des essais faits avec une telle tourbe ont donné les résultats suivants :

	Tourbe brute			Tourbe séchée au four		
	1	2	3	1	2	3
Humidité	53,8	53,7	39,0	14,0	19,5	11,4
Matière volatile	32	32,9	40,6			
Carbone fixe	11	11,4	15,4			
Cendres	2	2	5			
Pouvoir calorif. effectif	2060	2070	2780			

	Poussier fin			Poussier pour chauffage		
	1	2	3	1	2	3
Humidité	13,6	17,2	11,2	14,0	8	17,2
Matière volatile	58,2	56,3	58,11			56,3
Carbone fixe	25,1	22,1	21,3			22,1
Cendres	3,1	4,4	9,4			4,4
Pouvoir calorif. effectif	4540	4170	4350			4170

	Nº 1	Nº 2	Nº 3
Poids de tourbe sèche			
Poudre fine	3.722	7.574	7.421
— non finie	1.146	365	943
— fibre sèche	116	72	253
Total	4.984	8.031	8.137
Poids de tourbe employée au chauffage	752 kg.	836	762
— pour mise en marche	185	229	150
Total	887 kg.	1.065	932
Poids de l'eau évaporée dans le four	4 313 kg.	6.103	3.722
— après le four	23	299	19
Chaleur apportée au four :			
a) Par la combustion du poussier	3.466.720	3.870.680	3 260,940 cal.
b) — de la tourbe	472.500	700.000	525.000
Total	3.939.220	4.570.680	3.785.940 cal.

Eau évaporée par 1.000 calories.........	1,100 kg.	1,300	1 kg.
Rendement du combustible.....	66 0/0	79,8 0/0 V	60 0/0
Production des fours en 24 h. (poudre)..	14.600	15.918	21.504 kg.
— (fibre)....	348	144	674
Poudre consommée 0/0 de produit fine..	14	11,6	9,3 0/0

D'après les essais, la production du four dépend de la quantité d'humidité contenue dans la tourbe et le produit fini; il faut tenir compte aussi des conditions physiques de la tourbe parce que la teneur en fibre dans la tourbe exerce proportionnellement une résistance à l'évaporation. Le rendement utile en combustible dans le four dépend de l'humidité permise dans la poudre finie, de sorte que, moins d'eau elle contient, plus grand sera le rendement.

En sortant du four, le poussier est chaud et, suivant la teneur en eau du produit une certaine quantité d'eau continuera à s'évaporer. Il sera donc avantageux de faire parcourir une certaine distance au poussier entre le four et le moulin.

15 tonnes de poussier à 12 ou 13 0/0 d'humidité ont été obtenues avec de la tourbe à 50 0/0 d'eau et 21 tonnes avec de la tourbe à 40 0/0 d'eau.

Dans le premier cas, on consommait pour le four 12 0/0 du produit, dans le second 9 0/0.

Le travail continu étant fait par deux équipes, chacune comprenant 7 hommes et 2 gamins occupés comme suit :

1 homme et un gamin pour charger la tourbe dans les hangars;

1 homme pour charger le broyeur à gros;

1 homme dans la chambre du broyeur;

2 hommes au moulin;

1 homme pour le four;

2 hommes pour le moteur;

1 gamin amenant la tourbe pour la chaudière.

Les hommes reçoivent 4 fr. 20 par jour, les gamins 2 fr. 80.

Avec une production de 15 tonnes prr 24 heures, le prix de la main-d'œuvre est de 4 fr. 65 par tonne (avec 21 tonnes, il est de 3 fr. 35).

Deux fours peuvent marcher avec le même personnel, les

salaires seront alors par 24 heures de 77 francs, ce qui pour 30 tonnes donne 2 fr. 55 et pour 42 tonnes : 1 fr. 85.

Il faut ajouter l'intérêt, l'amortissement de l'usine, la force motrice, l'huile, les frais de direction, d'assurance.

Pour produire 10.000 tonnes de poussier vendable et 800 tonnes pour chauffer les fours, il faut :

	40 0/0 d'eau	15 0/0 d'eau	Substance sèche
Poussier vendable	14.170	10.000	8.500
Fibre	600	420	360
Perte en fours	660	470	400
Chauffage des fours	1.130	800	680
Fibre	50	35	30
Perte en combustion dans les fours	50	35	30
Total	16.660	11.760	10.000

De 390 tonnes de fibre sèche on peut tirer 500 tonnes de tourbe litiére à 25 0/0 d'eau.

Le total de la tourbe nécessaire est donc (à 40 0/0 d'eau) :

Pour la marche de l'atelier de la tourbière	340 t.
Pour la marche de l'atelier du poussier	1.400
Pour le combustible aux fours	1.230
Poudre vendable	14.430
Total	18.400 t.

On évalue le prix de revient avec 15 0/0 d'eau à 14 francs, la tonne de tourbe séche.

Le poussier de tourbe fabriqué par ce procédé n'absorbe pas l'humidité et a la même densité que le charbon. Le chauffage avec les combustibles pulvérisés donne une plus grande efficacité en raison du mélange intime de l'air servant à la combustion et de la faculté de régler cet approvisionnement et de se rapprocher autant que possible de la quantité théoriquement requise pour la combustion. De plus, le feu avec le combustible en poudre est presque sans fumée et exige moins d'attention et d'expérience que l'ancienne façon de faire les feux.

Le poussier de tourbe est plus poreux que la poudre de houille ; il s'enflamme à une température moindre et l'on peut obtenir une combustion complète sans l'écraser complètement.

On peut aussi très facilement régler la température et avoir, si on le désire, une température très élevée.

Le professeur Odelstjerna a constaté après une série d'essais que :

1° Le combustible s'allume très facilement dans le foyer; mais il n'y a pas de danger de combustion spontanée ce qui est souvent le cas avec d'autres combustibles en poussier.

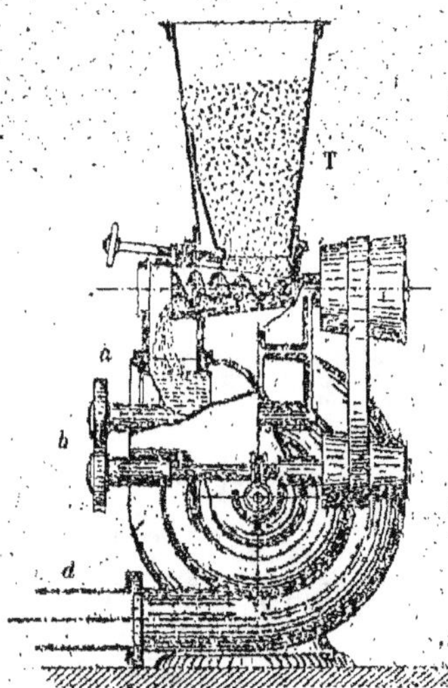

Fig. 126. — Appareil de P. de Camp.

2° La combustion du combustible peut être facilement réglée, de façon que la cendre soit toujours exempte de parcelles de charbon non brûlé et que le carbone et les hydrocarbures du combustible soient immédiatement transformés en acide carbonique et en eau; donnant ainsi la température la plus élevée avec une flamme faiblement ou fortement oxydante (la première avec juste assez d'air pour la combustion, la dernière avec un excès d'air).

La combustion peut aussi être réglée de façon à former un gaz de gazogène avec seulement une petite partie d'acide carbonique et dont la température est relativement élevée.

Ce gaz chaud est alors emporté dans la chambre proprement dite du fourneau où il se transforme par combustion en acide carbonique en y donnant la température la plus élevée.

Le gaz de gazogène peut être alors employé pour la réduction ou le réchauffage des fourneaux.

3° Le changement de la flamme d'oxydation en flamme de réduction et vice-versa peut se faire facilement.

4° La quantité de combustible et la quantité d'air requise en

tout temps et dans l'un ou l'autre cas peut être réglée exactement comme on le désire et s'il n'y a pas de changement à
faire, il n'y a pas besoin de veiller au fourneau aussitôt que les
registres sont réglés.

5° Le poussier donne la température la plus élevée qu'on

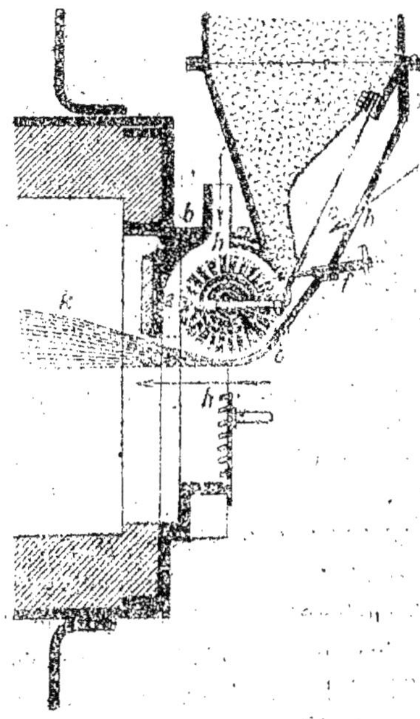

Fig. 127. — Appareil de Schwartzkopp.

puisse employer dans les fourneaux, et une consommation
moindre qu'avec les autres combustibles solides.

6° Les fourneaux à poussier de tourbe coûtent beaucoup
meilleur marché que ceux pour les autres combustibles.

L'appareil F. de Camp (1) est représenté figure 126. Le poussier est livré au moyen d'une vis conique C dans l'entonnoir T
à un tamis rotatif D. La alle est finement divisée et intimement
mélangée à l'air, allumée par l'aspirateur A et poussée dans le

(1) Rapport de Larson et Wallgreen. P. 338.

foyer par le tuyau A ; la vis conique C est commandée par une courroie et une poulie conique, et en avançant la courroie d'un côté ou un autre on obtient plus ou moins de vitesse. La quantité de poussier peut être réglée dans une certaine mesure par ce moyen, mais pour pouvoir mieux régulariser l'alimentation on place au-dessus de la vis une plaque mobile K régularisant l'air qui entre.

L'appareil de Schwartzkopp est analogue (fig. 127).

En mars 1912, von Porat a pratiqué des essais sur une locomotive entre Stocksund et Rumbo, avec retour sur le chemin de fer de Roslagen, soit 125 kilomètres. L'allumage se faisait au charbon ou à l'huile dès que la combustion était commencée, ce feu était éteint. L'admission était réglée suivant la consommation de vapeur.

Un petit feu pouvait être gardé une heure sans devoir le rallumer.

Suivant des essais pratiqués à la Steam Boiler Society $1^{kg},400$ de poussier équivaut à 1 kilogramme de houille. D'autre part, 1 kilogramme de poussier avec 17 0/0 d'humidité évapore $5^{kg},27$ d'eau.

Dans le Teknisk Tidskift du 8 mars, M. Carl Flodin décrit les intéressants essais faits sur une locomotive à marchandises de l'Etat suédois aménagée pour brûler du poussier de tourbe.

Cette locomotive ne se distingue extérieurement des machines chauffées à la houille que par la disposition du tender. Celui-ci est caractérisé par des soutes à poussier de tourbe établies au-dessus de la caisse à eau et complétement fermées, la toiture étant pourvue de deux vannes hermétiques pour le remplissage. Le fond est disposé en trémie dont les parois sont revêtues de tôles étamées facilitant le glissement du poussier ; du fond part une tuyauterie dont le principal élément, dit tuyau régulateur, se termine en forme de cône et s'engage dans une conduite de circulation régnant du fond jusqu'au sommet.

Pour l'acheminement du poussier jusqu'au foyer, le système Porat est le dispositif le plus particulièrement expérimenté sur les chemins de fer suédois. L'élément essentiel de ce système

est une connexion entre le mécanisme de distribution de la
locomotive et la réserve de combustible, connexion qui régu-
larise l'action d'une petite machine soufflante, actionnée par
la locomotive, envoyant dans la tuyauterie l'air qui entraîne
le poussier de la soute vers le foyer. Le système est étudié de
manière que le combustible ne soit projeté que pour une certaine pression d'air.

L'application en a été faite à une locomotive de l'Etat suédois, étudiée, en collaboration, par l'inventeur et la société des
Ateliers de Motala.

Les principales caractéristiques de cette locomotive sont les
suivantes :

Diamètre des cylindres.	500 mm.
Longueur de course	640
Diamètre des roues motrices	1 386
Pression	12 kg.
Surface de chauffe	10,7 m.
— tubulaire	92,6
— de surchauffe	28,0
Nombre de tubes diamètre 50/44	118 mm.
— 131/122	18
Longueur entre plaques tubulaires	4.000 m.
Effort de traction $= \dfrac{0,65 \times p \times d^{a} \times 1}{D}$	9.000 kg.
Poids adhérent	51 t.
Poids en service de la locomotive	51
Poids en service du tender	36
Eau dans le tender	14
Combustible (poussier de tourbe)	4

Les figures 128 et 129 montrent la disposition de la boîte à
feu et du dispositif d'alimentation en combustible.

Le combustible passe de *a*, partie inférieure de la soute, jusqu'au foyer en s'écoulant par le tuyau *c* (fig. 128 et 129).

Le devant du foyer est fermé par la porte *f* dans laquelle se
trouve un passage pour l'air de la combustion, muni d'une
valve régulatrice *l*.

Le foyer comporte aussi, au débouché du tuyau d'amenée,
une petite grille distincte *n*, permettant d'entretenir à part un
feu de houille pour l'allumage du poussier. La consommation
de ce charbon de terre est en moyenne de 3 à 4 kilogrammes

pour 100 kilogrammes de poussier. La soute réservée dans le tender en contient environ 300 kilogrammes. Le tuyau c débouchant dans la paroi haute du foyer a son extrémité inférieure retournée verticalement et terminée par un entonnoir f. L'air s'introduit dans le tuyau e, grâce à l'ouverture g, en arrière de l'entonnoir.

La valve glissante h ferme l'ouverture de vidange de la soute au poussier et elle est reliée à la tige h_1 d'un piston h_2 (fig. 128 et 129) mobile dans un cylindre alimenté par la vapeur de la chaudière. Le piston est maintenu par un ressort dans la posi-

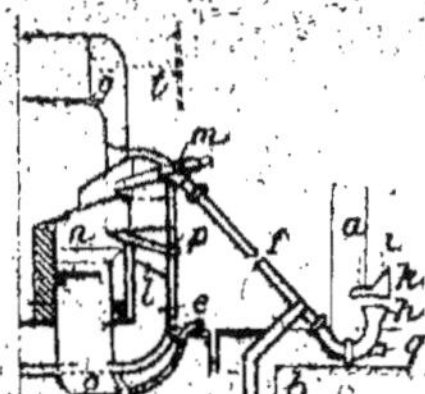

Fig. 128. — Disposition de la boîte à feu.

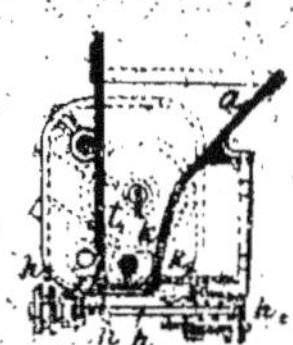

Fig. 129. — Alimentation en combustible.

tion correspondant à la fermeture de la valve ; il porte des butées mobiles h_3 servant à ajuster l'ouverture de la valve et à régler convenablement l'écoulement du poussier.

La tige régulatrice q commandant la soupape pour l'accès de la vapeur au cylindre est munie d'une poignée t placée au-dessus de la porte du foyer.

Un compartimentage en maçonnerie et en dalles réfractaires subdivise comme suit le foyer : 1° une chambre d'allumage, 2° deux conduits latéraux ; 3° une chambre supérieure où les gaz de la combustion sont brassés avant de passer dans les tubes. Des regards de nettoyage permettent de recueillir les cendres déposées sur les soles des compartiments et de les évacuer par le fond du foyer.

La locomotive est munie d'un souffleur ; le dispositif fourni avec la machine, et représenté par la figure 130, n'ayant pas donné de bons résultats avec le poussier, on a adopté celui de la figure 131, qui a été expérimenté avec succès sur les chemins de fer de Finlande.

La machine n'a pas été munie de pare-étincelle, parce que les étincelles projetées par la cheminée sont très petites, paresseuses et s'éteignent à l'intérieur de la plate-forme.

En somme, l'aménagement nécessaire pour brûler le poussier de tourbe est simple et peut être réalisé, sans modification

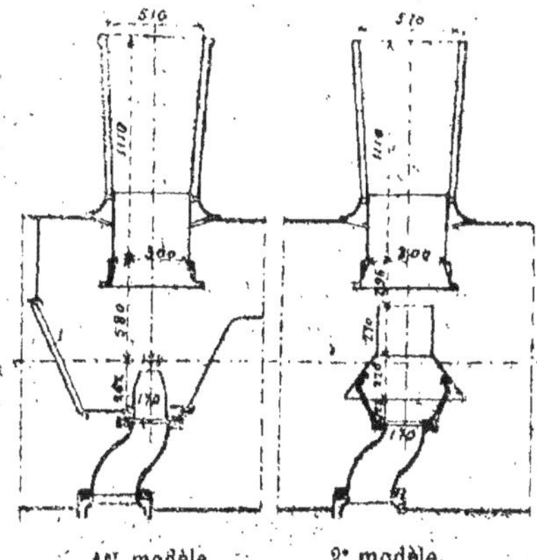

Fig. 130 et 131. — Souffleur de la locomotive.

importante sur les locomotives construites pour brûler de la houille.

Pendant tout l'automne de 1915, la locomotive décrite a fait le service de la ligne Hallsberg-Mjölby (96 kilomètres); auparavant, elle avait circulé sur les lignes d'Alvesta à Hässleholm et de Tomteboda à Upsal, et, dans l'été de 1915, elle av   été aux ateliers de Motala pour recevoir les améliorations jugées opportunes.

En novembre 1915, des épreuves comparatives ont été faites sur le parcours Hallsberg-Mjölby ou inversement, avec un train de 700 tonnes à la vitesse moyenne de 35 kilomètres, puis avec un train de 300 tonnes formé de matériel à bogies, à la vitesse de 35 kilomètres.

L'analyse faite au laboratoire des chemins de fer de l'État a donné la composition comparative suivante du poussier de tourbe (4400 calories) et de la houille (7240 calories).

	Poussier de tourbe 0/0	Houille 0/0
Charbon...........	47,0	73,5
Hydrogène. ...	4,5	4,4
Oxygène...	29,5	8,6
Soufre........	0,5	5,1
Azote...... .. .	1,1	1,2
Cendres.... . ..	3,2	6,2
Eau........	14,2	4,6
Total. ...	100	100

Le poids d'eau vaporisée par kilogramme de combustible ressort en moyenne à $4^{kg},33$ pour le poussier de tourbe contre $6^{kg},84$ pour la houille. Mais le calcul des températures obtenues dans le foyer donnerait pour le poussier 1670° contre 1510° pour la houille.

Le but principal des essais était de déterminer les consommations respectives de poussier et de houille nécessaires pour produire une même quantité de vapeur et exécuter le même travail de traction. Les résultats obtenus ont montré que $1^{kg},45$ de poussier équivalait à 1 kilogramme de houille, en admettant que les pouvoirs respectifs soient de 4300 et 7000 calories.

La dépression dans la boîte à fumée est sensiblement plus élevée avec le poussier qu'avec la houille.

La provision de poussier qui peut être contenue dans le tendeur, 4000 kilogrammes peut assurer un parcours de 100 kilomètres à un train de marchandises de 650 tonnes et de 130 kilomètres à un train de voyageurs de 300 tonnes.

CHAPITRE VI

Agglomérés de tourbe.

On a autrefois essayé d'obtenir des briquettes de tourbe en incorporant à la tourbe des produits chimiques. Il n'y a guère d'exemple que les résultats obtenus aient été encourageants.

Le mieux que l'on ait fait, semble-t-il, était l'introduction dans la tourbe brute d'une certaine quantité de chaux, additionnée de nitrate de potasse pour absorber l'humidité. Les inventeurs prétendaient obtenir par pression un combustible équivalent au charbon de bois pour une dépense de produits chimiques d'environ 1 fr. 30, ce qui permettait de produire le combustible pour 7 fr. 50. Les résultats obtenus un peu partout dans des conditions assez semblables autorisent au scepticisme.

On a employé les liants les plus divers pour fabriquer les briquettes de tourbe.

Nous nous bornerons à citer quelques compositions comme exemple :

		A	B
N° 1	Tourbe	50 à 70 0/0	
	Charbon bitumineux	23 à 48	
	Sel	2 à 5	
N° 2	Tourbe	10 à 60 0/0	
	Charbon	30	25
	Goudron de houille	7	10
	Chaux	2	2
	Marne	2	2
	Sel	2	2
	Borax	2	0,5
N° 3	Tourbe	50	
	Coke	30	
	Asphalte de la Trinité	5	
	Résine de la Caroline du Nord	5	
	Marne	2 1/2	
	Chaux	5	
	Borax	2 1/2	

N° 4	Tourbe..............................	250 kg.
	Sciure de bois...................	250
	Poussier de charbon bitumineux..	10 0/0
	Chaux............................	13,500 kg.
	Goudron..........................	13,500 l.
	Terre végétale	90,000
	Eau	31,500
N° 5	Poussier de charbon..............	1.000 kg.
	Menu charbon	4.000
	Tourbe...........................	50
	Brai	65 l.
	Déchet de graines de coton d'huilerie	25 kg.

Procédé Duclos. — Dans ce procédé, imaginé au Canada, la tourbe partiellement séchée et broyée est mélangée avec une matière inflammable pour faciliter la combustion après quoi elle est complètement séchée et même légèrement carbonisée. Elle est alors moulée en briquettes.

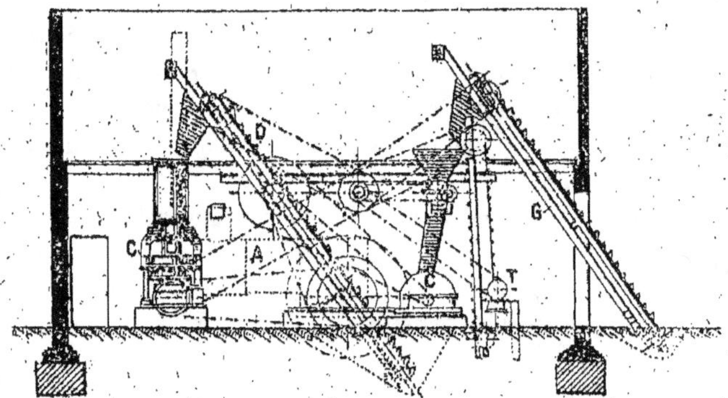

Fig. 132. — Usine Stevens. Coupe.

La tourbe brute telle qu'elle vient de la tourbière est d'abord passée dans un désagrégateur rotatif puis mélangée avec 5 à 6 0/0 de pétrole ou de matière grasse contenant 2 à 3 0/0 de potasse caustique. Le mélange est séché à une chaleur modérée et constante, à l'air libre sur un four à double fond, et pendant la dessication la masse est remuée et retournée pour que la chaleur agisse partout régulièrement.

Procédé Greeley. — La tourbe est traitée chimiquement pour la rendre susceptible d'abandonner par pression l'eau qu'elle contient.

Le produit brut est d'abord passé entre deux cylindres qui broyent les mottes et les racines, il est ensuite jeté dans un grand récipient. On y ajoute 2 à 3 fois son volume d'eau et une solution de carbonate de soude. On porte le mélange à l'ébullition pour détruire les cellules et dissoudre les matières agglu-

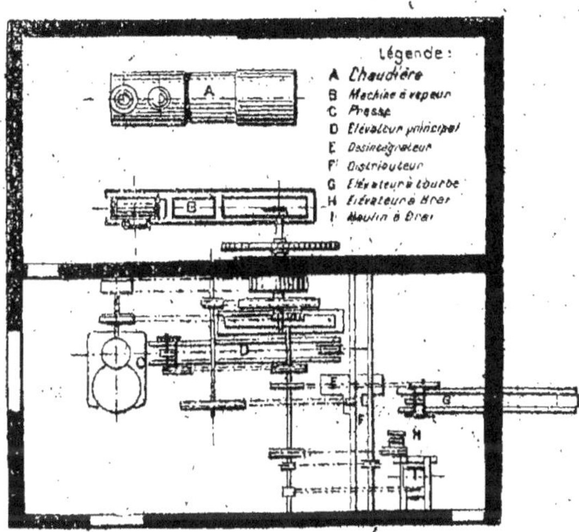

Fig. 133. — Usine Stevens. Plan.

tinantes. La masse est continuellement remuée pendant cette opération.

Le mélange est alors refroidi et l'on y ajoute petit à petit une solution froide d'alun qui neutralise la soude, précipite les matières agglutinantes qui sont entrées en solution, et l'on obtient de la sorte une tourbe coagulée. Après drainage, l'eau qui reste est expulsée par pression.

Procédé Stevens. — La tourbe extraite est amenée à l'usine dans des wagonnets, qui la déversent dans la fosse d'un élévateur G qui l'amène au premier étage de l'usine. En même temps, le brai est amené dans un broyeur I dans lequel il est grossièrement moulu et par un élévateur amené au premier étage. La tourbe et le brai sont alors introduits chacun dans un compartiment distinct de la trémie du distributeur. Cet appareil règle les proportions de tourbe et de brai à distribuer

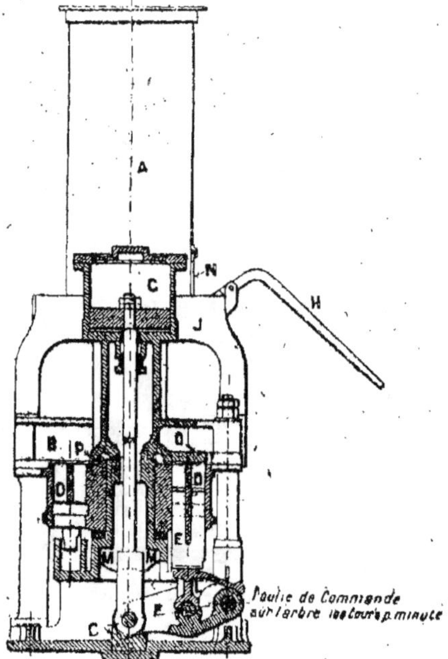

Fig. 134. — Press Stevens.

dans la trémie du désagrége'ta joùn les deux produits sont broyés et soigneusement mélangés, avant d'être délivrés dans la trémie de l'élévateur principal qui dessert la presse à briquettes. Au moyen d'un chauffage par la vapeur, on fond le brai avant de l'introduire dans la presse d'où elle sort en briquettes.

Un malaxeur muni de bras en acier tournant constamment reçoit ce mélange amené par l'élévateur principal, dans ce malaxeur se trouvent un certain nombre de jets de vapeur donnant de la vapeur à 12 kilogrammes exempte d'eau. Le mélange traverse le malaxeur sous l'action des bras qui le font descendre lentement tout en l'agitant constamment, et pendant cette opération le brai est fondu par la vapeur avec laquelle il se trouve en contact. Le mélange ou plutôt la pâte qui en résulte tombe dans une cuve qui sert à l'alimentation de la presse, mais, permetau mélange avant le moulage de rester quelques minutes exposé à l'air ce qui améliore la pâte en vue de la compression.

Le moulage est fait sur une table portant 10 moules susceptibles de faire chacun 1 ou 2 briquettes par course, le démoulage est fait mécaniquement par un éjecteur. Le mouvement est commandé par un cylindre à vapeur dont le piston, par un levier et une came, agit sur le piston de compression. La table tourne d'un dixième de tour à chaque course du piston principal, et les pistons de compression pendant la rotation de la table viennent par leur extrémité extérieure en contact avec un chemin sur lequel ils glissent. Ce chemin est tracé de telle façon que le piston soit forcé de se lever, amenant la briquette à la surface de la table où un bras mobile la fait passer sur un transporteur à ruban.

Cette machine très robuste et fort bien comprise (fig. 134) peut faire par heure 5 tonnes de briquettes mesurant $20 \times 15 \times 9,5$ cm. pesant environ $3^{kg},5$ si la machine fait 1 briquette par course, ou $15 \times 10 \times 9,5$ si la machine fait deux briquettes par course.

La presse de Stevens est fabriquée ainsi que toute l'Installation par Uskside Engeneering C° à Newport.

En Russie, on imprègne la tourbe ordinaire de pétrole brut ou de résidus de pétrole.

Ce produit est imperméable à l'eau, et ne prend aucune humidiié, même après un séjour dans l'eau, il ne tombe pas en poussière comme la tourbe ordinaire et son pouvoir calorifique est presque aussi élevé que celui de la houille.

CHAPITRE VII

La carbonisation humide

A. — Expériences d'Ekenberg.

En soumettaut la tourbe à l'action de la chaleur, on observe
que le pourcentage de carbone augmente graduellement avec
la température. Au lieu de sécher la tourbe en étuve, on peut la
carboniser par la chaleur, en présence d'eau, qui, baignant
chaque particule de tourbe, agit comme agent de transmission.
L'eau est meilleur conducteur que les gaz et permet une carbonisation plus régulière sous une action plus uniforme; une
température plus constante et plus facile à contrôler. Le
chauffage se faisant en vase clos on évite l'évaporation.

Le tableau ci-dessous montre la différence des résultats obtenus par la carbonisation en présence d'eau et la carbonisation
sèche.

Le produit employé est de la tourbe sèche. Pour la carbonisation humide on ajoute 7 fois le poids d'eau.

Température (degré centigrade)	Charbon obtenu 0/0	
	Carbonisation sèche	Carbonisation humide
160	98,5	97,8
180	92,6	93,5
200	80,2	91,1
220	70,1	87,4
240	59,6	84,5
260	51,8	78,2

Dans la carbonisation sèche, il se dégage de grands volumes
de gaz, accompagnés de goudrons, de vapeurs d'eau et d'acides.

Dans la carbonisation humide, on n'observe pratiquement
aucun dégagement gazeux. Le goudron demeure dans la tourbe
et l'on ne trouve que des traces d'acides formés pendant l'opération.

Dans l'eau expulsée par pression, après l'opération, on trouve des composés organiques neutres et de poids moléculaire élevé; la proportion peut aller de 0,1 à 0,6 0/0. Ce sont des produits dérivés de l'hydro-cellulose, donnant, avec la liqueur de Fehling, la réaction du sucre. Le pourcentage de ces produits diminue quant la température croît. La pulpe obtenue par carbonisation humide contient plus d'eau après l'opération.

	Température de carbonisation	
	180°	200°
Proportion d'eau avant chauffage........	87,5 0/0	87,5 0/0
Proportion d'eau après chauffage........	88,3	88.6
Matières solides entraînées par l'eau......	0,3	0,4

Dans la fabrication de combustible cette diminution de poids correspondant à une formation d'eau pendant l'opération n'est pas considérée comme une perte. La valeur du produit, son pouvoir calorifique est augmenté d'autant, comme le montre le tableau suivant :

	Calories-kilogr.
Tourbe S brute exempte d'eau..	5.571
Tourbe carbonisée humide à 170°	5.880
225	5.480
320	6.850
Tourbe L brute exempte d'eau............	5.151
Tourbe carbonisée humide à 160°	5.210
180	5.830
200	5.980
230	6.200

Le pouvoir calorifique paraît dépendre principalement de la température employée. A une certaine température, la tourbe de formation récente donne un produit de même pouvoir calorifique que la tourbe mûre.

C'est là un point de grande importance, qui permet d'obtenir un produit uniforme avec les différentes couches de la tourbière.

Il semble que la seule différence entre la tourbe de formation récente et la tourbe mûre soit la formation d'eau. La jeune tourbe forme plus d'eau, donne un rendement un peu moindre.

L'accroissement du pouvoir calorique, l'augmentation de la proportion de carbone se voient dans les deux tableaux suivants :

	Tourbe brute	Tourbe S Tourbe carbonisée humide à 170°
Carbone	56	60.20
Hydrogène	5.90	6
Azote	1.33	1.38
Oxygéné	32.68	28 32
Cendres	3.50	3 70

| | Tourbe L, carbonisée, humide à | | |
	180° C	200° C	220° C
Carbone	61 9'	63.8	65.9
Hydrogène	6.8	6.3	5.8
Azote	1.2	1.1	1.1
Oxygène	27.1	25.7	24.0
Cendres	3	3.1	3.2

Les gâteaux sortant de la presse montrent une teneur en azote un peu plus élevée que la tourbe brute, c'est le résultat de la concentration supportée par la tourbe comme le montre l'analyse d'une tourbe irlandaise.

	Tourbe brute	Tourbe carbonise humide à 180°
Azote dans la matière sèche	1.10	1.17
Azote dans l'eau expulsée	0,02	0,009
Pertes	—	0,06

Pour déterminer l'action de la chaleur à différentes températures, le Dr M. Ekenberg choisit une tourbe très savonneuse, noire, très riche en hydro-cellulose. La teneur en eau fut portée à 87 0/0 par l'addition de l'eau nécessaire, ce qui correspond à un poids d'eau égal à 7 fois le poids de tourbe.

La tourbe fut réduite en pulpe homogène, passée à travers un tamis à mailles de 1 millimètre carré. Dans un filtre presse, sous une pression de 20 atmosphères. il fut impossible de séparer l'eau et les tissus crevèrent. On obtint, en faisant varier la température, les résultats ci-dessus :

	Température Degré centigrade	Eau par kg. de tourbe restant dans le gâteau	Eau expulsée par kg. de tourbe
Tourbe chauffée à	80°	—	—
—	100	5,878 kg.	0,454 kg.
—	125	5,824	0,910
—	150	3,174	3,174
—	160	1,814	4,520
—	180	1,360	5
—	200	0,980	5,424
—	220	0,680	5,600
—	240	0,454	5,878

Les expériences furent répétées plusieurs fois et dans le but de contrôler les résultats on employa des tourbes de différentes espèces. Les résultats furent sensiblement les mêmes.

La tourbe carbonisée à 180° en présence d'eau sous la pression des doigts laisse facilement échapper l'eau qu'elle contient. La carbonisation est instantanée, et si l'on prolonge la durée de l'opération on n'obtient pas de meilleurs résultats.

A 150° l'hydro-cellulose commence à se décomposer et une modification se produit subitement, la tourbe commence à perdre son eau sous l'action d'une compression.

Le Dr Ekenberg fit une série d'observations sur une pulpe brute contenant 7 fois son poids d'eau, et observa nettement l'influence de l'hydrocellulose.

Il s'est également préoccupé de l'influence du temps sur les résultats de la compression. Une élévation trop subite de la pression ne laisse pas à l'eau le temps de s'écouler, un accroissement général de la pression jusque 50 atmosphères en une minute et demie ou en cinq ou dix minutes ne donne pas de différences, s'il s'agit de tourbe carbonisée en présence d'eau.

Si la tourbe contient de l'hydro-cellulose l'eau demande beaucoup plus de temps pour s'écouler et dans ce cas le temps joue un grand rôle sur les résultats.

Les résultats des expériences d'Ekenberg montrent qu'un chauffage préalable à une certaine température permet d'expulser l'eau par des moyens mécaniques sous une faible pression. Ils montrent au surplus que le traitement fait disparaître les différences existant entre les diverses sortes de tourbe, les convertissant toutes en un produit de propriétés uniformes et de même valeur, comme combustible. Comme base pour un procédé commercial, le traitement présentait l'avantage de ne pas nécessiter de produits étrangers. La chaleur et la force motrice nécessaires peuvent être produites par une partie de la tourbe elle-même et l'exploitation est indépendante du temps et de la saison.

La carbonisation est instantanée et le temps nécessaire pour transformer la tourbe en combustible se limite au temps néces-

saire pour le chauffage, le refroidissement et la pression.
Celle-ci peut être faite en une minute et le chauffage, comme le
refroidissement, ne demandent pas plus de temps que pour
l'eau, pourvu que l'on emploie un appareil convenable.

Là où le séchage par l'air demande de 1 à 3 mois, avec des
installations convenables, la carbonisation en présence d'eau
ne demande pas plus de 30 minutes en tout.

Il reste un point important à examiner : Combien faut-il,
pour la chaleur et la force motrice absorbées par le procédé,
consommer de tourbe. Quelles sont d'abord les quantités de
chaleur nécessaires ?

Pour chauffer la tourbe, disons à 200°, il ne faut pas plus de
200 calories par kilogramme, la chaleur spécifique de la pulpe
étant 0,92 c'est-à-dire pratiquement 1. Comme une certaine
quantité de chaleur peut être récupérée, il ne faut qu'une
partie des 200 calories pour atteindre la température de carbonisation. La tourbe chauffée peut en effet en se refroidissant
réchauffer la tourbe brute et permettre de réaliser une grande
économie.

Ekenberg a essayé la régénération de la chaleur sur une
grande échelle avec un appareil de laboratoire consistant en un
double tube dans lequel un espace de 15 millimètres était libre
entre le tube intérieur et le tube extérieur. La tourbe brute
passait dans l'espace annulaire puis revenait après carbonisage
par le tube intérieur. La pression à l'intérieur de l'appareil
empêchait la formation de vapeur et maintenait la température désirée.

Les moyennes des résultats de ces expériences sont consi-
gnées dans le tableau suivant :

Température de carbonisation (degré cent)...	180°	200°	220°
Température de la pulpe brute....................	21	19	11
Température refroidie............................	89	93	80
Régénération	91	107	140
Dépense de calorie pour l'opération.............	68	71	66

Il semble qu'on puisse conclure de ces résultats que 55 à
65 0/0 de la chaleur peut être régénérée et que plus élevée sera
la température de carbonisation, meilleure sera la régénération.

À ce point de vue la carbonisation humide est nettement supérieure à la carbonisation sèche. L'appareil peut être construit sur le principe d'une chaudière tubulaire. La régénération de la chaleur se résout par un appareil présentant une surface de refroidissement suffisante.

Des essais furent entrepris sur une grande échelle avec un système de 52 tubes, sur 200.000 litres de pulpe et donnèrent les résultats suivants :

Température moyenne au bout des tubes chauffés.	152°
Température de la pulpe brute....................	10
Température de la pulpe à la sortie:.............	80
Régénération....................................	72
Dépense pour l'opération........................	70° calories

On sait par expérience que l'on ne peut utiliser que 70 à 80 0/0 de la chaleur développée par un combustible gazeux, le solde étant absorbé par les pertes par radiation et par la cheminée.

Si l'on applique ces bases à la carbonisation humide, on voit qu'il faudra de 20 à 100 calories par kilogramme de pulpe humide, ce qui correspond aux résultats des expériences.

En partant d'une tourbe moins bien formée, ayant un pouvoir calorifique de 5.600 calories, on arrive aux résultats suivants :

800 kilogs de tourbe contiennent 100 kilogs de tourbe sèche d'un pouvoir calorifique égal à 5.600 :

Chaleur disponible dans le combustible............	560.000 calories
Chaleur absorbée par la carbonisation............	80.000
Reste disponible............	480.000

soit 85,7 0/0 de la matière, 14,3 0/0 de la tourbe contenue dans la pulpe étant utilisé dans le four à carboniser.

Ces conditions permettent donc d'élaborer un procédé industriel. Étant donné le peu de valeur des tourbières, le combustible ne coûte que les dépenses à faire pour l'extraire et l'amener à l'usine.

Le briquettage de la tourbe carbonisée est analogue à celui du lignite, une fabrique de briquettes de lignite convient parfaitement pour le traitement de la tourbe carbonisée.

Le Dr Ekenberg a fait briquetter vingt tonnes de tourbe carbonisée dans une fabrique allemande de briquettes de lignite, il déduisit de cet essai que 37 0/0 du combustible contenu dans la tourbe brute devait être consommé pour l'opération.

M. Dellwick, étudiant le coût de fabrication de la tourbe carbonisée et mise en briquettes, est arrivé aux chiffres suivants :

Production journalière................	100 tonnes
Valeur de la tourbe...................	75 francs
Salaires des ouvriers mécaniciens pour l'extraction.........................	29
Salaires des manœuvres...............	30
Salaires des ouvriers à l'usine.........	250
Amortissements et entretien..........	300
Administration et commerce..........	150
Total...............	834 francs

soit 8 fr. 35 par tonne.

Si l'extraction se fait à la main, le prix de revient monte à 11 ou 12 francs, parfois plus, suivant les conditions locales.

Les briquettes obtenues ont une surface noire, très compacte, un aspect très semblable à celui des briquettes de lignite.

L'eau n'a pratiquement aucune action sur elles.

Quelques briquettes plongées dans l'eau augmentaient de poids comme le montre le tableau suivant :

Désignation	Augmentation du poids	
	Après 1 jour	Après 1 semaine
Petites briquettes très lisses :		
Carbonisées à 2 0°.	0,04	0,07
Carbonisées à 180°.	0,7	0,09
Grandes briquettes fendillées.	0,6	0,8
Lignite	1,8	1,8
Briquette de tourbe séchée à l'air	2,5	6,1
Agglomérés de houille de Lancashire . . .	0,8	0,9

Il ne doit pas y avoir d'absorption d'eau au vrai sens du mot, dans la houille l'eau est seulement attirée par action capillaire dans les fentes du charbon.

Les briquettes de tourbe carbonisée humide brûlent avec une flamme longue, bitumeuse et s'enflamment rapidement. De petits morceaux peuvent être enflammés avec une allumette absolument comme le bois.

Avec une cheminée ordinaire on n'a guère de fumée.

Le tableau suivant donne la composition des briquettes :

Désignation	Température de carbonisage	Cendres	Humidité	Pouvoir calorifique
Petites briquettes	200	3 8 %	2,9	6.280
— —	180	3,7	4,1	5.374
Grandes briquettes (Lewes). .	155	4,46		5.136
— — (Pattinson) .	155	4,93		5.250
Briquette allemande	»	4,1	14.5	3.910
Tourbe séchée à l'air :				
Houille anglaise.		5,2	6,5	8.800
— allemande		6,0	8,5	7.400
Briquette de lignite. . . .		9,1	12,6	4.900
Agglomérés de houille (belges) .		6,2	7,5	7.800

La densité des briquettes de tourbe carbonisée humide sera de 1,29 à 1,35. Une tonne de briquettes occupe un espace de 25 0.0 moindre que le même poids de houille.

Un chauffage subit suivi d'un refroidissement ne désaggrège pas la tourbe carbonisée humide qui peut être brûlée dans les foyers industriels sans qu'on les modifie.

Les résultats obtenus dans les essais de combustion ont toujours été supérieurs à ce que l'on escomptait. Lewes prétend trouver l'explication du fait en disant qu'il faut moins d'air pour la combustion complète de la tourbe et que la chaleur est mieux utilisée.

La valeur de la tourbe ne doit généralement par se déduire du nombre de calories, mais de résultats pratiques.

B. — Procédé Ekenberg

Le procédé Ekenberg a été employé à Stafsjö (1).

La machine à traiter la tourbe est une machine Anrep dans laquelle l'embouchure a été remplacée par une plaque d'acier munie d'un certain nombre de trous dont la surface totale est égale à la surface libre de la machine. En avant de la plaque d'acier se place un couteau rotatif qui nettoie les trous et coupe toute substance fibreuse qui n'a pas encore été réduite en pâte.

(1) Rapports des ingénieurs Larsonn et Walgreen du gouvernement suédois.

La machine débite 350 mètres cubes de masse de tourbe par 8 heures.

Cette masse réduite en pâte est transportée à l'installation

Fig. 135. — Installation Ekenberg pour carbonisation humide.

dans des wagonnets à bascule, et livrée à un élévateur qui la transporte à un réservoir pouvant contenir assez de matière pour faire marcher l'installation 5 ou 6 jours pour n'être pas dérangé par les réparations ou l'arrêt de la tourbière. L'étape suivante du procédé consiste à amener continuellement la masse de tourbe dans l'appareil où elle est chauffée sous pression à une température de plus de 150°, et à l'en faire sortir.

On employait à Stafsjö, pour faire circuler la masse de tourbe, une pompe dite « pompe Brei » construite par Eberhardt de Wolfenbüttel.

L'appareil à chauffer la tourbe (fig. 135) se compose essentiellement d'un système de tuyaux doubles : l'un intérieur, l'autre extérieur, ce dernier muni d'un pas de vis et d'un dispositif pour le faire tourner.

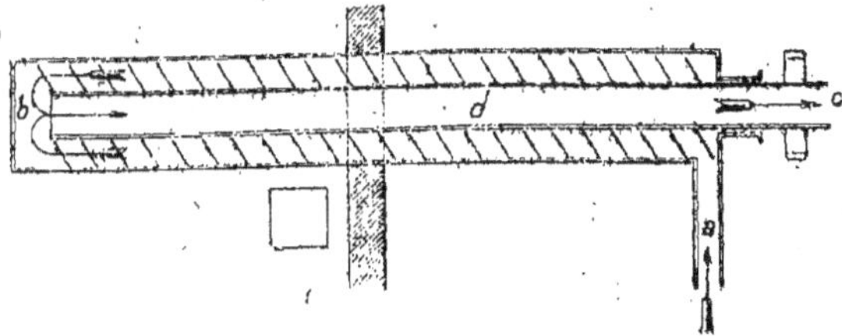

Fig. 136. — Schéma de l'appareil d'Ekenberg.

Un four consiste en 52 de ces tuyaux doubles, avec un accès commun à tous les tuyaux intérieurs. La pompe fait entrer de force l'amas de tourbe dans l'espace entre les tuyaux et par la rotation du tuyau intérieur avec son pas de vis, la masse de tourbe est avancée dans le sens de la pression.

Les tuyaux de Stafsjö ont 11 mètres de longueur ; si l'on considère seulement un tuyau de ce système ; l'opération est la suivante :

La masse de tourbe est poussée en (a) au moyen du pas de vis sur le tuyau (b) et, par la pression, s'avance vers (d) où elle tourne et pénètre dans le tuyau intérieur (d'), vers le débouché (c) qui est combiné avec un régulateur pour assurer l'égalité de pression. La moitié du tuyau est chauffée à la température requise au moyen d'un foyer (à Stafsjö, la température a été maintenue entre 150 et 155°). La masse de tourbe qui y est poussée est par conséquent chauffée durant son passage (a) vers b) d'abord par la chaleur de la masse sortante dont une grande partie se transmet à la masse entrante et plus tard par le feu du foyer au point où il est le plus chaud.

A une température de 155° correspond une pression de 55 atmosphères, mais la pompe maintient une pression un peu supérieure pour qu'il ne puisse absolument s'y former de vapeur.

Dans ce cas, la masse poussée à l'intérieur est capable d'absorber toute la chaleur de la masse poussée au dehors et les masses entrante et sortante devraient avoir les mêmes températures si les tuyaux pouvaient dans la pratique avoir une longueur suffisante.

Avec le four de Stafsjö dont les tuyaux ont 11 mètres de longueur, la masse sortante possède une température de 80° environ, tandis que la température de la masse entrante est de 10°, il se perd dans la tourbe 70 calories par kilogramme. Les expériences faites à Stafsjö ont montré que, dans la partie récupérante du four, la température décroit d'environ 12° par mètre de tuyau vers le débouché.

L'économie de chaleur dans le four à carbonisation humide était la suivante :

```
Dans le four est utilisée, de la puissance calorifique du combustible..   70 0/0
Perdu par rayonnement....................................    7
Perdu dans les gaz...................................   23
```

La tourbe carbonisée est transportée à une presse à filtre, elle en sort à 50 0/0 d'humidité. Le séchage et la mise en briquette se font ensuite comme dans les fabriques de briquette de lignite.

La tourbière de Stafsjö peut être exploitée 200 jours par an, on peut en extraire la tourbe nécessaire pour fabriquer, en 24 heures, 150 tonnes de briquettes, soit 30.000 tonnes par an.

Le matériel et la force motrice nécessaires pour obtenir ce résultat sont :

```
                        Matériel                                        HP.

6 machines à pâte ayant chacune une capacité d'au moins 350 tonnes
    de tourbe en 8 heures produisant au total 2.000 tonnes de tourbe par
    jour. Consommant chacune 60 H. P........................   350
Transporteur sur la tourbière et à l'usine..................    60
6 pompes spéciales avec élévateurs, chacune 25 HP...........   150
```

Matériel	HP.
1 four à carbonisation humide. 1 batterie de 10 tuyaux consommant 45 HP., produit 35 tonnes par 24 heures. 5 batteries absorberont....	225
Installation d'éclairage..	25
3 presses à briquettes de 100 HP...............................	300
Pertes dans la transmission électrique (centrale de 820 H. P.)..........	80

La consommation de vapeur surchauffée à haute pression est au maximum de 10 kilogs par HP heure effectif; dans les presses à briquettes elle est de 12 kilos par HP heure effectif.

La valeur requise est alors :

360 HP effectifs pendant	8 heures à 10 kg. par HP.	28.800
60 —	8 —	4.800
150 —	24 —	36.000
225 —	24 —	54.000
25 —	10 —	2.500
80 —	24 —	19.200
300 —	24 heures à 12 kg. par HP.	86.400
	Total de kg. de vapeur par 24 heures......	231.700

La vapeur est surchauffée à 385° C et à 11 atmosphères de pression correspondant à 185° C ; elle est en conséquence surchauffée de 200°.

1 kg. de vapeur à 185° contient..................	663 calories
200° de surchauffe correspondant à $0,48 \times 200 =$	96
Total.............	759
Si l'eau d'alimentation est à 90°, il faut déduire..	90
La chaleur nécessaire par kg. d'eau est donc.... .	669

Avec 60 0/0 d'efficacité du combustible la chaleur requise par kilogramme de vapeur est donc $\frac{669}{0,6} = 1.125$ calories. Le combustible contient 5.600 calories. Un kilogramme de combustible donnera donc $\frac{5.600}{1.125} = 5$ kilogrammes de vapeur.

Pour produire 231.700 kilogrammes de vapeur, requis par 24 heures, il faut $\frac{231.700}{5} = 46.340$ kilogrammes de tourbe carbonisée.

L'installation doit produire 150.000 kilogrammes de briquettes par 24 heures correspondant à 196.500 kilogrammes de tourbe sèche carbonisée humide, y compris le combustible pour les chaudières, mais non compris le combustible pour les fours à carboniser.

Il se perd 70 calories par kilog de tourbe durant l'opération de carbonisation. La tourbe brute contient en moyenne, 12,5 0/0 de substance de tourbe sèche dans les tourbières drainées de qualité moyenne en Suède. Avec une température de 150° dans le four à carboniser, on obtient 86 à 90 0/0 de substance sèche dans la tourbe brute. Cette substance carbonisée sèche a une puissance calorifique de 5.600 calories par kilogramme.

En supposant que 85 0/0 de substance de tourbe sèche contenue dans la tourbe brute, s'obtient comme substance carbonisée sèche, on peut conclure que :

1.000 kilogrammes de tourbe brute contenant 125 kilogrammes de substance de tourbe séche produisent $0,85 \times 125 = 106$ kilogrammes de substance carbonisée sèche.

L'efficacité calorifique de combustible dans le four est de 70 0/0. Par rayonnement il se perd 7 0/0, et avec les gaz il s'échappe 23 0/0; en supposant que ces déperditions soient 10 0/0 et 20 0/0 respectivement il faudra pour traiter 1.000 kilogrammes de tourbe brute : $\dfrac{70 \times 1.000}{0,7 \times 5.600} = 18$ kilogrammes.

Soit 18 kilogrammes de tourbe carbonisée sèche, avec une valeur calorifique de 5.600 calories.

On obtient donc avec 1.000 kilogrammes de tourbe brute, 88 kilogrammes de substance carbonisée sèche, et l'on peut traduire la question d'une autre manière en disant que pour 1.000 kilogrammes de substance carbonisée sèche il faut $\dfrac{18 \times 1.000}{88} = 205$ kilogrammes de combustible de même qualité.

La chaleur emportée par les gaz perdus est $0,2 \times 205 \times 5.600 = 229.600$ calories par 1.000 kilogrammes de briquettes.

Pour produire 196.500 kilogrammes de briquettes, il faut donc :

196.500 + 196,5 × 205 = 236.782 kilogrammes de substance

carbonisée sèche qui correspond à $\dfrac{236.782}{0,85 \times 0,125} = 2.230.000$ kilogrammes de tourbe brute par jour.

La chaleur perdue pouvant servir au séchage de la tourbe carbonisée pressée est comme suit :

Les gaz perdus du combustible employé pour chauffer les chaudières peuvent contenir 30 0/0 de la valeur calorifique du combustible soit : $46.500 \times 5.600 \times 0,3 = $ 78.120.000 cal.

Les gaz perdus des fours de carbonisation contiennent : . . . .   45.116.400 —

123.236.400 cal.

D'après Hausbrand (1), si la température de l'air extérieur saturée aux trois quarts d'humidité est de 10° et la température de l'air employé pour le séchage aussi saturée aux trois quarts de vapeur est au début de 100°, il faut 88.265 calories pour évaporer 100 kilogrammes d'eau. Par suite, les 123.236.400 calories qui précèdent peuvent évaporer : $\dfrac{123.236.400}{82.265} = 149.800$ kilogrammes d'eau.

Les 231.700 kilogrammes de vapeur d'échappement contiennent $500 \times 231.700 = 15.850.000$ calories de chaleur latente dont au moins 70 0/0 peut servir à l'évaporation de l'humidité, c'est-à-dire au séchage, avec cette chaleur $\dfrac{0,7 \times 115.850.000}{640}$ $= 126.700$ kilogrammes d'eau peuvent être évaporés.

Avec la chaleur totale on peut donc évaporer 276.500 kilogrammes d'eau.

La substance carbonisée totale séchée par 24 heures était de 236.782 kilogrammes et les briquettes donnaient 150.000 kilogrammes ; par conséquent, la consommation du combustible est 86.782 kilogrammes soit 37 0/0.

Pour que la chaleur totale, non employée, puisse servir à sécher toute la masse de tourbe carbonisée pressée, la masse

(1 Hausbrand, *Trocknen mit Luft und Dampf*, p. 34.

peut contenir $\dfrac{236.782 + 276.500}{236.782 \times 276.500} = 54\ 0/0$ d'humidité en chiffres ronds.

Le contenu en humidité de la tourbe doit être mécaniquement à ce pourcentage, pour que la consommation de combustible indiquée plus haut soit exacte.

La consommation de tourbe brute était par jour de 2.300 tonnes ou, pour 200 jours, 446.000 tonnes, équivalant à 446 000 mètres cubes pour l'année.

Dans une tourbière drainée, avec une profondeur de $2^m,50$ cette production correspond à une étendue d'à peu près 18 hectares.

En supposant que le prix de la tourbière soit de 900 francs par hectare, le coût annuel est de 16.200 francs ce qui correspond à 0 fr. 54 par tonnes de briquettes.

L'extraction était faite à Stafsjö avec un élévateur Ekholm coûtant environ 4.500 francs.

Le prix de revient de l'extraction pour une machine extrayant 50 mètres cubes de tourbe brute par homme et par jour s'établit comme suit. On doit compter :

10 0/0 pour amortissement de matériel....	450 francs
5 0/0 pour réparations	225
5 0/0 pour intérêt du capital..............	225
Total.............	900 francs

Soit par jour : 4 fr. 50.

Pour desservir chaque machine à réduire la tourbe en pâte il faut par jour de 8 heures :

9 creuseurs à 6 francs.............	54 francs
Amortissements, intérêts, etc......	4,50
Huile, etc.......................	0,50
Total.........	59 francs

Pour transporter la tourbe des élévateurs à l'usine de carbonisation on peut employer des wagonnets à bascule et un câble sans fin. Dans ce cas, il suffira de 3 hommes dont l'un attache, l'autre détache les wagonnets tandis que le troisième bascule les wagonnets.

Trois ouvriers à 4 fr. 50 occasionnent une dépense de 13 fr. 50 on y ajoutera 2 fr. 90 pour les frais d'entretien du matériel.

Le prix de revient des 350 mètres cubes s'élève donc à :

Frais d'extraction..................	59 francs
Manutention et transport.........	16
Total.............	75 francs

Soit 21 fr. 50 par mètre cube.

Le coût annuel est donc : $446.000 \times 21,5 = 90.890$ francs.

Ce qui correspond à 3 fr. 20 par tonne de briquettes.

D'après l'expérience des fabricants de briquettes de lignite, en Allemagne le prix de la main-d'œuvre dans une usine à trois presses est de 2 fr. 25 environ par tonne de briquettes. Dans le cas présent, il faut ajouter les frais de main-d'œuvre pour les fours à carboniser et les presses à filtre, on peut compter sur une dépense d'environ 3 fr. 25 par tonne de briquettes.

L'installation pour produire 30.000 tonnes de briquettes peut être estimée à 1.200.000 francs pour toutes les dépenses générales, mais non compris le prix d'achat de la tourbière.

Il y aura donc à supporter les charges suivantes :

5 0/0 pour intérêt.	
5	pour amortissement.
5	pour entretien.
1	pour amortissement sur machines.
16 0/0 soit : 192.000 francs par an.	

ce qui représente 6 fr. 40 par tonne de briquettes.

On peut prévoir pour l'administration et les dépenses imprévues environ 4 fr. 50 par tonne de briquettes.

Le prix de revient par tonne de briquettes est donc :

Tourbière.......................	0,54
Extraction et transport de la tourbe brute....	3,20
Main-d'œuvre à l'outillage...............	3,25
Amortissement et intérêt	6,40
Administration......................	1,50
Extra.............................	11
Total	15,00

Le prix pourrait être réduit si la tourbière permettait l'emploi d'excavateurs mécaniques.

On voit que le procédé du Dr Ekenberg, dont les travaux de

Bergius renforcent l'intérêt scientifique, promet beaucoup et doit retenir l'attention.

C. — Procédé de Laval

La méthode de carbonisation humide du Dr Laval étudiée à la station expérimentale qu'il a spécialement créée en 1910 diffère, paraît-il, du procédé de Ekenberg.

Il lui aurait été possible d'extraire mécaniquement de l'eau d'une tourbe carbonisée humide et homogénéisée et d'abaisser son humidité à 50/60 0/0.

En 1914, on préparait l'érection d'une usine pour l'exploitation commerciale du procédé sur la tourbière de Tyringe (province de Skane). Cette usine, due à l'initiative de M. Enard Oossling, a été l'objet de subventions gouvernementales s'élevant à 250.000 kronor soit 350.000 francs.

CHAPITRE VIII

Tourbe comprimée en briquettes à la presse.

La tourbe de bonne qualité c'est-à-dire lourde et bien humifiée, séchée à 50 0/0 d'humidité environ ressemble beaucoup
aux lignites, qui sortant des mines contiennent environ 48 à
62 0/0 d'humidité.

Le succès obtenu dans la fabrication des briquettes de lignite
en Allemagne devait donner l'idée de traiter la tourbe de la
même façon.

Le mode d'opération est alors le suivant :

La matière première apportée à l'usine est jetée dans une
trémie desservie par un élévateur qui la transporte à un entonnoir placé sur un laminoir, où elle est réduite en poudre gros.
sière. La poudre est passée à un tamis ne laissant écouler que
la poudre fine. La substance grossière est repassée dans un
désintégrateur et retamisée. Le refus des tamis est transporté
automatiquement aux chaudières dont les foyers sont munis de
grilles à échelons. La substance fine qui doit avoir moins de
1 centimètre de diamètre est transportée au séchoir.

L'appareil de séchage est réglé d'après la teneur en humidité
de la matière brute, il convient de vérifier cette teneur chaque
jour. Au surplus, il faut toujours avoir à l'avance une certaine
quantité de produit.

On emploie pour le séchage soit des séchoirs à plateaux, soit
des séchoirs rotatifs; la matière séchée est quelquefois passée
par un moulin et un tamis pour la rendre plus fine et plus
homogène.

La substance séchée est transportée automatiquement à la
briquetterie, il faut toujours avoir en réserve la quantité de

matière nécessaire pour pouvoir faire fonctionner les presses 8 ou 10 heures en cas d'arrêt des séchoirs.

La matière fine ainsi accumulée est susceptible de s'enflammer, c'est là un grave danger qui a nécessité l'emploi d'un appareil à refroidir.

Cette sorte d'appareil peut être fait de plaques superposées ayant de 4 à 5 mètres de diamètre, mais l'inconvénient de ce dispositif est la quantité de poussière entraînée. On a créé pour remédier à cet inconvénient un appareil à obturateur formé de plaques horizontales en feuillard dont les bouts internes sont recourbés à angles obtus et qui sont disposés en deux étages verticaux. La matière descend lentement en couches fines, et se refroidit, tandis que l'eau s'évapore, ce qui ne peut qu'être avantageux.

Les presses proposées pour la fabrication des briquettes sont nombreuses.

Dès 1853, *Gwynne* en Angleterre fabriquait de la tourbe comprimée. Après avoir enlevé à la tourbe le plus d'eau possible au moyen d'un centrifuge, il la pulvérisait et la passait dans un séchoir rotatif à la température de 80°, pour achever l'expulsion de l'eau qu'elle contenait encore.

Après quoi, la tourbe séchée était formée en briquettes par pression. Après lui, *Exter*, à Haspelmoor, en Allemagne, pour améliorer le procédé commença par herser les surfaces de la tourbière, et étendre en couche menue la tourbe à sécher. La tourbe partiellement séchée était apportée à l'usine à briquettes, mise en petits tas, puis séchée à fond et enfin comprimée dans une presse à excentrique à double action.

La tourbe était extraite pendant la belle saison et l'excédent journalier emmagasiné pour permettre de travailler toute l'année.

La Presse d'Exter travaillant à une pression de 300 à 400 kilogrammes par centimètre carré produit de 65 à 80 blocs par minute.

Ashroft et Bettley enlèvent soigneusement les parties fibreuses se trouvant dans la tourbe décomposée et par une sorte d'escargassage réduisent celle-ci en une pulpe qu'ils envoient dans un réservoir. Là, abandonnée à elle-même, sous son propre poids elle prend bientôt assez de consistance pour pouvoir être formée en briquettes.

Dickson extrait la tourbe à la drague, la met en tas sur les bords du chantier pour la sécher à l'air. Après plusieurs semaines, il la reprend dans des barques pour la conduire à l'usine.

On commence par expulser l'eau, par comprimer la masse sous pression de 300 tonnes, en blocs d'une tonne que l'on brise et réduit finalement en poussière dans un broyeur diviseur. Après quoi la tourbe passe au séchoir d'où on la comprime en blocs sous pression.

La presse de Dickson appartient au type à tube ouvert, elle donne des briquettes moins compactes et plus légères, cylindriques d'un diamètre de 54 millimètres. Elle a 2 poinçons qui font chacun de 54 à 56 courses par minute. La capacité de cette presse est en moyenne de 17.500 kilogrammes par jour.

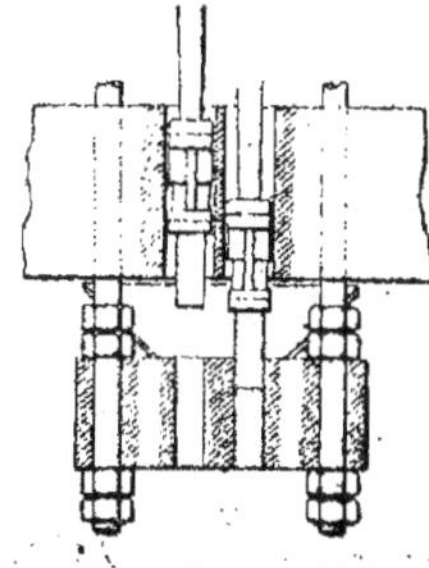

Fig. 137. — Presse Dickson.

Dans le procédé de *Dobson* employé au Canada, la tourbe bien drainée, est extraite au moyen d'un creuseur mécanique qui fonctionne sur le côté et la paroi du fond. Surplombant ce fossé, à droite se trouve un élévateur qui peut osciller dans un plan vertical, pour descendre jusqu'au fond de la tranchée. C'est une chaîne sans fin qui descend à l'extérieur et remonte dans le compartiment de l'élévateur et qui est garnie alternativement d'une rangée de dents coupantes et de plaques à bouts tranchants. Elle remplit le double but de racler une mince tranche et de l'apporter à un convoyeur qui passe en avant du chariot. Le distributeur, une roue à palettes, étale sur le sol de la tourbière les fragments qui forment un dépôt d'environ 5 à 6 millimètres, et qui, finement divisés, sont en excellent état pour sécher.

La machine enlève par jour 126 tonnes de tourbe humide, équivalant à 22 tonnes de tourbe à 15 0/0 d'eau.

On racle et on ratisse la tourbe pendant le séchage, au moyen d'un appareil à racler mécaniquement.

La tourbe séchée à l'air est amenée à un désagrégateur qui

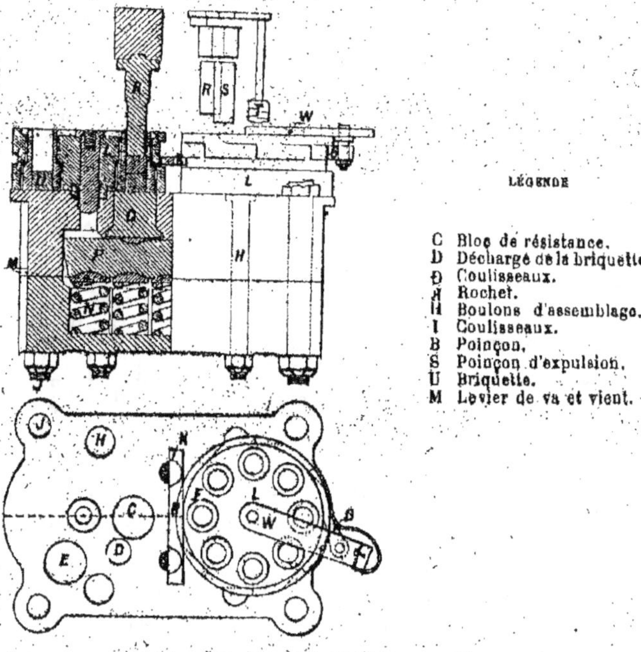

Fig. 188. — Presse Dobson.

réduit la grosseur des fragments, et détruit les cellules des fibres de la tourbe ce qui facilitera le séchage.

C'est une boîte circulaire de plaques de fer entourant un arbre horizontal, d'où se projettent de forts bras de fer de 0ᵐ,30 de longueur environ, de l'extrémité desquels partent des doigts d'acier de 10 centimètres de longueur.

L'arbre fait 400 tours par minute, les doigts d'acier jettent la tourbe contre des cribles semi-circulaires à trous de 1,5 millimètre; à travers lesquels la tourbe passe en poussière fine, humide au toucher.

Le séchoir, du type rotatif traite en vingt minutes une charge de tourbe qui passe dans le sabot d'un élévateur qui la conduit à la trémie d'alimentation des presses à briquettes.

La presse de Dobson est dite à bloc de résistance (fig. 138). La friction est presque nulle, chaque emporte-pièce étant huilé pour empêcher la friction de la tourbe contre les parois dans l'expulsion suivante de la briquette. On laisse la briquette dans

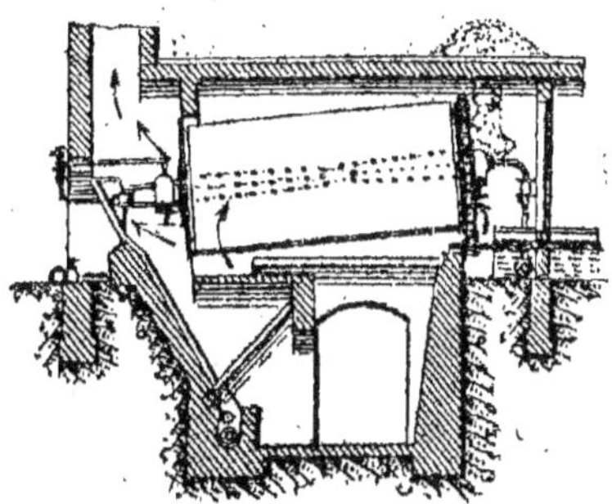

Fig. 139. — Séchoir Schulz.

le coulisseau où elle est formée durant un cycle du système (environ 6 secondes) elle est soumise alors à une compression par une autre briquette façonnée au-dessus de celle-là. Immédiatement après elle est expulsée et le second bloc prend sa place. Il y a deux emporte-pièce à chaque machine et pour chaque emporte-pièce un coulisseau contenant 8 matrices. Le grand nombre des matrices employées empêche la température de s'élever.

A chaque coup descendant, le piston de compression forme une briquette au sommet de celle qui est déjà faite dans le même coulisseau, le piston de décharge chasse du coulisseau suivant la briquette du fond et le troisième coulisseau reçoit une couche graissante par un faubert à huile qui tapisse l'intérieur de la matrice d'une pellicule de pétrole brut pour adoucir et faciliter l'expulsion de la briquette.

La presse fait 50 à 51 tours et produit 100 à 102 briquettes

par minute, en 10 heures, le rendement est d'environ 12.500 kilogrammes de briquettes.

La presse fonctionne par courroies et engrenage ce qui la
rend délicate et susceptible de bris, la pression sur les briquettes
est moindre ce qui nuit à la qualité du produit.

A *Mittenwalde*, près de Berlin, M. *Stauber* traitait la tourbe
dans un désagrégateur, puis dans un séchoir rotatif, qui rédui-
saient l'humidité à 60 0/0. La tourbe était alors retravaillée
dans un désagrégateur, tamisée puis passée dans un séchoir
Schulz et dans une presse à tube ouvert, directement accouplée

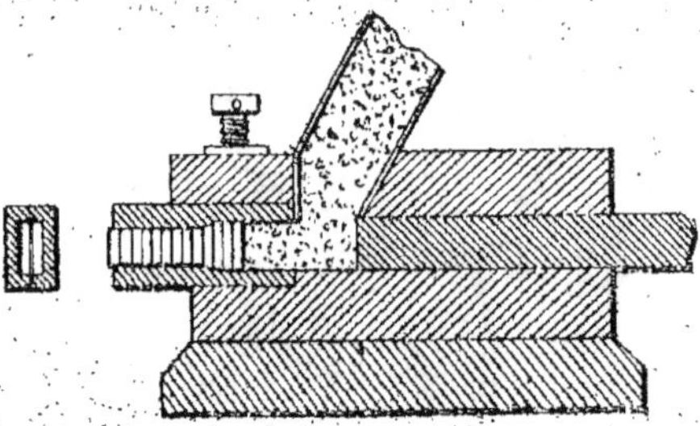

Fig. 139 *bis*. — Presse à briquettes (coupe).

à une machine à vapeur à lourd volant. Cette presse est du
modèle des presses à briquettes de lignite.

Le piston de la presse est muni d'une tête mobile qui circule
dans un coulisseau en fonte. La matrice faite d'un tube ouvert
en acier ou en fonte spéciale à 0^m,90 de long. En avançant, le
piston comprime la matière fournie par l'appareil d'alimentation, et la forme en briquettes. Pendant le recul une nouvelle
portion de matière brute est fournie et elle forme une nouvelle
briquette quand le piston revient en avant (fig. 139). Les briquettes déjà faites sont avancées chaque fois d'une distance égale
à l'épaisseur de la nouvelle briquette et en avançant dans la
matrice dont la section diminue elles subissent une autre pression. La friction dans la matrice constitue la résistance dans la
presse, elle cause l'usure rapide des matrices.

La pression développée et la friction amènent un échauffement qu'il faut combattre par une circulation d'eau.

Les presses ordinaires sont de 3 tailles : la plus petite produisant 15 tonnes, une autre produisant 30 tonnes, la plus grande 45 tonnes par 24 heures. Il ne faut pas dans ces presses espérer dépasser 80 briquettes par minute, au-delà de cette vitesse, la tourbe est refoulée dans l'entonnoir.

Pour une grande presse travaillant avec de la vapeur à 11 kilogrammes surchauffée à 350°, il faut, par cheval heure, 17^{kg},500 les machines fonctionnant sans condensation.

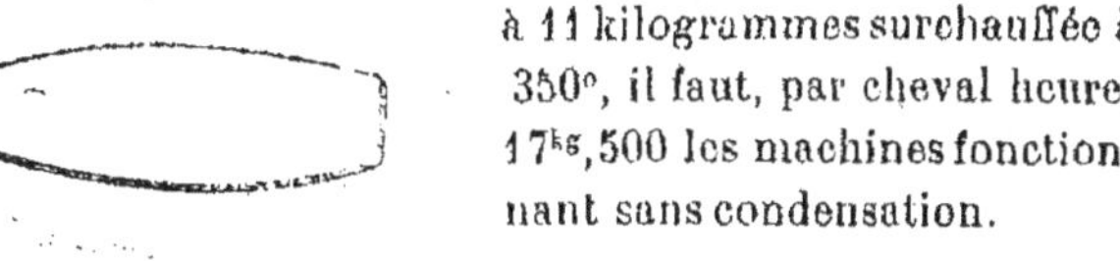

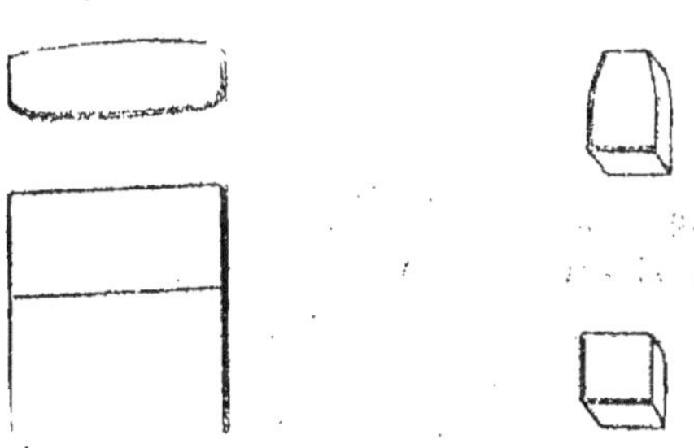

Fig. 140. — Briquettes domestiques.   Fig. 141 — Briquettes industrielles.

Les briquettes, en quittant la presse sont poussées dans des rigoles en fer et transportées dans les magasins ou chargées sur des wagons. (Ces rigoles ont parfois une longueur considérable). Quand les briquettes sont empilées il faut laisser entre elles des interstices pour laisser l'air circuler et aider au refroidissement. La forme des briquettes dépend de la tête du piston.

Quatre fabriques de tourbe établies sur les mêmes conceptions que les fabriques de briquettes de lignites ont été en fonctionnement en Europe : à Irinowka (près de Petrograd), à Langenberg (près de Stettin), à Ostrach (Hohenzollern), à Helenaven (Hollande). Cette dernière possédait deux presses.

Aucune de ces usines ne paraît avoir réussi au point de vue industriel.

Au laboratoire, on obtient facilement des blocs de tourbe

sans addition de liant ; mais, en pratique, les meilleures briquettes obtenues par pression ne conservent pas suffisamment leur forme en brûlant, elles s'écroulent à demi-consumées, et peu, s'il y en a, conservent leur forme quand on les remue en ajoutant du combustible frais. Elles supportent aussi plus ou moins le transport.

Il y a deux raisons à la qualité inférieure de ces briquettes : d'abord, dans la formation, une quantité considérable d'air y est emprisonnée, ensuite, le produit est tel qu'après qu'il est sec, il résiste à tous les efforts pour détruire ses qualités hygroscopiques et cela parce que la tourbe est d'origine végétale et composée de cellules pleines d'eau surtout quand elle est encore en décomposition.

Après un séchage partiel, l'eau est partie, laissant pratiquement intacte la cellule qui se remplit d'air. Au feu, la dilatation de cet air produit la désorganisation des cellules et l'effondrement des briquettes.

La presse, si grande que soit la pression développée, doit peu remédier à cet état de choses, à moins que la paroi externe n'en reçoive une sorte de poli, qui, pendant un certain temps, permettra à la tourbe de résister à l'action de l'eau.

Dans les presses à chaud, cette action est accrue par la chaleur et l'on obtient des briquettes qui résistent mieux à l'humidité.

Lorsque la presse donne des briquettes rondes, un autre défaut est la déformation produite. En sciant un bloc en deux, on se rend compte que le bloc est d'autant meilleur qu'il est plus mince.

Quelques exploitants canadiens se servent d'une machine analogue à la presse à boulets employée dans la fabrication des agglomérés de houille, dans laquelle la pression est obtenue entre deux roues tournant l'une sur l'autre, et à la périphérie desquelles sont taillées des formes de blocs.

La machine est trop compliquée pour pouvoir être décrite ici, disons seulement que la pression appliquée lentement est maintenue un certain temps. La tourbe est chauffée avant d'être comprimée. Les parties sujettes à la grande pression se meuvent lentement et le frottement se fait sur des coussinets largement proportionnés.

Les blocs sont en forme de demi-cylindres, les produits paraissent de qualité convenable.

Pour toutes ces raisons la fabrication des briquettes de tourbe ne laisse pas que d'être beaucoup plus hasardeuse que celle des briquettes de lignite.

Le succès de l'entreprise dépend d'abord de la matière de la tourbière. Celle-ci doit d'abord être assez vaste pour permettre une exploitation d'une durée suffisamment longue pour que l'amortissement de cet outillage si coûteux ne soit pas excessif. Il faut pouvoir compter sur une vingtaine d'année d'exploitation. Pour alimenter une grande presse, il faut, par an, sur une tourbière de deux mètres de profondeur, exploiter une surface de 4 hectares. Il faut en outre ajouter la surface correspondante au combustible employé dans les chaudières de l'installation.

Une installation bien comprise doit avoir sous la main la tourbe nécessaire pour un an d'exploitation afin d'être absolument indépendante du climat. Notons aussi que la tourbe, une fois gelée, ne peut plus être mise en briquettes et qu'il faut prendre des dispositions utiles à cet égard.

Il faut aussi que les couches de la tourbière ne soient pas trop différentes, sinon, il faut recourir aux mélangeurs et aux malaxeurs.

Dans le cas le plus favorable, celui d'une tourbière d'excellente qualité exploitée avec des excavateurs, comme par exemple celui de Strenge, et avec une presse d'une capacité de 44 tonnes en 24 heures, il faut environ, 18.000 tonnes de tourbe.

La machine de Strenge manutentionne avec 14 hommes environ l'équivalent de 110 tonnes de tourbe sèche. Le travail pouvant être fait 100 jours par an, il suffira de deux machines pour produire la quantité de tourbe nécessaire.

Le prix de revient de la tourbe brute s'établit avec la machine de Strenge à 0 fr. 55 par tonne, auxquels il faut ajouter la quotité correspondante à la valeur d'achat de la tourbière.

A ce chiffre, il faut ajouter les dépenses de séchage, de manutention, d'entretien et d'administration. En prenant comme exemple une tourbière dont la valeur nivelée et préparée est de 1.000 francs l'hectare et dont la profondeur est telle que la surface exploitée annuellement est égale à 8 hectares, la dépense annuelle est de 8.000 francs, ce qui représente pour 18.000 tonnes de tourbe brute une charge de 0 fr. 45 par tonne.

Les dépenses d'installation peuvent s'estimer à 70.000 francs, les frais d'entretien des drains, du matériel, etc., à 15.000 francs par an.

Le prix de la tourbe à 50 0/0 d'humidité s'établit donc comme suit :

Extraction	0,55
Travail de séchage	0,20
Contremaître et administration	0,25
Entretien des drains et du matériel	0,40
Amortissement du matériel (taux 8 0/0)	0,30
Empilage et manutention	1,00
Amortissement de la tourbière	0,25
Intérêt et magasinage de la tourbe extraite	0,20
Coût total d'une tonne de tourbe à 50 0/0 d'humidité	3,15

Pour avoir une tonne de briquettes de tourbe à 15 0/0 d'eau, il faut environ 1.720 kilogrammes de tourbe à 50 0/0 d'humidité, la quantité d'eau à évaporer est d'environ 700 kilogrammes, l'expérience a montré qu'il faut environ $1^{kg},52$ de vapeur par kilogramme d'eau évaporée. La quantité de vapeur nécessaire par tonne de briquettes serait donc égale à 1 050 kilogrammes environ.

En partant d'une tourbe parfaitement sèche d'un pouvoir calorifique égal à 5.600 calories par kilogramme, contenant 4 0/0 de cendres à l'état sec, et 5,8 0/0 d'hydrogène nous avons, si elle est à 50 0/0 d'humidité, 2 0/0 de cendres et 48 0/0 de matières organiques, 2,9 d'hydrogène. Le pouvoir calorifique d'une telle tourbe se calcule par la formule :

$$W = C \times 8030 + (H\,O)\,34000 - (9\,H + W)\,600$$

$$C \times 8.080 + (H \cdot O)\,34.000 = \quad 2.688 \text{ cal.}$$
$$9\,(H + W) = 54 \times 2,9 \times 0,48 + 600 \times 0,5 = \quad 373$$
$$W = 2.688 - 373 = \quad 2.315 \text{ calories par kg.}$$

Avec de la vapeur à 10 kilogrammes de pression (185°) et une surchauffe de 385°, une eau d'alimentation à 110°, et en comptant sur 60 0/0 comme coefficient d'efficacité du combustible, on peut déduire la vapeur produite par kilog de tourbe.

1 kg. de vapeur à 185° contient.............	663 calories (1)
Le surchauffe nécessite..	96 (2)
au total..	759 calories
L'eau d'alimentation contient....	110
La chaleur requise par kg. de vapeur est donc.	649

Avec 60 0/0 d'efficacité du combustible, 1 kilogramme de tourbe à 50 0/0 d'humidité produit donc 2 kilogrammes de vapeur.

Par tonne de briquettes il faut 1050 kilogrammes de vapeur soit 525 kilogrammes de tourbe combustible à 50 0/0 d'humidité.

La quantité de tourbe combustible pour 1.000 tonnes de briquettes est donc :

Pour les briquettes....	1.720 t. à 3 fr. 15 = 5.418 francs.
Pour combustible.. ...	525 t. à 3 fr. 15 = 1.653,75
Total..	7.071,75

Ce qui ramène la charge à 7 fr. 10 par tonne de briquettes.

D'après l'expérience des fabriques de lignite, le coût de la main-d'œuvre par tonne est :

Fabrique à 1 presse.			2,30 fr.
—	2	—	2,10
—	3	—	1,85
—	4	—	1,55
—	5	—	1,35
—	6	—	1,15

Pour faire 44 tonnes de briquettes de tourbe par 24 heures, il faut le matériel suivant (les prix indiqués sont ceux en moyenne demandés en 1914 par les fabricants allemands) (fig. 142).

(1) $606 + 0,305 \times 185 = 663$.
(2) $0,48 \times 208 = 96$.

2 chaudières 12 mètres de long, 2 mètres de diamètre 80 mètres carré de surface de chauffe, timbrées à 11 kg.	18 000
Accessoires des chaudières	5 000
2 surchauffeurs	4.500
2 pompes Duplex	1.200
1 réservoir d'eau chaude	900
1 réservoir d'eau chaude	2 800
1 réservoir pour refroidir l'eau	550
1 convoyeur avec broyeur	2.700
1 tamis	1 550
1 désaggrégateur	4.700
1 élévateur	2.800
1 tamis tournant	1.600
Descentes	1.650
1 convoyeur	1 240
Charpentes en fer	1.500
Séchoir à vapeur 26 plaques de 4m,60 de diamètre	48.000
1 aspirateur de poussière	1 500
1 cheminée pour le séchoir	400
Tuyaux de ventilation	1.000
1 convoyeur pour matière sèche	825
1 presse à briquettes	24.000
Balustrade autour de la presse	400
Purgeur	70
4 vis en acier pour la presse	2.000
1 bloc	600
Pièces de rechange	500
150 mètres de rigoles pour évacuer les briquettes	2.200
1 injecteur Schaeffer et Budenberg	1.800
1 machine à vapeur	9 000
1 arbre de commande, poulies, etc. (sans courroies)	6.000
Appareils de sûreté	825
Tuyauterie	15.500
2 séparateurs d'huile	1 600
Pièces forgées pour porter les tuyaux	550
Charpente en fer et quincaillerie pour l'adaptation du matériel aux bâtiments	36.000
Total	205.860

Le prix de base d'une telle installation y compris les bâtiments peut être estimé 300.000 francs auxquels il faudrait ajouter éventuellement les droits de douane et frais de transport du matériel le cas échéant.

La fabrication des briquettes coûte donc pour 13.000 tonnes :

Matière première 7 fr. 10 par tonne	92 300
Coût de fabrication 2 fr. 50 par tonne	32 500
Amortissement à 8 0/0 sur 300.000 francs	24.000
Total	148.800

soit environ 11 fr. 50 par tonne.

Le capital nécessaire pour entreprendre l'exploitation se détaille commé suit :

Tourbières 160 hectares à 1.000 francs l'Ha...........	160.000
2 machines à extraire la tourbe......................	135.000
Outillage à briquettes..............................	300.000
Capital d'exploitation..............................	55.000
Soit au total environ......	650 000

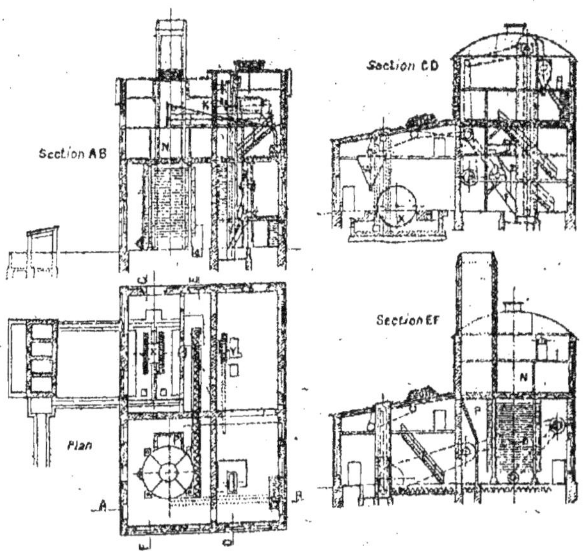

Fig. 142. — Fabrique de briquettes de tourbe.

En prenant annuellement 6 0/0 d'intérêt pour les actionnaires et 4 0/0 pour les amortissements, on grève le prix de revient d'une charge de 65.000 francs qui correspond à 5 francs par tonne fabriquée.

La briquette de tourbe revient donc par tonne à 16 fr. 50 à l'usine sur wagon.

CHAPITRE IX

Chauffage à la tourbe.

On peut d'une façon générale employer la tourbe dans tous les poëles où l'on se sert de charbon, mais il vaut mieux qu'ils soient construits de façon appropriée.

Tel est le poële danois construit par Reck (fig. 143), dans

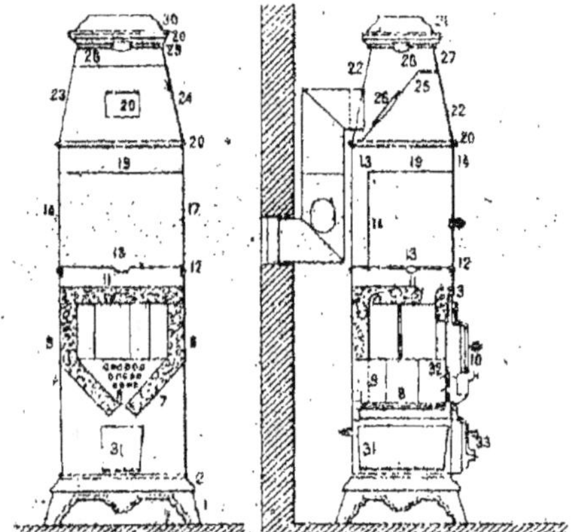

Fig. 143. — Poële de Reck.

lequel le foyer en terre réfractaire a un fond formé de deux plans inclinés entre lesquels la cendre passe dans le cendrier, tandis qu'une ouverture à la partie supérieure laisse passer les gaz chauds dans une ou plusieurs chambres en tôle avant qu'ils ne gagnent la cheminée.

Le poële vendu par Ankarsum bruk Aktiebolaget en Suède est à l'intérieur revêtu de briques spéciales munies de couloirs à air assurant toujours une quantité d'air suffisante pour la combustion et évitant les explosions toujours possibles avec les autres poëles, surtout si le combustible contient beaucoup de poussière fine. L'air est chauffé au préalable au moyen d'un dispositif spécial et cela donne plus d'efficacité au combustible.

Chauffage des générateurs.

La tourbe combustible demandant pour brûler moins d'air que le charbon, les grilles planes doivent avoir leurs barreaux plus rapprochés. On réduit ainsi énormément la quantité de parcelles non brûlées.

La distance entre les barreaux varie de 7 à 20 millimètres et l'épaisseur moyenne de la couche de tourbe sur la grille va de 8 à 20 centimètres quelquefois, exceptionnellement jusque 30 centimètres.

La hauteur du foyer devrait être au moins de 60 centimètres, la surface d'une grille sur laquelle on brûle 100 kilogrammes de tourbe par heure, doit être au moins de un mètre carré et l'étendue de grille libre, un huitième du total.

Si l'on y fait bien attention, et si l'on emploie suffisamment de tourbe combustible sèche, il se produit peu ou point de fumée, ce qui en certains endroits est important.

La tourbe contient, en général, peu de soufre ce qui est très avantageux.

MM. Larson et Wallgreen à la fabrique de sucre de Oresund (Suède) ont obtenu les résultats suivants avec la tourbe de Lorberod :

Durée de l'essai	7 heures.
Combustible par heure et mètre carré de grille	115 kilog.
Température d'eau d'alimentation	85
Vapeur par heure et mètre carré de grille	750
Eau évaporée par kilogramme de combustible	5,10

En mélangeant la tourbe et la houille en parties égales la valeur combustible de la tourbe est accrue de 15 0/0 environ.

A la fabrique de sucre de Karpalund (Suède) 1 kilogramme de tourbe a évaporé 3 kilogrammes d'eau

A la sucrerie de Karlshamm (Suède) 1 kilogramme de tourbe a donné 4,32 kilogrammes de vapeur à 6 ou 7 atmosphères de pression dans des chaudières tubulaires.

Un grand nombre d'expériences ont montré qu'un kilogramme de houille correspond en valeur combustible à 1,5 ou 1,8 kilogramme de tourbe à 25 0/0 d'eau.

C'est à la tourbière de Wiesmoor, dans la Frise occidentale, qui a une surface de 6.200 hectares, que l'on a eu pour la première fois, l'idée de consommer la tourbe sur place dans une station centrale fournissant de l'énergie aux centres voisins (1).

La tourbière appartient à l'Administration des domaines de la Prusse. La société hanséatique Siemens-Schückert fut d'abord chargée d'installer une usine de 200 chevaux, comportant une machine à vapeur compound actionnant un alternateur triphasé à 5.000 volts et deux chaudières de 67 mètres carrés de surface de chauffe chacune, brûlant de la tourbe.

L'installation se comportant très bien, comme on avait pu passer des contrats pour la fourniture de l'énergie avec des localités voisines, entres autres Wilhelmshaven et Emden, on a décidé la construction d'une station centrale de 5.400 chevaux.

La société de Siemens Schückert établissait la station centrale (à l'exception des bâtiments) et l'exploitait à ses frais. L'Administration des domaines lui vendait la tourbe et lui achetait l'énergie électrique nécessaire aux travaux de mise en culture.

Les travaux furent commencés en 1909 et, en août 1910, la station fut inaugurée. Celle-ci comprend quatre chaudières avec chauffage à la tourbe, fournissant la vapeur à 12 atmosphères ; l'eau des chaudières provient de la condensation et d'une source trouvée à 50 mètres de profondeur. La salle des machines contient deux turbo-alternateurs triphasés de 1.250 kilovoltampères, et un de 1.500 kilovoltampères à 5.000 volts. Il y a, en outre, une petite installation à courant continu : deux génératrices de 8 à 15 kilowatts et une batterie d'accumulateurs de 145 ampères-heure, qui assurent le service de l'usine et de la pompe.

(1) Teichmüller, E. T. Z., déc. 1912.

Les turbines sont à condensation par surface, et l'eau de refroidissement est celle du marais, qui est acide ; pour résister à l'action de cette eau, tous les tuyaux sont en fonte ou en laiton étamé, contenant une grande proportion de cuivre.

La distribution d'énergie pour les travaux de la tourbière se fait a 5.000 volts ; le transport aux localités desservies se fait à 20 volts.

Les questions les plus délicates dans l'exploitation de l'usine sont : 1° l'extraction et la préparation ; 2° le transport ; 3° la combustion de la tourbe.

Pour l'extraction de la tourbe, on se sert d'excavateurs et de machines spéciales.

Avant de se servir des excavateurs, on enlève la couche de tourbe blanche qui ne peut être employée comme combustible, les godets dont l'ensemble peut se déplacer dans le sens perpendiculaire sous l'action d'un moteur jettent la tourbe contenant 90 0/0 d'eau dans un couloir, où elle est transportée par une chaîne munie d'entraîneurs dans un malaxeur ; elle en sort sous forme de pulpe et est répandue par deux gouttières transversales sur un sol égalisé.

Dès qu'elle a suffisamment séché pour que l'on puisse marcher dessus, en ayant de larges planches sous les pieds, on la découpe soit, à la main, soit au moyen de machines mues électriquement, en briquettes de $10 \times 12 \times 33$ centimètres de côté : dès que ces briquettes sont suffisamment séchées pour pouvoir être maniées, des ouvrières les mettent en tas, en les posant sur leur côté droit. Il y a également douze machines à tourbe, dans chacune desquelles trois ou quatre ouvriers jettent de la tourbe, qui est malaxée et sort sous forme de ruban, qu'il suffit de couper à la longueur voulue, pour avoir des briquettes ayant les dimensions indiquées ci-dessus ; ces machines fournissent de 60.000 à 80.000 briquettes par journée de 10 heures.

Les deux excavateurs et les douze machines spéciales peuvent fournir, pendant une campagne qui dure d'avril à août, environ 35.000 tonnes de tourbe. On procède actuellement à des essais pour diminuer l'importance de la main-d'œuvre en combinant ensemble ces deux genres de machines.

Quand les briquettes sont complètement séchées à l'air, c'est-à-dire quand elle ne contiennent plus que 25 à 30 0/0 d'eau, elles sont réduites à peu près aux dimensions de $6 \times 6 \times 26$ centimètres, et on les transporte à l'usine, où elles sont immédiatement brûlées, ou dans des hangars, où elles sont mises en tas de 50 mètres de longueur sur 10 mètres de hauteur.

Avant que les briquettes soient complètement séchées à l'air, c'est-à-dire ne contiennent plus que de 25 à 30 0/0 d'eau, elles sont très hygrométriques, de sorte qu'un temps pluvieux retarde le séchage; lorsque les briquettes sont complètement sèches, il suffit de les mettre à l'abri de la pluie. Les briquettes séchées ne gèlent pas; ceci a de l'importance car une briquette gelée ne peut servir de combustible. C'est par crainte du gel avant séchage complet qu'on est obligé d'interrompre la campagne vers la fin d'août.

Le transport de la tourbe se fait par de petits chemins de fer à voie de $0^m,60$, avec locomotives à essence; on n'a pas employé la traction électrique, car on a craint de trop charger une seule des phases du courant.

Il faut préparer pendant la campagne une quantité suffisante de tourbe. Au mois de janvier 1910, on n'avait plus en provision à l'usine que 6.000 tonnes de briquettes et on en consommait alors 75 tonnes par jour (les travaux d'une écluse au port d'Emden, absorbant beaucoup d'énergie), de sorte que la provision aurait été épuisée à la fin de mars; on a dû avoir recours au chauffage des chaudières avec du charbon; et comme celui-ci ne pouvait pas être brûlé seul sur les grilles de dimensions trop grandes, on le mélangeait à la tourbe.

On s'arrange depuis lors]pour avoir toujours au moins l'approvisionnement pour une année entière, à la fin d'une campagne. On a éprouvé d'assez grandes difficultés à ne pas réduire en poudre les briquettes inutilisables pour le chauffage, pendant la distribution à l'usine; on a dû modifier les installations de transport et les trémies qui amènent les briquettes aux chaudières.

. Suivant la charge de la chaudière et la qualité de la tourbe, le chauffeur ouvre tous les quarts d'heure la porte qui ferme le bas de la trémie, de sorte que les briquettes tombent sur la grille en gradin; à ces briquettes est encore mélangé 10 0/0 de poussier. Les installations mécaniques permettent un transport aux chaudières de 18 tonnes de tourbe à l'heure, mais, à certains moments, l'arrivée des briquettes par les trémies n'est pas suffisante et l'on doit avoir recours à des tas mis en réserve à proximité de la chaudière.

La grille, inclinée de 36°, est divisée en deux moitiés, de 4 mètres carrés chacune, chargées alternativement. On a du beaucoup tâtonner, au commencement, pour l'installation des chaudières et la conduite du feu. La tourbe a un pouvoir calorifique de 2.500 à 3.000 calories par kilogramme et occupe un très grand volume (100 kilogrammes de tourbe séchée à l'air occupent $0^{m3},400$). Des essais, entrepris en 1910 ? ont montré que le rendement calorifique des chaudières est de 73,5 0/0 (on avait garanti 65 0/0) en moyenne la consommation de tourbe revenant à $2^{kg},5$ par kilowatt-heure aux alternateurs; la tourbe revenant à 6 fr. 25 la tonne, le prix du combustible par kilowatt-heure est de 1,55 centime.

CHAUFFAGE DES LOCOMOTIVES.

La tourbe était déjà employée dans une certaine mesure en Bavière et en Oldenbourg au chauffage des locomotives. Mais cette tourbe en briquettes était trop volumineuse et bien qu'il n'y ait eu aucune difficulté à produire de la vapeur non plus qu'à maintenir une pression suffisante l'emploi de la tourbe dans les locomotives a continuellement décru.

Suivant Hausding la consommation en poids de la tourbe est deux fois plus forte que celle de la houille.

En Suède, la tourbe combustible a été introduite en 1901 sur quelques-uns des chemins de fer du gouvernement et l'on a essayé de la substituer à la houille particulièrement pour les trains de marchandises à allure lente.

Les expériences ont démontré que la tourbe peut-être employée sans changements spéciaux dans la construction du foyer, mais en raison du volume il a fallu agrandir le tender et chauffer avec deux chauffeurs.

1 kilogramme de tourbe donnait en moyenne 3 kilogrammes de vapeur à 11 kilogrammes de pression.

FOYERS SPÉCIAUX POUR L'EMPLOI DE LA TOURBE.

On obtient de meilleurs résultats en employant au lieu des grilles ordinaires, les grilles à gradins.

Elles consistent en un certain nombre de barreaux de grilles (A) ayant à peu près 10 centimètres de largeur placés comme

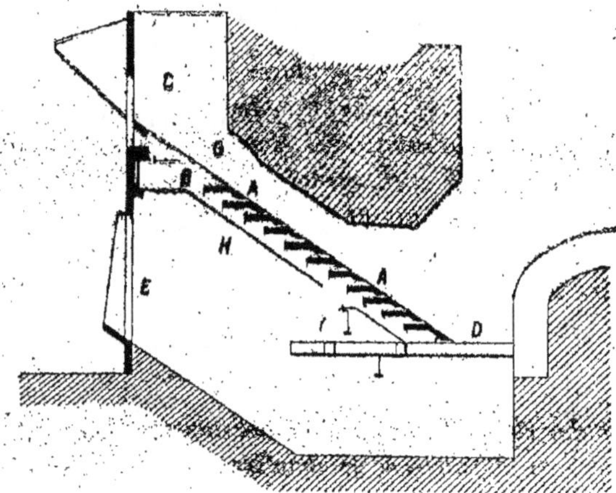

Fig. 144. — Grille à échelons.

les marches d'un escalier et soutenues à chaque extrémité par des plaques de fonte (B). La grille est remplie de tourbe par l'orifice C, l'air entre par l'espace H jusqu'aux ouvertures entre les gradins et la tourbe une fois consommée descend automatiquement.

L'orifice C est ordinairement de la moitié de la largeur de la grille. La 'gorge C va de 15 à 20 centimètres et l'inclinaison varie de 40 à 45°.

À Granefors en Suède, dans une locomobile Lanz, 1 kilogramme de tourbe a donné 4 kilogrammes de vapeur ; dans une installation similaire à la Leistbrau à Munich on a obtenu $4^{kg},5$ de vapeur.

La grille automatique de Kowalsky employée en Russie, notamment à Oriechevo, a une grille dont tous les barreaux pairs sont mobiles pour pouvoir faire descendre continuelle-

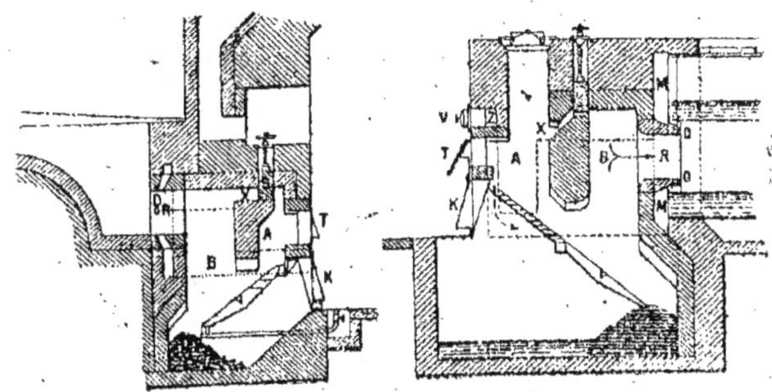

Fig. 145. — Foyer de C. Reich.

ment le combustible et tenir la grille libre de cendres et de scories.

Sur cette grille 1 kilogramme de tourbe produit $4^{kg},1$ de vapeur à 15 atmosphères de pression.

Les fournaises dites demi-gaz sont munies de grilles à échelons, ou de grilles planes inclinées, l'air qui pénètre par les grilles n'est pas suffisant pour la combustion complète du combustible en acide carbonique et eau, si bien qu'il se forme principalement au début de l'oxyde de carbone et des hydrocarbures. Après quoi, ces gaz se mélangeant à l'air qui est plus ou moins préalablement chauffé on obtient une combustion complète sans fumée.

Un certain nombre de fours de ce genre fonctionnent très régulièrement et donnent toute satisfaction.

Dans le four de Reich de Hanovre, le combustible est chargé

par la porte T ou par l'entonnoir, et tombe sur la grille soit
plane et inclinée, soit en échelons. Il est chauffé en A où l'humidité et la plus grande partie des gaz sont chassés. L'air nécessaire pour la combustion du combustible en oxyde de carbone
après sa chute sur la grille, arrive par E, les gaz du combustible
se mélangent dans l'espace B avec les gaz déjà expulsés.
L'entrée de ces gaz est réglée par le registre S. L'air nécessaire
pour la combustion complète pénètre par la soupape V et passe

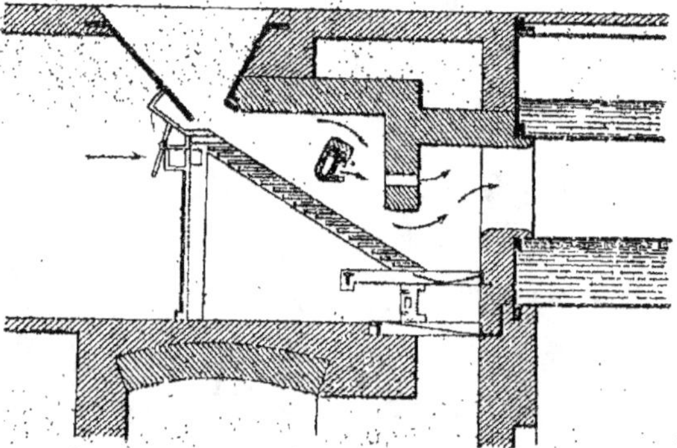

Fig. 146. — Four de Keilmann et Volker.

d'abord par le couloir L où il est réchauffé et en même temps,
refroidit les parois. L'air chaud passe dans l'espace M par les
trous O et est mélangé aux gaz chauds passant par le brûleur R
où l'on obtient la combustion sans fumée.

A la sucrerie de Papenheim avec une tourbe incomplètement
séchée, on a obtenu un gaz contenant 17,5 0/0 d'acide carbonique, 0,3 0/0 d'oxygène avec un tirage de 6^{mm},5 d'eau. L'évaporation était de 3^{kg},42 de vapeur pour 1 kilogramme de tourbe
A Kulebaki en Russie on a évaporé 4^{kg},42 de vapeur par kilogramme de tourbe.

Le four Keilmann et Völcker (fig. 146) est de construction
semblable; dans la partie supérieure des grilles, le combustible
est partiellement gazéifié et dans la partie inférieure complétement.

Les gaz de la partie supérieure de la grille sont mélangés dans leur marche vers le brûleur avec du gaz préchauffé dans l'espace laissé entre le mur de briques, fixe, et la paroi de devant mobile. Cette paroi de devant peut être levée ou abaissée ce qui permet de régler la quantité de combustible qu'on laisse descendre sur la partie inférieure de la grille.

CHAPITRE X

Carbonisation de la tourbe.

CARBONISATION EN TAS OU EN MEULES.

L'opération se fait comme pour le bois.

Cette manière de procéder est encore employée à Triangel. La tourbe séchée à l'air est en blocs rectangulaires longs de 60 centimètres.

Les tas à carboniser ont 6 mètres de diamètre, $3^m,60$ de haut et peuvent donner environ 10 tonnes de charbon de tourbe. Quand le tas est empilé la tourbe est recouverte d'une couche de gazon sec, puis de 10 centimètres de poussier provenant d'opérations antérieures.

La carbonisation conduite comme celle du bois demande à peu près deux semaines.

La matière employée est la tourbe à la machine, plus elle est réduite en pâte humifiée, exempte de cendres, meilleure est la qualité du produit.

Dans d'autres contrées, les meules contiennent de 5 à 6.000 briquettes, elles ont alors $2^m,50$ de diamètre, $1^m,20$ de haut.

On construit sur une aire préparée d'avance, comme pour la carbonisation du bois, une cheminée autour de laquelle on dispose les briquettes concentriquement. On superpose quatre, cinq, six couches de diamètre décroissant; on ménage des évents sur les côtés pour permettre à l'air de pénétrer, et de manière à bien répartir la chaleur. La forme régulière des briquettes permet en les empilant d'éviter les vides qui sont si nuisibles à la carbonisation du bois.

La meule est revêtue de terre ou de gazon battu et on met le feu par la cheminée centrale ou les évents.

On conduit la marche de l'opération comme pour le charbon de bois; l'inspection de la fumée permet de constater la marche de la carbonisation qui varie d'ailleurs avec l'âge, la nature, la densité de la tourbe.

Le rendement varie de 20 à 30 0/0 en poids.

Le rendement est d'autant plus élevé que la tourbe employée est plus sèche, il peut varier aussi suivant le soin apporté par les ouvriers à l'opération.

En Saxe, les tas sont souvent rectangulaires, une partie des sous-produits, goudrons et eaux ammoniacales est recueillie pendant l'opération qui est conduite comme précédemment.

CARBONISATION EN FOURS.

On a proposé un grand nombre de fours à carboniser la tourbe, mais bien peu ont donné des résultats intéressants.

Le four d'*Oberndorf* employé en Wurtemberg est de forme cylindrique, fermé à la partie supérieure par une voûte hémisphérique. Il a 3 mètres de hauteur, $1^m,80$ de diamètre à l'intérieur, un volume de 5 mètres cubes environ.

Le four proprement dit est entouré d'un second mur, formant revêtement; l'intervalle ainsi ménagé est rempli de sable conduisant mal la chaleur; de mètre en mètre, des pierres relient les deux murs. Au-dessus de la sole sont ménagées trois séries d'évents qu'on peut boucher à volonté. La porte qui sert à l'extraction du charbon est formée par une double plaque en fonte laissant entre elles un intervalle rempli de sable.

En chargeant le four, on ménage une cheminée dans l'axe pour permettre l'allumage. Au commencement du travail on laisse ouvert l'orifice supérieur et les évents inférieurs; aussitôt que la tourbe est enflammée, on ferme cette série d'évents et on ouvre ceux du rang supérieur. Lorsque toute la fumée a disparu, on bouche les ouvertures, on remplit l'intervalle de sable et on garnit le dessus d'un tampon. Cette suppression de l'accès de l'air s'effectue au bout de deux jours, on laisse ensuite refroidir pendant une semaine.

On juxtapose plusieurs fours pour avoir un travail continu on a proposé aussi de défourner le charbon produit, dans un étouffoir ménagé au fond du four, qui devient ainsi disponible pour une nouvelle charge.

En Bavière à Stalbach, près de Munich on emploie des fours *Schwartz*. On dirige à travers la tourbe les gaz de la combustion produite par un foyer voisin. Ce four est un large cylindre en tôle de $4^m,75$ de diamètre, $1^m,10$ de hauteur, garni d'un revêtement en maçonnerie. A la partie inférieure, se trouve un plancher métallique à grillage sur lequel repose la tourbe.

Pour l'extraction, le cylindre est muni en haut d'un couvercle sur lequel aboutit un large tuyau communiquant avec un foyer du genre de ceux des fours à porcelaine. Le tirage artificiel est réglé de manière que la flamme ne contienne pas un excès d'oxygène.

Les gaz chauds décomposent la tourbe en passant à travers sa masse et entraînent les produits volatils qu'on reçoit dans un condenseur, on obtient ainsi du goudron comme sous-produit.

Le four contient environ 14 mètres cubes de tourbe, et exige 175 kilogs de bois de chauffage. L'opération dure 15 heures, on laisse refroidir 12 heures, et on retire une quantité de charbon qui représente en poids la moitié et en volume les trois quarts de la matière brute.

Le charbon obtenu par ce procédé est dur, sonore, brillant comme du coke et beaucoup plus lourd que le charbon de bois.

Le four de *J. W. Rogers* employé en Irlande était d'une construction particulière.

Sous un hangar en bois, et dans l'axe longitudinal, on ménageait un cendrier courant tout le long du hangar. De chaque côté du cendrier était une ligne de rails formant une voie sur laquelle couraient de petits fours à carboniser, montés sur un châssis en fer, de forme conique et munis à leur partie inférieure d'une grille sur laquelle on place la tourbe à carboniser. Pour charger le four, on retournait le cône, on enlevait la grille, on entassait la tourbe dans le cône, puis la grille étant replacée, on remettait le cône, on plaçait le four sur le châssis que l'on roulait sur la voie dans le hangar, au-dessus du cendrier. Ces fours voyageaient dans une enceinte, sorte de couloir en tôle d'où débouchaient par endroits des tuyaux conduisant au toit. Entre les tôles étaient placés des capuchons mobiles couvrant les fours et agissant comme des cheminées, que l'on pouvait à volonté élever ou abaisser.

L'espace libre entre les fours et le toit était garni de wagons recevant la tourbe qui après exposition à l'air achevait de sécher.

Au début de l'opération on chargeait le cendrier avec des branchages ou du petit bois, les fours amenés au-dessus du foyer étaient ainsi allumés. Quand la carbonisation était complète, on fermait les cheminées et l'on enlevait les fours avec leur contenu. Chaque four contenait environ 300 kilogs de tourbe qui en cinq heures étaient transformés en charbon de tourbe. Il fallait 3 heures pour la carbonisation, 2 heures pour le refroidissement, et l'on faisait 4 opérations par 24 heures.

Le rendement en charbon était de 23 à 25 0/0.

Ce four très ingénieux produisait le charbon à des prix inabordables : 32 à 40 francs par tonne.

Le four de *Hall et Baindridge* à Middleton en Tesdale, consistait en un groupe de creusets verticaux.

Les chambres de carbonisation étaient formées d'anneaux de fonte boulonnés ensemble de 1^m,80 de diamètre et 4 mètres de longueur. Le tout était revêtu de maçonnerie. Une trémie d'alimentation au-dessus de chaque chambre permettait d'opérer le chargement comme dans un haut-fourneau. Le charbon produit était évacué au fur et à mesure dans une chambre de refroidissement.

La production était de 16 tonnes par semaine pour 4 chambres de carbonisation. La tourbe revenait à Middleton à 11 fr. 25 par tonne, la carbonisation coûtait 32 fr. 50. Hall et Bainbridge produisaient du noir de fonderie qui, tous frais compris, leur revenait à 57 francs par tonne.

Le lieutenant suédois H. Ekelund a fait faire de sérieux progrès à la carbonisation par le four continu qu'il a fait breveter en 1890.

Ce four consiste en 3 chambres superposées, celle du dessus sert au séchage, et à un chauffage préalable, celle du milieu à la carbonisation, celle du dessous au refroidissement. Les gaz provenant du foyer circulent dans des carneaux ménagés dans la maçonnerie, tandis que les gaz engendrés par la distillation passent dans une chambre de condensation, après quoi on les envoie dans des carneaux latéraux où ils servent au chauffage des fours.

L'on peut ainsi travailler d'une façon continue à l'abri des conduits d'air et en récupérant un certain nombre de sous-pro duits.

Soetje et Kahl ont imaginé un four dans lequel la tourbe venant directement de la tourbière est d'abord séchée puis carbonisée dans un four à double parois, chauffé par les gaz circulant entre les deux parois.

Dans le procédé de M. *A. G. Heidenstamm*, la tourbe employée est en briquettes de forme régulière, qui sont empilées dans un creuset, de manière à ne pas toucher les parois. Le fond du creuset est formé d'un piston. Le four étant rempli, on comprime la masse, puis on la chauffe.

Quand la carbonisation est achevée, on décharge le four et l'on refroidit le produit à l'abri de l'air. La grande difficulté du procédé est d'empêcher la matière de toucher les parois du four.

M. *Vilen* de Göteborg chauffe la tourbe ordinaire de 160° à 270° puis laisse la température s'abaisser à 40° et 50°. La carbonisation est faite dans des cylindres relativement petits en tôle noyés dans la maçonnerie.

Le produit est un charbon sans fumée, inattaquable à l'humidité, d'un pouvoir calorifique égal à 6.000 Calories tandis que celui de la tourbe traitée ne dépasse pas 2.500.

Le combustible produit par ce système reviendrait à environ 20 francs la tonne.

M. *Angle* carbonise la tourbe en vase clos à température

relativement basse et de la sorte retient dans le charbon les produits de la distillation.

Le chauffage se fait pendant 6 heures à une température qui monte de 50° à 100°.

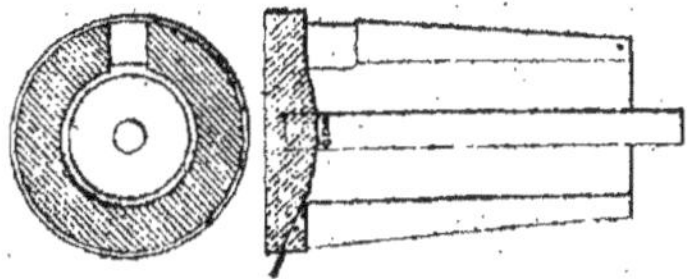

Fig. 147. — Four Hahnemann.

Le charbon produit à l'éclat métallique, est très dur, exempt de suie et il supporte très avantageusement d'être comparé aux houilles bitumineuses.

Le four *Hahnemann* (fig. 147) de forme cylindrique a un fond bombé. Une ouverture fermée par une plaque de fer est laissée

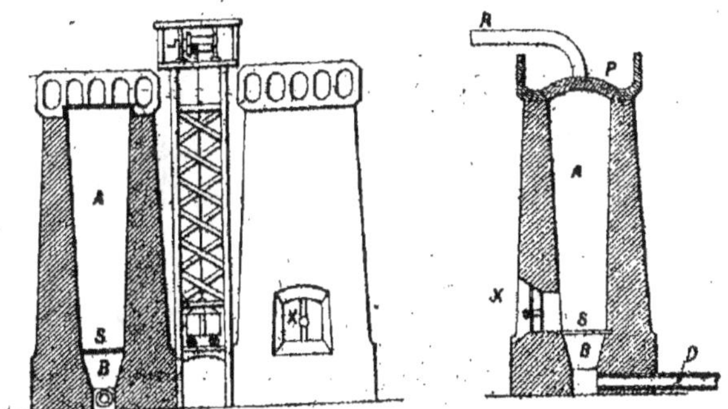

Fig. 148. — Four Wagenmann.

d'un côté pour l'enlèvement du coke, de l'autre, il y a un tuyau en communication avec l'appareil de distillation.

La partie inférieure du fût est pourvue de trois rangées de trous pour laisser entrer l'air nécessaire et, dans le centre du fût, il y a un tuyau en fer muni de trous à sa base, par lesquels le gaz peut s'échapper.

Quand le fût est plein de tourbe on l'allume au sommet.

L'ouverture du fût est alors fermée avec les plaques de fer et l'opération réglée par les divers trous à l'air.

Le four *Wagenmann* consiste en deux cônes (A) et (B), séparés par une grille (S) le cône supérieur a 2 mètres de hau-

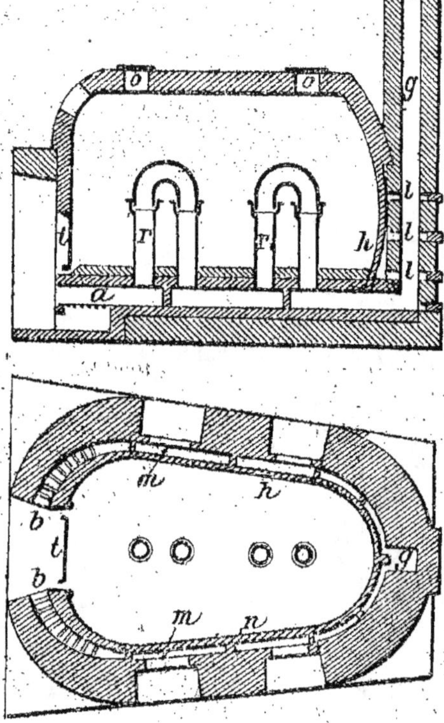

Fig. 149. — Four Lottmann.

teur, l'autre 45 centimètres sur le côté de ce dernier, il y a un tuyau servant de sortie pour le goudron et les gaz (fig. 148).

Le Coke est enlevé par l'ouverture (X) qui est à la même hauteur que la grille (S). Le cône (A) est rempli, par le dessus, de tourbe qui est allumée au sommet.

Quand la tourbe brûle, l'ouverture est close et la carbonisation est réglée par des trous à air placés dans les murs. La figure 149 montre le même four mais avec l'ouverture au sommet fermée avec un couvercle (P) pourvu d'un tuyau (B) servant de débouché pour les gaz.

Dans le four de *Lottmann*, on se sert d'un combustible spécial qui peut être de plus basse qualité pour produire la chaleur nécessaire.

La partie la plus large du four a 3 mètres et la plus étroite $2^m,25$. La cornue est chauffée par les gaz de la grille (a) et des grilles (c). Les gaz de la grille (a) sont appelés par des tuyaux en fonte (r) qui échauffent l'intérieur de la cornue et le gaz des grilles (c) circulent autour des murs minces (h) par les canaux (n) et passent par les trous (e) pour sortir de la cheminée (g).

La cornue est chargée par la porte (t) et les trous de charge (o) et contient à peu près 20 mètres cubes. Les gaz produits sont amenés à un appareil de condensation, l'opération est conduite en 60 heures environ, il faut ensuite 30 heures pour le refroidissement.

Dans le procédé de *Sahlström*, la tourbe est amenée dans un pressoir où la plus grande partie de l'eau contenue dans la tourbe est extraite mécaniquement. Elle est ensuite divisée en menus morceaux par un déchiqueteur, et passe au séchoir. Celui-ci consiste en un certain nombre de cylindres horizontaux chauffés au moyen de gaz perdus amenés du carbonisateur. La tourbe est poussée dans ces cylindres par des convoyeurs à vis et dans cette opération se brise encore. La température du séchoir ne doit pas dépasser 150° C. En passant par le séchoir, le reste d'humidité, avec l'alcool méthylique, l'acide acétique etc... est distillé et recueilli dans des condensateurs suivant la méthode ordinaire. Par suite de la construction particulière des convoyeurs, la tourbe n'avance pas dans les cylindres mais est constamment agitée de façon que de nouvelles surfaces se présentent à la chaleur. De cette façon, on obtient le maximum de résultat avec le minimum de dépense de chaleur et ainsi on peut effectuer tout le séchage artificiel de la matière requise au moyen de gaz sans l'emploi provenant du carbonisateur ou d'ailleurs.

18

En quittant le séchoir, la matière passe dans un tamis tournant où la fibre est enlevée automatiquement et la tourbe écrasée.

Après le tamis, la tourbe passe dans le carbonisateur où elle est partiellement ou totalement carbonisée suivant qu'on veut avoir du demi coke ou du coke.

Le carbonisateur d'une construction analogue à celle du séchoir, est alimenté et fonctionne automatiquement, tandis que les produits distillés, goudron, ammoniaque, gaz combustibles et non combustibles sont répartis dans différentes parties de l'appareil et sont recueillis, ou bien, dans le cas de gaz non combustibles, sont lâchés dans l'atmosphère.

Les gaz combustibles produits dans le carbonisateur fournissent tout le combustible nécessaire pour l'opération ainsi que la force requise pour actionner l'usine et comme le fonctionnement est entièrement automatique, le facteur coûteux de la main-d'œuvre est réduit à la simple surveillance de l'opération.

Du carbonisateur, la tourbe passe au refroidisseur dans lequel il peut être avantageux d'amener quelques uns des produits distillés, comme goudrons et gaz, pour qu'ils soient totalement ou partiellement absorbés par le charbon.

Après refroidissement, le charbon est passé aux machines à briquettes ou pulvérisé finement dans un broyeur convenable suivant la manière dont on veut utiliser le combustible.

Schöning de Stamsund (Norwège) presse la tourbe séchée à l'air entre des plaques chaudes, sous une forte pression, il obtient ainsi un produit partiellement carbonisé, occupant à peu près un huitième du volume de la tourbe brute employée. Ce procédé a éprouvé de gros ennuis par suite de la formation de gaz dans la matière, entre les plaques.

Fritz carbonise partiellement la tourbe séchée à l'air dans des cornues en laissant se produire juste assez de gaz pour chauffer les cornues.

La *Deutsche Torfkohlen Gesellschaft* a établi à *Halensee* près de Berlin une usine où l'on travaille d'après une méthode qui est une combinaison des procédés de Schöning et de Fritz.

La tourbe passe dans un appareil déchiqueteur, puis est introduite dans la plus élevée de trois cornues en fonte. Celles-ci sont munies de convoyeurs à vis dont la vitesse de rotation est calculée pour que la tourbe qui y est restée soit tenue dans les cornues une demi-heure avant de sortir de la 3ᵉ cornue (la plus basse). Au début, les cornues sont chauffées avec de la tourbe combustible, et ensuite avec les gaz développés. Les températures dans les cornues sont respectivement de 250°, 190°, 115°.

La masse de tourbe partiellement carbonisée est amenée à un moule en fer et pressée en briquettes sous une pression de 300 atmosphères avec des pistons de presse chauffés à 200° C. La pression dure à peu près 12 secondes. Les briquettes obtenues sont lourdes, n'absorbent pas l'humidité et brûlent avec une longue flamme sans fumer ni tomber en morceaux.

Une seconde usine établie à *Carolinenhurst* près de Stettin produit 77 tonnes par 24 heures et dispose de 5 presses hydrauliques.

L'usine coûte 375.000 francs et le coût de fabrication suivant les exploitants serait seulement, toutes dépenses comprises de 11 fr. 50.

En France, pour obtenir le maximum de rendement en charbon de tourbe, on étuvait à fond la tourbe avant de la charger dans les fours.

Au four de *Knab* à récupération des sous-produits, qui a été très employé, on adjoignait les récupérateurs de Gaillard et Haillot. Les gaz après s'être refroidis dans des réfrigérants comme ceux des usines à gaz d'éclairage repassent dans les conduites de gaz des gazogènes du four. La quantité de gaz distillé est assez grande pour produire une bonne carbonisation surtout si l'on réchauffe l'air comme dans les régénérateurs Siemens. Le gazogène n'est utile que pour la mise à feu, en marche régulière, la production de gaz de distillation suffit à la carbonisation.

En sortant des fours, le charbon de tourbe doit être étouffé.

Pour cela, sur l'un des côtés règne, dans une fosse, un chemin de fer sur lequel roulent de petits wagonnets portant des étouffoirs dans lesquels on refoule le charbon au moment du défournement.

M. *Colart* de Fontaine-sur-Somme a employé la carbonisation en vases clos qui permet de recueillir les produits que procure la distillation et de calciner la tourbe au degré voulu.

La cornue est en fonte hématite, les fours sont analogues à ceux des usines à gaz. Les gaz après la récupération des sous-produits font retour au foyer pour y brûler.

La tourbe carbonisée puis étouffée en 12 à 15 heures était transformée en coke de tourbe. Le rendement était de 35 à 50 0/0.

M. *Ziegler* a apporté dans la carbonisation de la tourbe des perfectionnements tels, qu'il devient possible de fabriquer commercialement le coke de tourbe sur une grande échelle.

Le four Ziegler (fig. 150) consiste en deux cornues verticales ayant 13 à 14 mètres de hauteur et une section elliptique. La moitié inférieure est en briques réfractaires et le dessus en fonte avec un mince revêtement extérieur en briques. Une autre enveloppe en briques laisse un espace intermédiaire pour l'air qui est divisé en deux courants de flamme par des murs.

Tout le four est protégé par des briques ordinaires.

Les cornues reposent sur une fondation en fonte et finissent en un entonnoir, 1 muni de deux ouvertures, pour sortir le coke de tourbe.

Chacune des cornues est fermée au sommet par des couvercles en fonte portant des boîtes d'alimentation 2. Les ouvertures par lesquelles est introduite la tourbe et sorti le coke sont à fermeture hermétique. Quand le four est mis en marche il faut fournir du combustible additionnel jusqu'à ce que l'opération de carbonisation soit bien en train.

Dans ce but, le four est muni de trois foyers inférieurs *a* et deux foyers supérieurs *c*. Les gaz de combustion passent par les courants de flamme *f* et *g* et de là au passage collecteur *h*.

Plus tard, ils sont employés pour sécher la tourbe dans des

chambres de séchage spécialement construites, ou s'échappent par la cheminée.

Chaque zône du four (chaque passage du feu) est pourvu d'un

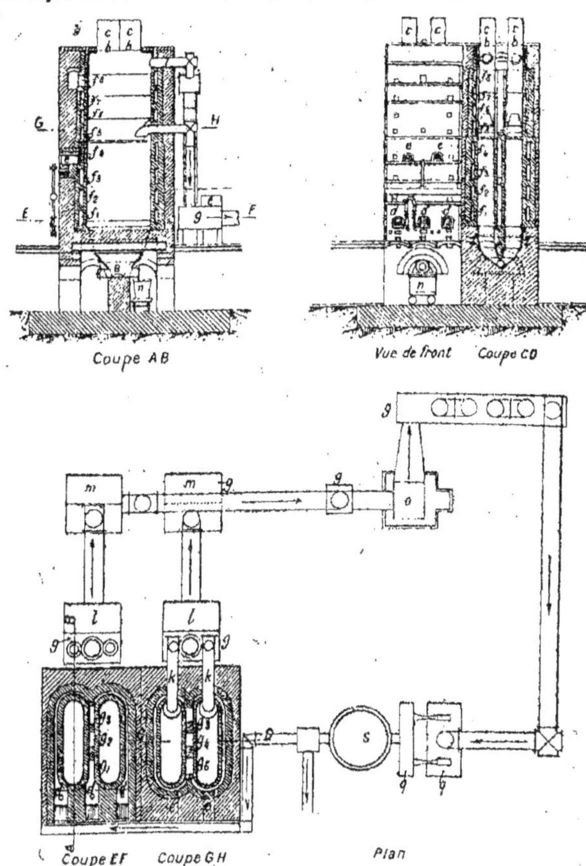

Fig. 150. — Four à cornues de Ziegler.

regard en avant et en arrière pour surveiller l'opération et prendre la température. Dans les passages de feu inférieurs, la température atteint 1000° C et dans ceux d'en haut 600°, 500°, et 400° respectivement. La plus haute température dans les cornues elles-mêmes atteint près de 600° C. La chaleur contenue dans les gaz (200° à 300°) provenant de la distillation sèche de la tourbe est employée à sécher le sulfate d'ammonium et d'acétate de chaux dans les vaisseaux *l* et *m*.

Les cornues sont chargées avec de la tourbe qui, si l'on veut du bon coke, doit contenir peu de cendres, avoir été bien réduite en pâte et ne pas contenir plus de 20 à 25 0/0 d'humidité. On se sert d'abord de combustible additionnel, mais au bout de 48 heures, il se produit assez de gaz non condensable pour que le chauffage soit arrêté et que les gaz soient employés. L'air nécessaire à la combustion est préalablement chauffé en le faisant passer autour des entonnoirs en fonte formant le fond des cornues, où en même temps il refroidit le coke qui y est contenu.

Quand le procédé est en fonctionnement continu, le coke est retiré toutes les heures des entonnoirs et mis dans des wagonnets hermétiquement clos où il est abandonné jusqu'à complet refroidissement. Après chaque défournement on remplit les boîtes d'alimentation *c* avec des mottes de tourbe fraîches, l'opération devient ainsi continue.

Les vapeurs d'eau et de gaz engendrées sont expulsées par le conduit d'aspiration *o* et traversent un condenseur refroidi par l'air *p* où se condensent le goudron et les eaux ammoniacales. Les gaz non condensables sont refoulés vers le four où ils servent à chauffer les cornues.

Quand on dispose d'une batterie de fours marchant simultanément, du gaz en excès devient disponible et peut être employé dans des moteurs à gaz.

Le four de Ziegler peut servir à faire soit du coke, soit du demi-coke.

Le four de Bamme employé en Oldenbourg ne diffère de celui de Ziegler que par des détails. on recueille également les sous-produits et les gaz sont employés au chauffage des fours.

A *Elisabethfehn en Oldenbourg* l'exploitation se fait par les procédés de O. Strenge.

L'installation consiste en un excavateur mécanique qui livre

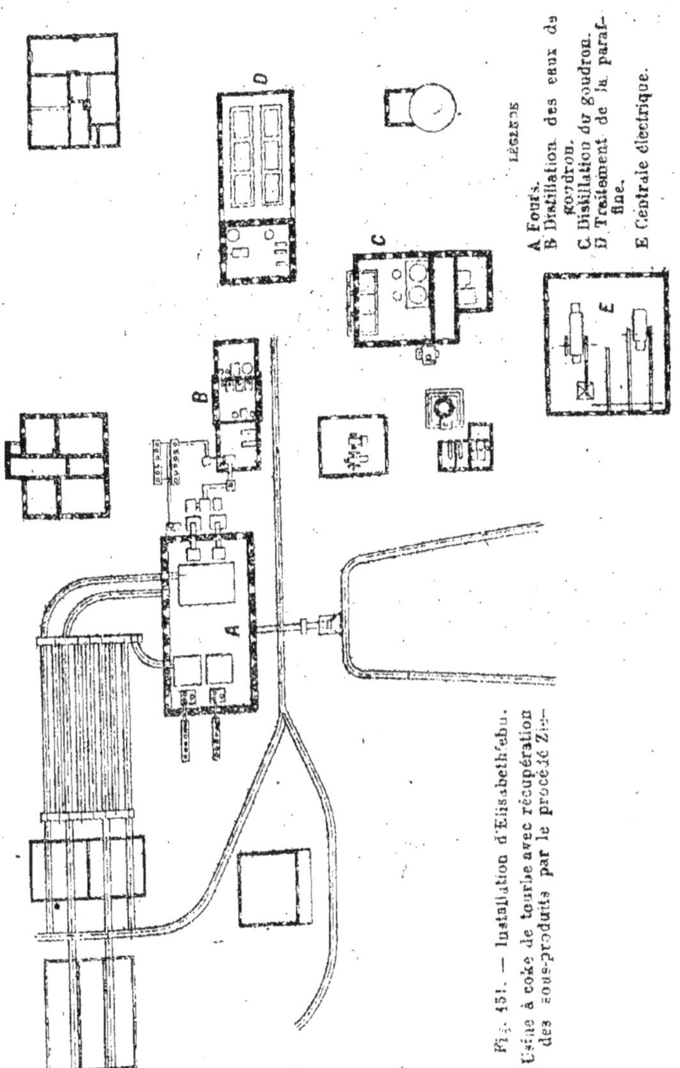

Fig. 451. — Installation d'Elisabethfehn.
Usine à coke de tourbe avec récupération
des sous-produits par le procédé Zie—

à un convoyeur la tourbe brute. Celle-ci est réduite en pâte
dans un malaxeur.

Durant le printemps et le commencement de l'été on fabrique le tourbe pressée à la machine, dans ce cas un autre convoyeur et une machine à étendre la bouillie sont combinés avec l'installation.

Dans la dernière partie de l'été et jusqu'aux premières gelées, l'installation sert à la préparation de la tourbe en vue de la fabrication du coke de tourbe.

On enlève le convoyeur de la machine à étendre et on lui substitue une rigole d'acier longue de 12 à 15 mètres, munie d'une vis de mélange. La tourbe en quittant la machine à mettre en pâte est mélangée dans cette rigole avec l'eau et s'écoule dans une auge située à une profondeur de 1 à 2 mètres.

Pendant l'hiver on recouvre la surface de la tourbe d'une couche de mousse de sphaigne pour l'empêcher de geler.

La masse de tourbe est taillée à la main au printemps et séchée de la manière ordinaire. La tourbe combustible bien en pâte lourde et compacte sert de matière première à l'usine à carboniser.

La tourbière bien drainée relativement exempte de racines et de souches est d'une exploitation particulièrement facile.

Un groupe d'appareils Strenge travaillant 13 heures peut produire 110 tonnes de tourbe séchée à l'heure.

Deux appareils fonctionnent à Elisabethfehn, un autre à Schwaneburg.

La force motrice nécessaire pour actionner un groupe est de 45 HP.

Le prix de ces appareils monte à 40.000 francs environ par groupe.

Les tourbières où ont fonctionné les machines de Strenge sont drainées à fond et il n'est pas démontré qu'on pourrait les employer là où se rencontrent des racines ou des souches.

La machine à couper introduite par Strenge a été un perfectionnement réel de son installation.

Les renseignements reçus sur cette exploitation permettent de dire que la tonne de tourbe séchée à l'air, toutes dépenses comprises, reviendrait à Elisabethfehn à 3,50 par tonne (le salaire des ouvriers étant aux environs de 7,50 par jour).

La tourbe chargée sur barges au canal se vend 13 francs la tonne.

La plus grande partie de la tourbe extraite est à carboniser.

L'usine comprend cinq fours Ziegler du type ancien et a été dotée des appareils nécessaires pour la récupération des sous-produits.

Le gouvernement prussien a fait étudier très minutieusement la marche de cette installation et les résultats de l'enquête conduite sous la direction de M. L. C. Wolff ont été publiés dans la Zeitschrift des Vereines Deutscher Ingenieure.

La tourbe employée contenait :

Carbone	35,3
Hydrogène	3,4
Azote	0,7
Soufre	0,1
Oxygène	28,4
Cendre	0,9
Humidité	31,0

La puissance calorifique a été trouvée égale de 3.792 à 3.423 calories. On peut l'évaluer à 3.500 calories en moyenne.

Un essai pratiqué sur 576 tonnes de substance sèche contenant 100 0/0 de tourbe a donné :

Coke de tourbe (mesuré)	163,7 t.	28,4 0/0
— sec	157,1	27,3
Goudron	25,8	4,5
Eau de goudron (mesurée)	269,0	46,6
— (non diluée)	179,4	31,2
Gaz (mesuré)	330 m³	
Gaz (déduction faite de l'air)	213 m³	
Pertes	0,32 t.	

Les 25,8 tonnes de goudron ont donné :

Huiles légères	11,6 t.	2 0 0
Huiles lourdes	3,9	0,7
Paraffine	1,8	0,3
Phénol	7,6	1,3
Asphalte	0,8	0,2

Les 269 tonnes d'eau de goudron ont donné :

Alcool méthylique	1,8 t.	0,37 0/0
Ammoniaque	0,9	0,31
Sulfate d'ammoniaque	1,6	0,31
Acide acétique	2,5	0,44
Acétate de potasse	2,8	0,50

Le gaz non condensable avait la composition suivante :

	En poids	En volume
Acide carbonique CO^2....	48,8	27,4
Oxygène O.......	2,8	2,2
Azote Az...,............. ..	25,5	22,5
Oxyde de carbone CO......	9,7	8,5
Méthane CH^4....,......,. .	9,6	14,8
Hydro carbures Cn Hn....	1,7	1,0
Hydrogène Hu..	1,9	23,6

Le pouvoir calorifique supérieur était de 2.877 calories par mètre cube.

Le prix de revient par tonne de coke, obtenu avec la tourbe la plus sèche, d'après Larson et Wallgreen était :

3 tonnes de tourbe à $6^{fr},40$ la tonne...	19,20
Main-d'œuvre par tonne de coke.......	4,55
Amortissements de l'installation ......:	1,52
Réparations et entretien............,....	1,82
Divers frais d'administration.....	1,82
Total......... . 28,91	

On pouvait en déduire la valeur des sous-produits donnés par une tonne de tourbe :

		Prix aux % kg. en fr.	Valeurs en fr.
2446,30	d'huiles..,...........	10	9,72
2,70	Paraffine...	70	2
4,70	Phénol............ ...	160	18,72
1,80	Asphalte.... ,.......	18	0,27
3 kg.	Alcool méthylique..,.	135	4,05
45	Acétate de chaux.....	11	4,95
3	Sulfate d'ammoniaque	85	1,05
			40,76

Il faudrait dans ces évaluations tenir compte des matières employées pour la récupération des sous-produits, de l'amortissement des machines, mais ces réserves faites on peut admettre que dans les conditions ci-exposées, avec les prix ci-dessus admis comme moyenne l'opération est très lucrative, la récupération des sous-produits paie très largement tous les frais de l'opération et l'on a le coke de tourbe pour rien.

Une usine a été construite en 1901 en Russie à *Radkino* d'après le système Ziegler. Elle comporte 8 fours établis plus particulièrement pour faire du demi-coke à employer dans les locomotives,

La tourbière de Radkino a environ 1.280 hectares de superficie; la tourbe extraite est travaillée par 20 machines Anrep qui produisent annuellement 60.000 tonnes de tourbe séchée à l'air. L'usine à carboniser travaille toute l'année.

D'un essai de 40 jours sur 4 cornues jumelles, M. J. Karischen déduit :

1° Les gaz non condensables produits en faisant le demi-coke sont suffisants pour chauffer les cornues ;

2° La capacité journalière par four est plus élevée quand on fabrique du coke au lieu de demi-coke;

3° Sur le poids de tourbe employée, suivant l'humidité de cette tourbe, on obtient soit 36 0/0 de coke, soit de 44 à 48 0/0 de demi-coke;

4° Même en admettant des prix très bas pour les sous-produits, ceux-ci compensent les dépenses d'exploitation, et coke ou demi-coke s'obtiennent pour rien.

On obtient dans la fabrication du demi-coke :

Goudron	4,34 0/0
Eau de Goudron	29,60

L'eau de goudron contenait :

Alcool méthylique	0,40 0/0	
Acide acétique	0,80	(Acétate chaux 1,25 0/0).
Ammoniaque	0,85	(Sulfate d'ammoniaque 3,30 0/0).

Un kilog de demi-coke évapore de 5 ,76 à 6^{kg},83 d'eau dans des chaudières fixes ou des locomotives.

CHAPITRE XI

Distillation de la Tourbe

§ 1. — Gaz et Gazogène.

On peut distiller la tourbe pour produire soit du gaz d'éclairage, soit du gaz de chauffage, soit du gaz pour force motrice.

Les gaz provenant de la distillation sont assez complexes. *A. Bobiere*, analysant des gaz provenant de tourbes moulées de Montoire, trouve la composition ci-dessous qu'il est intéressant de comparer avec les résultats d'une analyse de C. de Marsilly sur les tourbières de la Somme.

	Montoire	Somme
Acide carbonique	14	14
Azote et oxygène	6	5
Hydrocarbures	10	11
Hydrogène	37	40
Oxyde de carbone	33	30

Ces gaz sont en général peu éclairants. Colart en carburant la tourbe à l'aide de son propre goudron obtenait par tonne environ 400 mètres cubes de gaz d'éclairage.

Quelques essais ont été faits en Irlande. Suivant M. *R. L. Johnson* on obtiendrait dans le Comté de la Reine et celui de Westmeath, à un prix convenable un gaz de bonne qualité.

M. Reisig a obtenu un gaz purifié dont la composition était :

	I	II
Hydrocarbures lourds	9,52	13,16
Méthane	42,65	33
Hydrogène	27,50	35,18
Oxxde de carbone	20,33	18,34
Azote	—	0,32

En 1878, Sir *William Siemens* a installé, aux *Ateliers d'Inchicore* du Great Southern and Western Railway, des gazogènes employant la tourbe à 60 0/0 d'eau. Deux tonnes de tourbe donnaient le même résultat qu'une tonne de houille,

En 1897, M. *G. Meylander* de Christiana a entrepris des essais aux usines à gaz de cette ville, et obtenu les résultats suivants :

Une tonne de tourbe produit :

36 kilogs de coke contenant 7,2 0/0 de cendres.

297 kilogs de goudrons et eaux ammoniacales.

270 m³ de gaz contenant en volume 19 0/0 d'oxyde de carbone.

En purifiant le gaz à la chaux il obtenait 264 mètres cubes de gaz pur.

A. *Gazogènes industriels.* — Quand on destine les gaz au chauffage, on emploie des gazogènes ordinaires, un fût vertical pourvu d'une grille plane ou à échelons, au fond, et d'une boîte d'alimentation imperméable à l'air, au sommet.

La couche de combustible est tenue à une telle hauteur que l'acide carbonique est réduit en oxyde de carbone.

Suivant *Ebelmen* (cité par Hausding) la composition du gaz rapprochée des autres combustibles est la suivante :

	Charbon de bois	Bois	Coke	Tourbe
Azote.	63,24 à 64,9	50 à 55,5	54,1-64,8	61,8-63,1
Oxyde de carbone	31,3 à 34,1	19 à 32,4	33,5-33,8	21,8-22,4
Acide carbonique	0,5 à 7,8	7,2 à 31,5	0,8-14,3	9,1-14,0
Hydrogène.	2,8 à 0,2	0,7 à 17,8	0,1- 1,5	7,6- 9,5

La déperdition de chaleur dans les appareils les mieux construits ne dépasse pas 15 0/0.

En gazéifiant la substance sèche de combustible, *Sugler* obtient les résultats ci-dessous :

	Tourbe	Lignite	Houille
Acide carbonique	14	6	6
Oxyde de carbone	15	22	22
Hydrogène	10	8	9
Hydrocarbures	4	2	2
Azote	57	62	61

On pourrait obtenir avec de la tourbe du gaz ayant la même

valeur calorifique que celui venant de la houille, mais la tourbe
contenant 20 à 30 0/0 d'eau, la puissance calorifique du gaz
est diminuée d'autant ; on a quelquefois jugé nécessaire de
condenser les vapeurs d'eau. Mais ce système était mauvais, car
on condensait en même temps des hydrocarbures lourds, on
diminuait la valeur calorifique du gaz et l'on n'obtenait aucun
bénéfice appréciable.

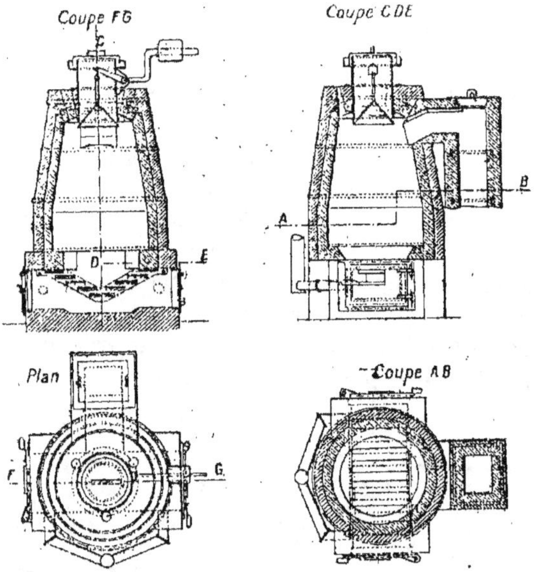

Fig. 152. — Gazogène Odelstjerna.

Cependant dans les installations avec récupération de sous-
produits la question présentait beaucoup d'intérêt.

Le gaz de tourbe a été employé à la Sucrerie de *Karpsalund*
(Suède) on obtenait 4,5 à 5 kilogs de vapeur par kilog de
tourbe.

En Russie, avec le gazogène de *Strojanow*, on a obtenu
5 kilogs de vapeur par kilog de tourbe.

Depuis de nombreuses années, on emploie en Suède la

tourbe dans les fours à régénérateur Siemens pour la fusion de l'acier ou celle du verre.

La figure 152 montre le gazogène dû au professeur *Odelsterna* et employé aux usines à fer de *Kohlswa* (Suède).

Le gazogène de Bildt muni d'un alimentateur automatique (fig. 153) est employé dans un certain nombre de fabriques de Suède ou des États-Unis.

Le combustible est distribué, sans interruption et avec uniformité sur la surface de charge et on obtient un gaz de quantité uniforme. Le gaz produit destiné au chauffage a la composition suivante :

Oxyde de carbone	30,7
Acide carbonique	3,4
Oxygène	0,3
Hydrogène	12,8
Hydrocarbures	7
Azote	45,8

Aux *usines Bofors à Wermland* en *Suède*, on emploie un gazogène avec 4 cendriers pourvus de tuyères pour l'injection d'air. Le chargement se fait par une trémie fermée par un cône à fermeture hydraulique.

Aux *usines de Motala*, on emploie depuis 30 ans, des gazogènes à tourbe pour le chauffage des fours à puddler et des fours à sole.

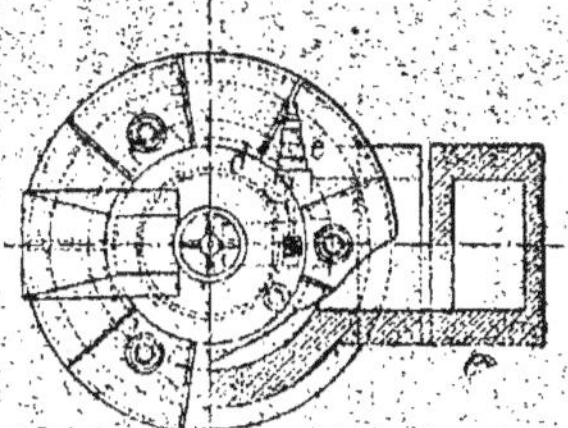

Fig. 153. — Gazogène C. W. Bildt.

Au laminoir on a constaté que les platines réchauffées au gaz de tourbe donnaient de meilleurs résultats qu'avec le gaz de houille, plus riche en soufre et phosphore. Aussi préfère-t-on le gaz de tourbe bien qu'il soit plus cher.

La tourbe employée a la composition moyenne suivante :

Carbone............	80
Hydrogène	6,4
Oxygène.........................	31,7
Azote ;.............................	1,9

ou si l'on tient compte de l'eau et des cendres :

Carbone	3,82
Hydrogène......................	4,1
Oxygène:.....	20,2
Azote......	1,2
Soufre.....	0,0
Cendre............	8,6
Eau hygroscopique..............	27,7

Le gaz a la composition suivante :

Acide carbonique.......	6,9 0/0 en volume
Oxyde de carbone	26,0
Hydrocarbures........	4,9
Hydrogène...........	8,5
Azote	53,7

En Allemagne on emploie beaucoup de tourbe pour la fabrication de la brique et de la chaux.

D'après Hausding [1] l'emploi du gaz de tourbe pour la fabrication du verre est supérieur et donne les meilleurs résultats.

En employant le gaz dans les moteurs à gaz, on accroît considérablement l'effet du combustible et l'on peut employer avantageusement les combustibles de basse catégorie.

Les combustibles bitumineux comme la tourbe, lorsqu'ils sont chauffés ou gazéifiés donnent des hydrocarbures en même temps que de l'oxyde de carbone et de l'acide carbonique.

Les divers hydrocarbures sont formés conformément aux formules :

$$C\,H_{2n+2} \qquad C''\,H_{2n} \qquad C\,H_{2n-2}$$

Dans ces formules, si on donne des valeurs différentes à n, on obtient différents gaz. Plus élevé est n, plus haut est le point de fusion et d'ébullition de l'hydro-carbure correspondant.

Dans un gazogène à combustible non bitumineux, les hydrocarbures sont chassés et mélangés, dans l'appareil de refroi-

[1] Hausding. Handbuch der Torfgewinnung, p. 434.

dissement et les scrubbers, aux gaz permanents du combustible. Le goudron, la paraffine et les vapeurs d'eau s'y condensent, l'eau employée emporte beaucoup de ces substances, les scrubbers sont vite encrassés ; les gaz entraînent une partie notable de goudrons dans les tuyaux et jusqu'aux moteurs, provoquant l'encrassement des soupapes.

Il faut donc construire des gazogènes spéciaux susceptibles

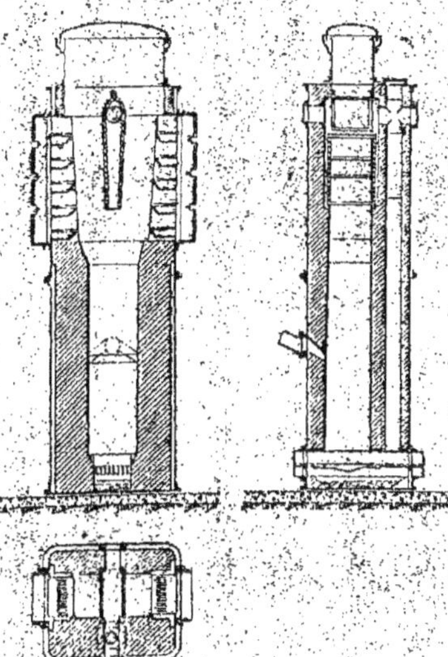

Fig. 154. — Gazogène à tourbe de Körting.

de transformer les hydrocarbures lourds en gaz permanents dans le gazogène même.

Un des premiers appareils de ce genre est le gazogène de Ludwig Mond, où le combustible bitumineux est gazéifié avec l'addition d'une grande quantité de vapeur. L'azote contenu dans le gaz est récupéré comme sulfate d'ammoniaque et le gaz susceptible d'être employé dans les moteurs.

Le gazogène à tourbe de Körting est un gazogène à succion et consiste (fig. 154) en une haute colonne avec une grille vers le bas. Les parties supérieures de la colonne sont munies de grilles sur deux côtés, et d'un collecteur et tuyau de décharge

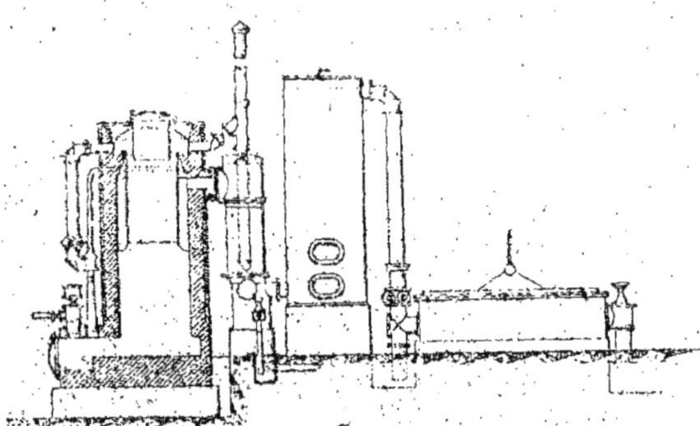

Fig. 155. — Gazogène Pintsch.

pour les gaz produits dans la partie supérieure du gazogène. Une petite partie de la tourbe chargée tombe sur les grilles et y est brûlée. La chaleur ainsi développée suffit pour sécher la tourbe et chasser complètement les gaz.

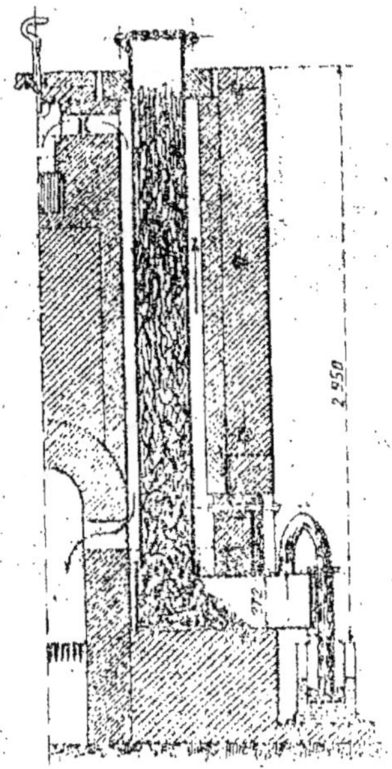

Contrairement aux gazogènes à briquettes, où les gaz développés sont complètement attirés au travers de la couche de combustible jusqu'au débouché pour les gaz, dans le gazogène à tourbe ils sont attirés au sommet du gazogène, passent par le tuyau latéral et mélangés à l'air, traversent la grille au bas de la colonne. Les hydrocarbures et les vapeurs d'eau se décomposent dans leur marche ascendante. En même temps que l'acide carbonique est transformé en oxyde de carbone.

Fig. 156. — Gazogène de Riché.

Un débouché pour les gaz est placé un peu en-dessous du
milieu de la colonne.

Le gazogène de Julius Pintsch (fig. 135) consiste en un fût

Fig. 157. — Installation Riché pour gaz de tourbe.

pourvu d'un cylindre en fonte de fer, agissant comme une
cornue où se gazéifient les substances bitumineuses.

Les gaz sont attirés de la partie supérieure du fût, au moyen
d'un éjecteur à vapeur, et refoulés dans la partie inférieure, où
ils sont mélangés à l'air.

Le mélange de gaz et d'air traverse la couche de charbon chaud
et se transforme en hydrogène, oxyde de carbone et méthane.

L'on ne peut employer dans cet appareil que de la tourbe à 60 0/0 d'humidité ramenée grâce à l'action des gaz d'échappement à 25 ou 30 0/0 d'humidité avant de passer dans le gazogène proprement dit. Le gazogène et le moteur sont voisins et l'on ne récupère pas les sous-produits de la distillation.

Dans le gazogène H. Riché (Paris) la tourbe est chargée dans des cornues verticales en fonte placées dans des fourneaux chauffés du dehors.

Le débouché pour les gaz est situé aux extrémités inférieures des cornues (fig. 156) par où les gaz sont envoyés au travers du charbon chaud (environ 900°) restant dans les cornues de la charge précédente. L'opération est conduite de telle façon que les deux cornues soient accouplées. Les gaz produits dans l'une sont envoyés dans l'autre remplie de charbon chaud.

Les vapeurs d'eau expulsées de la charge fraîche sont décomposées en traversant le charbon chaud, et il se forme de l'hydrogène et de l'oxyde de carbone. L'acide carbonique est réduit en oxyde de carbone et les hydrocarbures sont transformés en gaz permanents.

L'installation est représentée figure 157.

Les cornues s'usent relativement vite en raison de la haute température requise. La pression dans les cornues est de 20 centimètres d'eau et, dans le gazomètre, de 10 centimètres d'eau.

Le gaz a la composition suivante (d'après Larson et Wallgreen) :

Acide carbonique	20 0/0 en volume
Oxygène	22
Hydrocarbures	13
Hydrogène	44

La valeur calorifique du gaz est de 3060 calories environ.

La tourbe à 30/35 0/0 d'humidité donne par 1000 kilogs : 600 mètres cubes de gaz et 35 kilogs de coke de tourbe.

En 1913, à l'exposition de l'Allemagne orientale, à *Posen*, on a beaucoup remarqué une installation de force motrice actionnée par le gaz de tourbe et qui servait à alimenter l'exposition en énergie électrique. La tourbe y est gazéifiée dans un gazogène spécial qui emprunte l'air de gazéification aux caniveaux inférieurs renferment les conduites d'échappement du gaz, dont la chaleur est ainsi récupérée. Comme ce gazogène fournit un gaz parfaitement exempt de goudron, et que la poussière est séparée dans le scrubber, le moteur s'encrasse peu. A la sortie du scrubber, le gaz, toujours humide, passe pour se sécher dans un épurateur à sciure, susceptible d'un nettoyage facile. Le gazogène ne comporte pas de grille. Il se charge par le haut, au moyen d'une trémie à double fermeture.

Le moteur à gaz d'une puissance de 300 HP était peu sensible aux fluctuations de la quantité du gaz dues à la teneur très variable en eau.

Avec une tourbe de qualité moyenne, la consommation était d'environ 1 kilogramme de tourbe par cheval-heure.

A *Nacosari, aux États-Unis*, la Company-*Loomis Pettibone* a installé des gazogènes à tourbe d'un modèle spécial. Les produits de distillation d'un gazogène passent à travers la masse incandescente d'un second gazogène, et les goudrons sont ainsi éliminés sous forme de gaz utilisables.

Le gazogène à tourbe des *Ateliers de construction de Gorlitz* est construit pour des puissances jusque 300 HP.

Il n'a pas de grille, les cendres descendent et s'éteignent dans l'eau et sont enlevées au fur et à mesure que le cendrier se remplit.

La particularité de cet appareil est le mode d'aspiration de gaz et d'introduction de l'air.

L'air introduit autour de la prise de gaz refroidit le gaz en même temps qu'il s'échauffe assez pour permettre de traiter les tourbes humides.

D'autres tuyaux d'admission d'air sont ménagés dans la maçonnerie où l'air s'échauffe également.

Les trous ménagés sur le pourtour du gazogène, surveiller, régler l'allure du gazogène, et à per ouvrant ou les fermant, d'obtenir partout l combustion.

Ces gazogènes sont largement dir les résultats suivants

	Tourbe de Hanovre	Tourbe de Brunswick
Carbone.	41,42%	30.3
Hydrogène.	3,58	2,71
Oxygène et azote	18,85	1.703
Soufre	0,25	0,15
Cendres	3 20	478
Eau	32,3	44,42
Pouvoir calorifique de la tourbe	3.596 cal	2.892
Gaz produit par tonne (en m³).	1.860 m³	1.320
Pouvoir calorifique du gaz	1.429 cal.	1.350

B) *Gazogènes avec récupération des sous-produits.* — En traitant la tourbe par distillation on recueille des goudrons et des eaux ammoniacales.

Par tonne de tourbe on récupère de 50 à 75 kilogs de goudrons de composition suivante :

Huiles légères	11
Huiles lourdes	70
Brai sec.	12
Divers et pertes.	7

Dans ces hydrocarbures, on trouve, suivant Lencauchez :

Benzine	6 0/0
Huiles d'éclairage.	10
Huiles lourdes (à graisse).	10
Huiles sans emploi industriel.	8
Acide phénique créosoté.	10
Paraffine.	6
Charbon graphiteux	4
Brai sec	8

La tourbe renferme relativement aux autres combustibles une quantité considérable d'azote assimilable.

Rohart analysant les tourbes ci-dessous, et évaluant leur valeur basée sur le prix de l'azote à 1 fr. 65, trouve les valeurs ci-après :

Tourbe à 20 % d'eau de	Azote %	Valeur
Mennecy (S. O)	2,4	39,60
Valuatre près d'Abbeville	2,09	34,40
Leven (Finistère)	1,7	28,00
Saumur	0,65	10,07
Montoire	0,55	9,20

D'après M. *Kolb* (Bulletin de la Société d'encouragement à

l'Industrie nationale, janvier 1875, page 64). Les tourbes de Picardie donnent à la distillation sèche les résultats suivants :

	Ammoniaque	Sulfate
Tourbe de Picardie : 1re qualité	2 0/0	8 0/0
— 2e qualité	1,7	6,8
— 3e qualité à cendres blanches	1,0	4,0
Tourbe de Montoire (Bosc)	0,55	2,2

L'azote de la tourbe passe plus facilement par calcination à l'état d'ammoniaque que celui de la houille, attendu que la cendre est très calcaire et par suite plus basique que celle de la houille.

Le principal des sous-produits récupérés dans le traitement de la tourbe par carbonisation ou par distillation est le sulfate d'ammoniaque.

La quantité produite dépend de la teneur en azote de la tourbe traitée. On se rend aisément compte que pour une tourbe donnée, la quantité maximum de sulfate qu'il soit possible de produire est égale à $\dfrac{132}{28}$ fois l'azote contenu dans cette tourbe.

La *Power Gas Cy* a été la première en l'année 1905, à s'occuper du problème d'utiliser la tourbe pour la production de force motrice et d'en récupérer des sous-produits.

Depuis cette époque, des centaines de spécimens de tourbe provenant de toutes les parties du monde, ont été examinés. De nombreux essais pratiques ont été également réalisés avec des tourbes expédiées en vrac, d'Irlande, de Suède, d'Allemagne, d'Italie et d'autres pays.

L'utilisation de la tourbe sèche n'a jamais présenté la moindre difficulté, mais comme la tourbe extraite des tourbières renferme 90 0/0 d'humidité et que, jusqu'à ce jour (malgré plus de cinquante années de recherches par des savants éminents), il n'a été trouvé aucun appareil mécanique pour la sécher économiquement, la Power Gas Cº a reconnu, qu'un procédé quelconque, pour être réellement avantageux doit employer la tourbe pouvant être extraite pendant la plus grande partie de l'année.

Le procédé de la Power Gas Cy permet d'utiliser de la tourbe à 60 ou 70 0/0 d'eau et on peut atteindre ce pourcentage à l'air libre, de courte durée, en tous pays, en toutes saisons, excepté au plus fort de l'hiver.

Ce résultat a été obtenu industriellement dans les installations suivantes :

1° Un gazogène de 20 tonnes a été monté en Westphalie pour faire une démonstration des procédés de la Power Gas. Ce gazogène a intéressé le Gouvernement allemand à un tel point que, sous les auspices du Ministère de l'agriculture de Prusse, des essais très importants, avec récupération de sous-produits, ont été faits par les représentants de cette C° sur la tourbe provenant des grandes tourbières du Nord de l'Allemagne. Les essais ont été si concluants que le gazogène dont il est question ci-dessous a été ensuite installé.

2° Une grande centrale électrique a été montée sur une tourbière située à 40 kilomètres d'Osnabruck (65.060 habitants), la station électrique de cette ville a trouvé intérêt à arrêter ses machines à vapeur pour prendre le courant à 30.000 volts produit par la station de la tourbière. L'installation gazéifie par 24 heures, 210 tonnes de tourbe séchée à l'air, contenant 60 0/0 d'eau, et en récupère les sous-produits. Le gaz obtenu sert à alimenter 3 moteurs à gaz tandem à double effet de 1.150 HP chacun, couplés à des alternateurs marchant en parallèle. Le courant électrique est distribué à Osnabrück même et dans un rayon de 40 kilomètres.

3° Une centrale électrique a également été montée près d'Orentano (Italie) avec des Gazogènes « Mond » fabriquant le gaz et récupérant les sous-produits de la distillation de 100 tonnes de tourbe par 24 heures.

Une partie de ce gaz est employée à alimenter 3 moteurs à gaz tandem à double effet, de 500 HP chacun, actionnant des alternateurs marchant en parallèle. Le courant électrique est distribué dans les environs, et à Pontedera située à 20 kilomètres de la tourbière. La station n'a cessé de fonctionner d'une façon ininterrompue depuis la mise en route du gazogène.

4° Une filature de coton, près de Moscou, est actionnée par un moteur de 300 HP alimenté par le gaz produit avec de la tourbe contenant 30 0/0 d'eau. La distillation se fait dans un gazogène Mond, du type « Semi-Bitumineux » sans récupération de sous-produits.

La Power Gas Cᵒ possède une station d'expérience d'une puissance de 600 à 700 HP d'une façon normale, employant le gaz pauvre produit avec de la tourbe. Elle peut faire tous les essais utiles sur des échantillons de tourbe en vue d'en connaître le rendement en gaz et en sulfate d'ammoniaque avant d'engager la construction d'une usine.

En principe, le procédé consiste à gazéifier la tourbe dans des gazogènes spéciaux et construits pour employer de la tourbe humide, au moyen d'un mélange surchauffé d'air et de vapeur. Le gaz obtenu est traité en vue de la récupération des sous-produits et est refroidi et épuré pour être ensuite utilisé dans des moteurs à gaz.

Une partie du gaz trouve son emploi, dans le procédé lui-même, pour la production de vapeur.

Le sous-produit le plus intéressant que l'on récupère est le sulfate d'ammoniaque dont le prix de revient est de 75 à 100 francs la tonne, qui se vend facilement 350 à 360 francs.

Le rendement en sulfate d'ammoniaque est fonction de la qualité de la tourbe et de sa teneur en azote ; il varie de 40 à 100 kilogrammes par tonne de tourbe sèche traitée.

Le terme « tourbe sèche » est employé simplement comme terme de comparaison, puisque la tourbe est travaillée en réalité à l'état humide.

Le bénéfice à réaliser est tellement considérable qu'il est possible dans bien des cas, sans faire entrer en ligne de compte la valeur du gaz disponible pour la force motrice ou le chauffage, d'atteindre un bénéfice de 100 0/0, uniquement sur le sulfate d'ammoniaque produit, défalcation faite du coût de l'extraction de la tourbe, de son transport à l'usine, de la main-d'œuvre, du magasinage et de la rémunération du capital engagé, etc., etc.

En effet, avec des tourbes relativement pauvres en azote, il est possible, dans bien des cas, de produire du gaz pour rien, le coût de la force motrice se trouvant alors réduit aux frais occasionnés par la conduite des moteurs à gaz, majorés des charges du capital afférent à ces derniers.

Indépendamment du sulfate d'ammoniaque, on peut encore récupérer d'autres sous-produits, tel que l'acétate de soude ou de chaux, l'acétone, l'esprit de bois, le goudron, qui sont tous des produits de valeur et qui, pour de grosses installations constituent une source de bénéfices importants.

Le goudron recueilli diffère entièrement de couleur, mais il peut être séparé en paraffine, huiles de graissage, créosote, huile de Diésel, brai, etc. Ces produits rendent le traitement du goudron très rénumérateur.

Les essais entrepris avec les gazogènes Mond, ont donné les résultats suivants :

Combustible employé	Tourbe d'Allemagne	Tourbe d'Italie	Tourbe d'Angleterre
Teneur en humidité	40 à 60 %	15 %	57,5 %
— en azote	1	1,58	2,3
Quantité de gaz produit par tonne de tourbe théoriquement sèche	2.400 m³	1.700 m³	2.550 m³
Pouvoir calorifique du gaz produit par mètre cube	1.335 cal.	1.177 cal.	1.201 cal.
Sulfate d'ammoniaque produit par tonne de tourbe théoriquement sèche	31,5 kg.	52 kg.	97 kg.

Suivant le professeur *Watson Gray* dans les tourbières d'Allen, la teneur moyenne en azote était de 1,6, la quantité théorique de sulfate à récupérer était d'environ 76 kilogrammes par tonne de tourbe sèche; les essais faits à Openshaw, par Messieurs Crossley ont permis d'obtenir 46 kilogrammes, soit 60 0/0 du maximum théorique. Les même industriels essayant une tourbe à 2,2 0/0 d'azote ont obtenu 63 kilogrammes de sulfate.

Dans le mémoire présenté au Congrès International des Mines et de la Métallurgie tenu à Dusseldorf en 1910, M. *O. Rau* s'inquiétait déjà de la concurrence que pouvait faire à l'industrie du coke avec récupération des sous-produits, l'exploitation des tourbières.

Après avoir rappelé les travaux de Ludwig Mond sur la distillation de la houille par gazogène et la récupération de l'ammoniaque sous forme de sulfate, M. Rau signalait comme un concurrent sérieux les combustibles de peu de valeur comme la tourbe, traités par une méthode dérivée de celle de Mond.

Les travaux de A. Frank en 1907 à la houillère Mont-Cenis sur une installation à gaz Mond ont permis d'établir un gazogène tourbe de 1 000 HP donnant un gaz de 1 400 calories et permettant de récupérer de 77 à 80 0/0 de l'azote comme ammoniaque.

D'une tonne de tourbe, on retire 60 kilogrammes de sulfate, en même temps qu'on développe une puissance de 1 000 HP.

À Saint-Louis (U. S. A.) des essais très importants ont été entrepris par la firme Westinghouse qui a construit une installation développant 250 chevaux, comprenant un gazogène, un laveur, un ventilateur centrifuge pour dégoudronner.

Par tonne de produit on obtient 380 mètre cube de gaz titrant :

Acide carbonique	8,2
Oxyde de carbone	18,8
Oxygène	0,2
Hydrocarbures lourds	0,5
Hydrocarbures légers	17,4
Méthane	20,6
Hydrogène	[illegible]
Azote	[illegible]

On extrait également 300 kilogrammes de coke, des goudrons et de l'eau ammoniacale.

Les eaux traitées donnent pour une tonne de tourbe :

Alcool méthylique	1.000
Acide acétique	2
Sulfate d'ammoniaque	2
Goudron	[illegible]

Le gazogène de *Gasmotoren Fabrik Cologne Deutz* (Otto) se distingue par le système d'épuration du gaz constitué par deux ventilateurs à force centrifuge munis d'une injection d'eau sur le tuyau d'aspiration. L'eau injectée dans le ventilateur de tête sert indéfiniment ; elle se sépare du gaz à la sortie du ventilateur dans le récipient A pour retourner dans le réservoir B. Le goudron se dépose dans le fond de ce réservoir d'où il peut être retiré à intervalles réguliers; l'eau guidée par les chicanes C, est aspirée par la pompe centrifuge D pour être refoulée dans le ventilateur. Le ventilateur de queue est alimenté en eau fraîche; celle-ci se sépare du gaz dans le raccord en forme de V, à la sortie de ce ventilateur, l'eau s'écoule au dehors, elle contient fort peu de goudron et ne peut occasionner aucune gêne pour le voisinage.

D'autre part, l'eau qui circule dans le premier ventilateur se maintient à une température de 70° à 80° ce qui facilite la séparation du goudron.

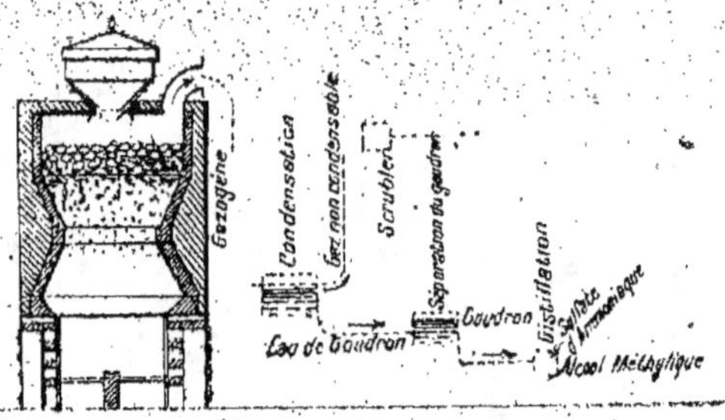

Fig. 158. — Installation Zeigler.

L'épuration se fait entièrement dans ces deux ventilateurs, elle ne comporte ni colonne à coke, ni épurateur à sciure. En filtrant 10 litres de ce gaz à travers un papier filtré, la coloration jaunâtre de ce dernier n'est pas plus forte qu'en filtrant un volume égal de gaz à l'anthracite, épuré aussi complètement que par les procédés habituels.

Le gazogène à tourbe de Ziegler, Rieding et Fleurs (fig. 158 et 159) fonctionne sur le même principe qu'un gazogène à combustible non bitumeux. Les gaz fournis ne sont pas tous transformés en gaz permanents dans le gazogène, les goudrons et les produits de paraffine sont séparés dans des appareils spéciaux de refroidissement.

Le diamètre du fût de gazogène se restreint à quelque distance au-dessus de la grille pour que les gaz puissent trouver la partie plus chaude du fût et ne pas suivre les parois ou une plus grande quantité d'acide carbonique pourrait passer sans être réduite. L'air de combustion est introduit sous les grilles par un soufflet à vapeur.

Le gazogène a une grande surface de grille, environ 8 m², et pourrait donner, par 24 heures, 5.000 mètres cubes de gaz exempt de goudron.

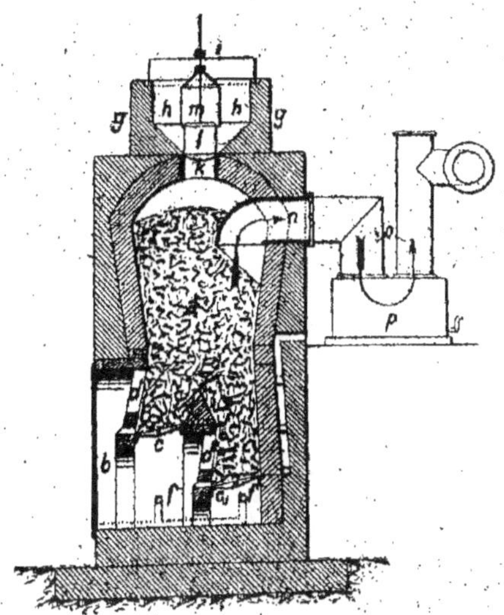

Fig. 159. — Gazogène Ziegler.

Composition du gaz.

CO (Oxyde de carbone)	12 0/0
CH (Hydrocarbures)	2,8
H (Hydrogène)	24
Co2 Acide carbonique	18
Az Azote	43

L'idée dans ce gazogène est de recueillir les sous-produits, goudron, ammoniaque, contenus dans les gaz avant d'utiliser ceux-ci dans les moteurs.

Le Dr *Caro et le Professeur Franck* ont suivi la même idée et se basant sur le procédé Mond, ont inventé une nouvelle méthode pour gazéifier la tourbe dans un mélange d'air et de vapeur d'eau surchauffé à l'excès.

Le procédé a été essayé à l'usine Mond de Stockholm. Presque tout l'azote de la tourbe était récupéré sous forme de sulfate d'ammoniaque.

100 kilogs de tourbe, exempte d'eau, contenant 1 0/0 d'azote ont donné 3^{kg},700 de sulfate d'ammoniaque et 29^{mᶜ},50 de gaz de gazogène.

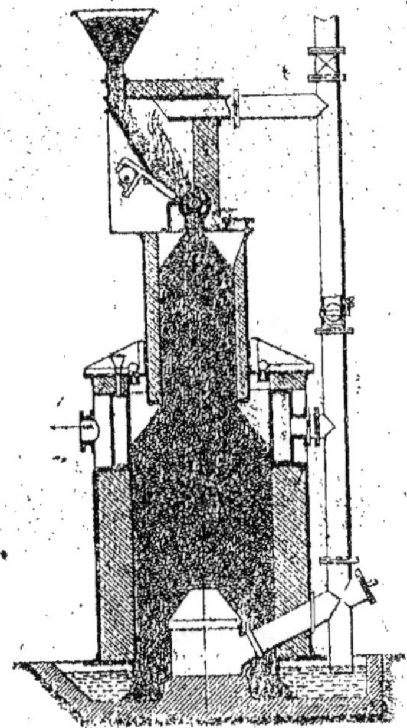

Fig. 160. — Gazogène Crossley.

A *Winnington* en Angleterre, on a essayé le gaz de tourbe concurremment au gaz de Mond provenant de la distillation de la houille. Le mécanicien ne savait pas s'il recevait du gaz Mond ou du gaz de tourbe, il n'a pas remarqué de différence dans la marche des moteurs.

La tourbe à 40 0/0 d'eau avait la composition suivante (rapportée à la tourbe sèche).

Cendres	13,6 0/0
Matières volatiles	46,5
Azote	11,7
Carbone total	56,8
Carbone fixe	38,2

On obtenait 47 kilogs de sulfate d'ammoniaque par tonne de tourbe à 40 0/0 d'eau. Le gaz était employé, en partie à produire la vapeur nécessaire pour le fonctionnement du gazogène, en partie pour chauffer la solution de sulfate d'ammoniaque, l'excédent donnait 480 HP heure dans les moteurs à gaz.

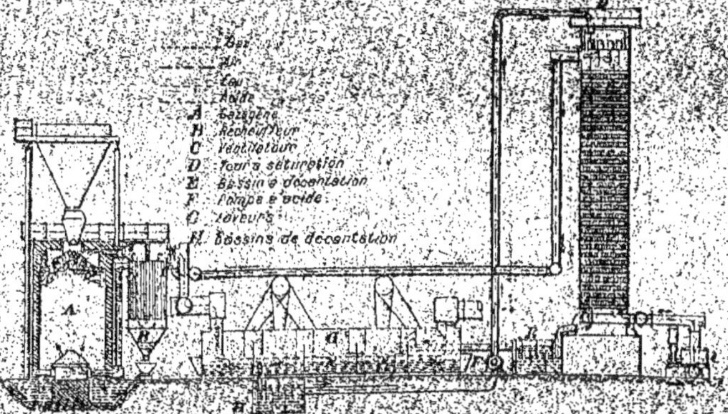

Fig. 161. — Installation de MM. Crossley.

Cent tonnes de tourbe, sans eau, produisaient environ 1600 francs de sulfate d'ammoniaque.

Dans le gazogène de M. *Crossley* d'Openshaw (1) figure 160 le combustible passe sur une grille inclinée qui empêche la formation de masses agglomérées. Le coke formé dans cette première descend ensuite dans le gazogène où viennent également par le fond les produits de distillation formés pendant cette première période.

La tourbe amenée dans des trémies est déchargée dans le gazogène placé au-dessous d'elles. Du gazogène, le gaz perd une partie de sa chaleur dans les surchauffeurs de manière à

____

(1) *Engineering*, 1908, 14 septembre.

tomber aussitôt que possible en dessous de 50° température de décomposition de l'ammoniaque, puis il passe dans un laveur-condensateur où se forment les eaux ammoniacales (fig. 161).

L'air nécessaire à la combustion est refoulé par un ventilateur Roots dans une colonne, il s'y sature d'humidité avant de passer dans le surchauffeur, où il atteint la température de 75° avant d'entrer dans le gazogène.

Les opérations de refroidissement, de lavage des gaz, sont combinées avec l'extraction du sulfate, la même liqueur sert

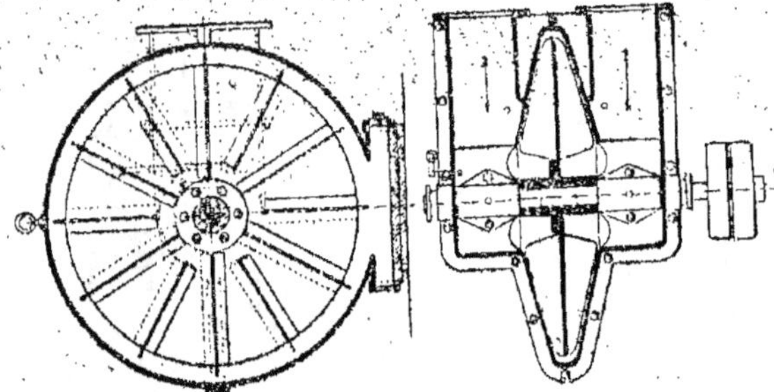

Fig. 162. — Dégoudronneur.

pour toute l'opération. Pour obtenir une tonne de sulfate, il faut évaporer de 5 à 7 tonnes d'eau. On évapore dans le vide.

Pour dégoudronner le gaz Messieurs Crossley se servent depuis plusieurs années avec succès du dégoudronneur (fig. 162) construit sur le principe des turbines.

Le gaz entre par le centre et sort suivant les rayons il acquiert une grande vitesse et se débarasse petit à petit du goudron, le gaz est alors ramené vers le centre et sort de l'appareil par le côté opposé à celui où il est entré. Des dégoudronneurs de 3 mètres de diamètre ne demandant pas plus de 4 à 5 HP.

Le gazogène *Moore* (1) pour combustible bitumineux est établi spécialement en vue de la récupération des sous-produits.

Le combustible est traité d'une manière continue en trois zones.

(1) *Engineer*, 1914, n° 9.

1° La zone inférieure où la température est la plus élevée où la gazéification se produit en présence d'un excès de vapeur qui empêche que la température ne monte trop haut dans cette zone;

2° Une zone intermédiaire à chemise d'eau où le gaz est refroidi pour empêcher la décomposition de l'ammoniaque;

3° La zone supérieure refroidie par l'air et prolongement de la seconde.

Le gazogène est conique et de section elliptique.

L'alimentation se fait d'une manière continue par une trémie d'alimentation tandis que les cendres sont retirées par un cendrier placé au bas de l'appareil.

La chemise d'eau sert à refroidir les gaz et à fournir la vapeur nécessaire à l'opération, la quantité nécessaire dépend de l'azote contenu dans le combustible. Pour un gaz ayant la composition moyenne :

Acide carbonique	9 à 10 0/0
Oxyde de carbone	20
Hydrogène	20
Hydrocarbure	8

En réduisant la quantité de vapeur injectée dans le gazogène on obtiendra un gaz contenant 25 0/0 ou plus d'oxyde de carbone, mais on diminuera la quantité d'ammoniaque récupérée de 20 0/0.

Le gaz à la sortie du gazogène sort à la température de 200°. Le goudron est séparé dans des tubes à condensation, puis l'ammoniaque est absorbé dans deux laveurs montés en série après quoi le gaz sort à la température ambiante et pratiquement exempt d'humidité. On peut suivant l'importance de l'installation récupérer l'ammoniaque sous forme d'eau ammoniacale ou de sulfate d'ammoniaque.

Le gazogène de la Société *Montan* a est analogue à celui de Ziegler ; c'est un gazogène à deux étages, dont le gaz est retiré de chaque étage séparément (1).

Le combustible est introduit par le haut, et, dans la chambre

(1) *Internal Combustion Engineering*, 18 février 1914.

supérieure se produisent les gaz riches contenant presqu'uniquement des goudrons dont l'extraction est d'autant plus facile. Après l'extraction du goudron, le gaz refroidi est mélangé avec les gaz chauds provenant de la chambre inférieure, l'ensemble passe dans un appareil à récupération de sulfate d'ammoniaque, ou bien, le gaz, après avoir été dégoudronné, est ramené dans la chambre inférieure, où les traces d'hydrocarbures restant sont transformés en oxyde de carbone.

Les dispositions particulières varient légèrement suivant la nature et l'état du combustible employé.

Dans le dispositif de M. *Poole* (1), le combustible est placé dans un creuset chauffé par un foyer extérieur ; les gaz chauds s'échappent par un tuyau muni de barrillets ou s'accumulent les goudrons qu'on peut retirer périodiquement. Les gaz passent ensuite dans un condenseur (serpentin refroidi par l'eau) ils y abandonnent les hydrocarbures légers qui sont traités séparément dans une chaudière chauffée par les gaz perdus du foyer du four à carboniser. Les gaz non condensés sont alors lavés et traités à l'eau de chaux, et, éventuellement, dans un appareil, sulfate d'ammoniaque. On obtient dans ce système d'une par un demi-coke suivant l'allure du foyer, d'autre part du goudron des huiles lourdes et légères, du sulfate d'ammoniaque ; de la créosote ; de l'acétate de chaux, etc...

§ 2. — Installations.

La firme *Körting* a construit à *Skaberjo* (Suède) la première usine à gaz de tourbe.

La fabrique est située à la tourbière de *Roskall* qui a une étendue de 95 hectares et une profondeur de 1^m,50. La tourbe est bien humifiée et donne 100 kilogrammes de tourbe par mètre cube.

La tourbière contient 44.500 tonnes de tourbe ce qui suffit pour alimenter de combustible la fabrique pendant 30 ans. Une

____
(1) *Internal Combustion Engineering*, 6 novembre 1913.

tourbière voisine contient un approvisionnement de tourbe pour les 40 à 50 années suivantes.

Le prix de revient de la tourbe combustible aux gazogènes était en 1904 de 5 francs par tonne à peu près.

Cette usine a une capacité de 300 HP. Il y a deux gazogènes de 150 chevaux chacun, 2 scrubbers, 2 filtres à sciure de bois et deux moteurs avec alternateur directement couplé et deux excitatrices commandées par courroie.

Il faut encore ajouter : 2 réservoirs à air comprimé pour le démarrage, 1 compresseur d'air, une pompe centrifuge pour fournir l'eau de refroidissement des machines et l'eau des scrubbers, un aspirateur pour la mise en marche des gazogènes, un petit moteur Körting, à benzine, en réserve.

La tourbe combustible est amenée du hangar entrepôt par un convoyeur qui la conduit à un grand réservoir placé au-dessus des gazogènes lesquels sont chargés une fois par heure.

Le chargement se fait très facilement du réservoir, et prend seulement quelques secondes chaque fois,

Le gaz du gazogène passe d'abord par les scrubbers où l'eau enlève toutes les parcelles de cendre qui peuvent avoir été apportées. Les parties supérieures des scrubbers sont remplies de fagots pour qu'on obtienne une grande surface. Il faut les changer tous les mois et cela prend à peu près une heure.

Les gaz passent des scrubbers aux filtres à sciures de bois où s'enlèvent encore l'eau et les parcelles de cendres contenues.

La matière employée dans ces filtres est changée tous les mois, les gaz passent alors à l'égalisateur de pression et au moteur à gaz.

Les moteurs à gaz, aussi du système Körting, font 180 tours par minute.

Les générateurs triphasés sont actionnés directement par le moteur à gaz et produisent du courant à 300 volts.

Une commission d'expertise examinant l'installation les 7-8 et 9 octobre 1906, a obtenu les résultats suivants :

Durant l'essai pour déterminer la consommation du combus- ble, le moteur à gaz n° 2 a marché 6 heures et 11 minutes.

La charge sur la machine était en moyenne de 120 chevaux et la consommation de combustible 1,014 kilogs de tourbe.

La tourbe employée avait 32 0/0 d'humidité et un pouvoir calorifique de 2980 calories par kilog.

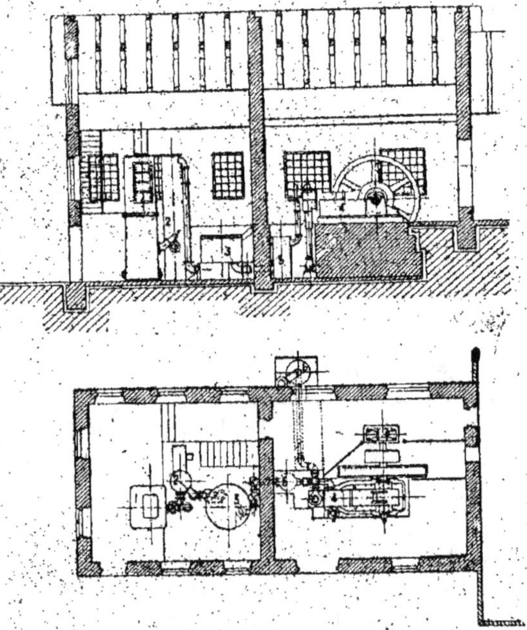

Fig. 163. — Centrale de Buransberg, à gaz de tourbe.

La consommation de combustible était de 1,37 kilog par cheval heure effectif.

La même maison a construit une usine similaire à *Buranjs-berg* (fig. 163).

A cette usine, le moteur à gaz de 60 HP sert pour le pompage et le levage dans la mine voisine.

Un essai au frein en 1904 a donné les résultats suivants :

Chevaux effectifs 66,9
Chevaux indiqués 82,3

La tourbe employée contenait :

Humidité	39,74
Cendre	4,35
Substances combustibles	55,91

et avait un pouvoir calorifique de 2.689 calories par kilog

L'efficacité mécanique du moteur à gaz était de 81,3 0/0

Le gazogène était garanti comme devant avoir 80.0/0 d'efficacité et le moteur était garanti pour ne pas consommer plus de 2.400 calories par cheval-heure avec charge complète.

Pendant une marche de 2 mois, on a obtenu des résultats suivants :

Chauffage total	1.461 h.
Fonctionnement du moteur à gaz	1.080
Gazogène tenu chaud (moteur arrêté)	881

La consommation totale a été de 48.500 kilogs de tourbe à 25 0/0 d'humidité. Quand le gazogène était tenu chaud, il fallait un peu moins de 4 kilogs par heure.

La charge moyenne sur le moteur était de 45 HP. et la consommation de combustible par cheval-heure :

$$\frac{48.500 \times 1.500}{45 \times 1.080} = 970 \text{ gr. environ.}$$

La tourbe avec 25 0/0 d'humidité contenait 3.600 calories par kilog.

La consommation moyenne durant ces deux mois a été :

	Par jour
Tourbe combustible	1.060 kg
Huile	86
Huile à cylindre	27

Les dépenses de main-d'œuvre pour la surveillance du gazogène et du moteur se montaient par jour à 11 fr. 50.

La firme Körting a également installé en 1907 à *Wisby* dans l'île de Wisby et à *Sunne* (Suède) d'autres installations similaires.

Dans une installation à Helenaven (Hollande) d'une puissance normale de 90 HP ; le moteur avait 450 d'alésage, 650 de course et tournait à 190 tours par minute.

L'installation a fait l'objet de deux essais.

Le premier avait pour but d'étudier les variations de la composition du gaz sous des charges variables.

Le second a servi à déterminer la consommation de combustible par unité de travail sous charge normale.

Pendant le premier essai, la charge a varié de 68 à 30 kilowatts, soit de 105 à 48 chevaux effectifs ; elle a été poussée sans difficulté momentanément à 75 kilowatts, c'est-à-dire 115 chevaux effectifs. A la fin de l'essai, le moteur a marché à vide 33 minutes, puis a été chargé brusquement à 105 HP.

Les deux diagrammes 1 et 2 relevés à 5 minutes d'intervalle, sitôt après la remise en charge ne montrent rien d'anormal.

Le tableau suivant résume les résultats de cette première série d'essais :

Composition centésimale en volumes du gaz de tourbe produit dans des conditions de marche différentes.

Heures	10 h. 30	11 h. 30	3 h. 25	4 h. 10	4 h. 45	5 h. 15
Charge	Normale	Normale	1/2	Normale	Normale	à vide
Acide carbonique	9,40	9,50	8,40	10,60	10,00	11,20
Hydrocarbures lourds	0,40	0,30	0,30	0,30	0,20	0,40
Hydrogène	9,29	9,63	8,32	9,69	10,60	10,04
Oxygène	1,20	1,30	2,70	0,90	1,21	1,40
Méthane	2,43	3,17	2,96	2,48	1,94	2,09
Oxyde de carbone	17,49	16,91	15,79	16,03	17,46	14,79
Azote	59,79	59,19	61,53	60,04	58,59	60,11
Pouvoir calorifique à 0° 760 mm	1.030	1.076	991	989	999	938

Les variations dans la composition du gaz sous des charges très variables sont de faible importance. La haute teneur en acide carbonique s'explique par le fait que le combustible contenait plus de 59 0/0 d'eau. Un gazogène de plus grande hauteur eût dans ce cas donné de meilleurs résultats.

Pendant la seconde série d'essais, à charge sensiblement constante, l'analyse du gaz a donné les résultats suivants :

Heures	9 h. 12	10 h. 40	11 h. 50	12 h. 45	1 h. 40	2 h. 45
Acide carbonique	10	10.80	10	11,20	10,80	11,00
Hydrocarbures lourds	0,40	0,30	0,50	0,40	0,40	0,40
Oxygène	1	1,30	1,10	1,20	1,30	1,20
Hydrogène	9,81	11,33	10,53	11,31	12,72	12,66
Méthane	2,36	2,31	2,83	2,47	1,85	1,89
Oxyde de carbone	16,77	15,21	16,05	15,75	15,44	15,81
Azote	59,66	58,75	58,99	58,67	57,49	57,04
Pouvoir calorifique	1.016	992	1.066	1.003	1.007	1.020

Le jour du second essai, le gazogène a été mis en route en faisant fonctionner les ventilateurs ; après 12 minutes, le gaz était bon.

A ce moment, on a procédé au décrassage en remettant dans le gazogène, le combustible non encore consumé. Le machefer peu abondant était très friable.

Le véritable essai, avec pesées de combustible, a duré 6 heures. Pendant ce laps de temps, le travail produit a été de 420,5 kilowatts heure, lus au compteur.

En tenant compte du rendement de la dynamo : 91,5 0/0, de la perte à la courroie, le cheval effectif correspondait à 650 watts.

La puissance développée a donc été : en kilowatts $\frac{420,5}{6} = 70,1$; en chevaux effectifs $\frac{70,1}{0,65} = 108$.

Malgré une surcharge de 20 0/0 le moteur a fonctionné en donnant toute satisfaction.

Le poids total de tourbe mouillée consommée pendant l'essai a été de 929 kilogs.

Soit, par kilowatt heure : $\frac{929}{0,4205} = 2.210$ grammes ;

Par cheval effectif $2,210 \times 0,650 = 1.437$ grammes.

Pour actionner les ventilateurs on absorbe 6 0/0 du courant produit et 94 restent disponibles pour les usages industriels. Les chiffres de consommation rectifiés donnent donc par kilowatt heure $\frac{2,210}{0,94} = 2,350$ grammes par cheval-heure ou $\frac{1,437}{0,94} = 1,524$ grammes par HP effectif.

La composition de la tourbe mouillée employée était :

Eau.	39,28
Carbone fixe,	13,20
Matières volatiles	26,22
Cendres	1,30

Le pouvoir calorifique (tourbe mouillée) 1.800 calories.

Si l'on ramène la consommation à celle de la tourbe séchée à l'air tenant 20 0/0 d'eau, on trouve :

Par kilowatt-heure	1.196 grammes.
Par cheval-heure effectif	776

La consommation en calories par cheval-heure effectif a été de 2.747 calories correspondant à un rendement thermique de 23 0/0 de l'installation complète.

La pression de compression est de 13 kilogs, la pression d'explosion atteint 32 kilogs et la pression moyenne 6 kilogs par centimètre carré. La forte compression explique à la fois le rendement thermique élevé et la bonne marche malgré la forte teneur en acide carbonique.

Les *Fonderies et Ateliers de construction de Görlitz* ont fait à *Ekaterinenbourg* (Russie) une installation qui comporte un générateur produisant du gaz pauvre avec de la tourbe ainsi qu'une machine à gaz de 500 chevaux actionnant une minoterie qui travaille jour et nuit (1).

L'installation fonctionne d'une façon tout à fait satisfaisante depuis le début de 1910.

Le gazogène n'a pas de grille, le combustible est chargé par le haut, et l'air primaire est chauffé par les gaz du générateur.

La prise du gaz se fait au centre du gazogène où la température est la plus élevée et où la tourbe est transformée en coke. Le gaz traverse ensuite les appareils laveurs et épurateurs nécessaires pour arriver au moteur à gaz de 500 HP.

Selon la teneur en eau du combustible on consomme 0kg,9 à 1kg,350 par cheval-heure.

La composition du gaz est la suivante :

(1) Oester Zeitsch, für Berg und Hüttenwesen. 28 mai 1910.

Acide carbonique	15 à 17 0/0
Oxyde de carbone	8,8 à 9,5
Hydrogène	16,6 à 17
Hydrocarbures	0,9 à 0,4
Oxygène	0,5 à 1,6
Azote	55

Le pouvoir calorifique varie entre 850 et 1050 calories. L'installation est décrite en détail par M. Heurs dans la Zeits. des Ver. deutsch. Ingen. 11 mars 1911.

A la tourbière de *Schwege* près d'Osnabruck existe une installation de moteurs et gazogènes. On utilise la tourbe contenant de 50 à 60 0/0 d'eau et l'on recueille sous forme d'ammoniaque 1 à 2 0/0 de l'azote de la tourbe.

On consomme environ 2 kilogs de tourbe contenant de 25 à 30 0/0 d'eau par kilowatt heure. On a installé 3 moteurs à gaz et la tension du courant est de 30.000 volts.

La tourbière entière d'une superficie de 6.200 hectares sur une épaisseur moyenne de 2,50 contient environ 22 millions de tonnes de tourbe à 22 0/0. En comptant une production annuelle de 20 millions de kilowatts heure, cette quantité suffira pour une période de 450 ans.

La maison *G. Luther* de *Braunschweig* a construit en Suède et en Allemagne plusieurs usines à gaz de tourbe sur lesquels il a été fort difficile d'obtenir des renseignements tant au point de vue des résultats que des détails de construction.

On sait seulement qu'à la *Ofenfabrik Körner* à *Nymphenbourg*, on a obtenu une consommation de 1^k,035 de tourbe par cheval-heure, la tourbe ayant un pouvoir calorifique de 3.300 calories environ.

A *Portadown* (Irlande) a été installée la première usine anglaise de force motrice par gaz de tourbe (1) actionnant le tissage de Messieurs Hamilton Robb Ltd.

Mise en marche en septembre 1911, cette usine d'une puissance de 400 HP, se compose de deux gazogènes à tourbe de 200 HP, d'un scrubber à coke d'un séparateur de goudron, d'un

____
(1) Engineer, 8 décembre 1911.

scrubber à sciure de bois, d'un aspirateur, d'un détendeur, d'un gazomètre.

La tourbe venant des marais de Maghery est simplement séchée à l'air. Le gazogène est dû à la collaboration de Messieurs Crossley et Miller, Wilson et Pegg ; il consomme de la tourbe contenant jusque 45 0/0 d'eau.

Le goudron récupéré représente 5 0/0 du poids de tourbe consommé ; on en produit environ 1.000 kilogs par semaine.

L'économie réalisée pour une puissance moyenne consommée de 275 HP, comparativement avec l'ancienne installation fonctionnant à l'anthracite est d'environ 10.000 francs par an.

Un gazogène pour sciure de bois construit par *Tangyes Ltd* doit être signalé car, la sciure de bois et la tourbe sont des produits très analogues et leur emploi dans les gazogènes est basé sur les mêmes principes et la solution des mêmes difficultés.

Une installation de construction très simple a été faite aux ateliers *Pr ce Candle C° a Battersea*, une autre chez Messieurs *Kingfisher's a West Bromwich*.

Le gazogène de construction très simple est formé d'une chemise en tôle garnie de briques réfractaires ; le combustible repose sur une tôle ayant en son centre une grille à travers laquelle les cendres tombent dans un cendrier dont le fond est betonné en forme de cuvette. Le chargement se fait par un tuyau long comme une cheminée qui descend jusqu'au milieu du gazogène et qui, légèrement conique, est plus large à la base qu'en haut, ce qui facilite la descente du combustible. Ce dispositif permet d'avoir un grand espace pour le dégagement des gaz et une émission de gaz très régulière dans le tuyau de sortie des gaz placé vers le haut du générateur, on évite ainsi de voir du combustible entraîné avec le gaz ; la hauteur de la colonne de combustible empêche de son côté toute fuite de gaz par l'ouverture de chargement et toute rentrée d'air inopportune dans l'appareil. L'air nécessaire à la combustion passe par la grille. A la mise en marche de l'installation, un ventilateur permet de produire un tirage forcé.

Le gaz à la sortie du gazogène est dans une chambre débarrassé des poussières entraînées, puis envoyé dans un laveur garni de buchettes de bois humides au lieu de coke ordinairement employé. De là, le gaz passe dans un séparateur de goudron. Cet appareil dont le rôle est d'une grande importance consiste en un ventilateur tournant à très grande vitesse au centre duquel entre le gaz avec une petite quantité d'eau.

Les hélices en tournant brassent la masse et forcent les éléments les plus lourds, eaux et goudrons, à se déposer sur les parois de la chambre, d'où ils coulent au fond et sont recueillis, tandis que le gaz passe dans un appareil sécheur et de là au moteur à gaz.

Cette façon de dégoudronner le gaz est très efficace et le moteur fonctionne sans les inconvénients d'encrassage de soupapes ou de segments.

On a remplacé dans les installations ultérieures les empilages de buchettes de bois du laveur à colonne par des plaques de tôle en chicane inclinées de 20° environ. Cette disposition a donné les meilleurs résultats.

Messieurs *Price* emploient surtout du « spruce » bois très résineux riche en matières goudronneuses. Après deux ans de service l'installation est toujours en bon état. Le gaz est bien dégoudronné.

Chez *Messieurs Kingfishers*, l'installation d'une puissance de 100 HP. marche en donnant entière satisfaction; le bois employé est surtout du chêne et du pitchpin. La grille est combinée de manière à recueillir avant la combustion complète, du poussier fin de charbon de bois, très recherché par les horticulteurs. On récupère un goudron de bonne qualité. Le gaz obtenu est très propre; le fonctionnement de toute l'installation est très régulier.

LIVRE TROISIÈME

INDUSTRIES DIVERSES DE LA TOURBE

CHAPITRE I

Tourbe litière

§ 1. — Procédés et appareils de fabrication

La tourbe litière se fait avec la tourbe de sphaignes aussi peu humifiée que possible, surtout si l'on veut de la litière de premier choix.

Moins la tourbe est humifiée plus elle a de pouvoir absorbant : si, pressant dans la main un morceau de tourbe il n'en sort que de l'eau claire, le reste étant formé de tourbe non décomposée, de couleur claire, la tourbe qui a fourni l'échantillon convient à la fabrication de litière.

L'extraction de la tourbe litière commence en automne après la campagne d'extraction de la tourbe combustible et le travail se poursuit jusqu'aux premières gelées.

La tourbe extraite est déposée sur la tourbière et on la laisse exposée à la gelée jusqu'au printemps suivant.

La gelée en effet, à l'encontre de ce qui se passe pour la tourbe combustible ne nuit pas à la tourbe litière, on peut même dire qu'elle facilite la désagrégation de la tourbe qui devient tendre, élastique et sèche plus aisément.

Quand la tourbière contient des couches convenant les unes à la fabrication de la litière, les autres à la fabrication de combustible, on peut employer tout ou partie du personnel de l'exploitation pendant presque toute l'année.

Dans le procédé le plus simple, la tourbe est extraite au louchet, en briquettes, qui après séchage à l'air sont déchiquetées soit à la batte soit dans une machine spéciale.

Par tamisage on sépare les parties les plus fines qui donnent la poudre de tourbe.

Les exploitations les plus importantes de tourbe litière se trouvent en Oldenbourg et en Hollande. On en rencontre également dans les pays Scandinaves et même en Belgique dans la Campine Anversoise.

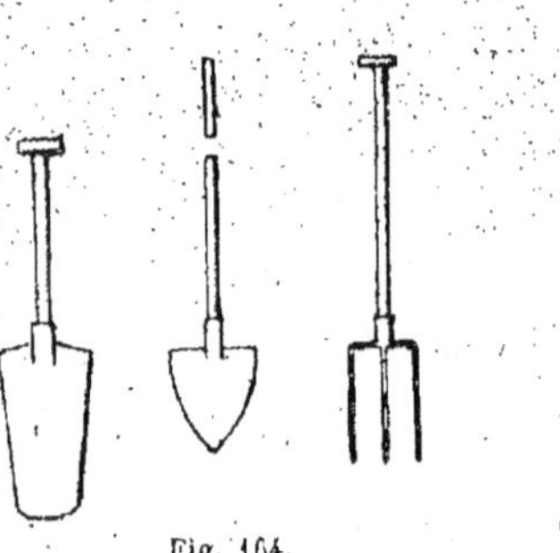

Fig. 164.

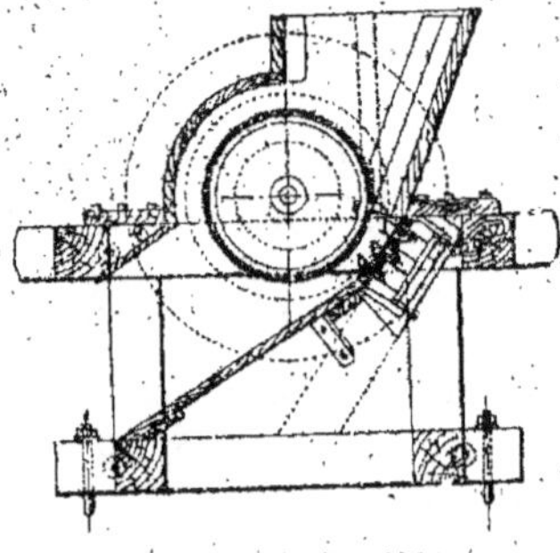

Fig. 165. — Moulin Abjörn Anderson pour tourbe litière.

Les cultivateurs du Nord-Ouest de l'Allemagne fabriquent sur place la litière nécessaire aux besoins de leur ferme (1).

Après avoir suffisamment égoutté la tourbière pour qu'un cheval puisse marcher à sa surface, à l'automne ils labourent la surface jusqu'à une profondeur de 15 à 20 centimètres, puis laissent en cet état l'exploitation durant tout l'hiver.

Au printemps quand le terrain est assez séché, ils hersent profondément la tourbe, et quand elle est séchée, en forment des tas au rateau, puis la transportent dans leur hangar pour l'utiliser au fur et à mesure des besoins.

Les presses les plus employées sont verticales et fortement bâties en bois.

La litière ou le poussier est comprimé à la moitié ou même

(1) Hausding Handbuch der Torfgewinnung Fesletzen Om Torstro.

au quart de son volume primitif et tandis qu'elles sont dans les presses, les balles sont consolidées avec des lattes en bois et entourées de fil de fer.

La presse à main est une boîte faite en excellent pitchpin et consolidée par des armatures en fer, dans laquelle un piston monte et descend mu par de solides chaînes en fer et une roue à rochet, le tout actionné par deux leviers à main.

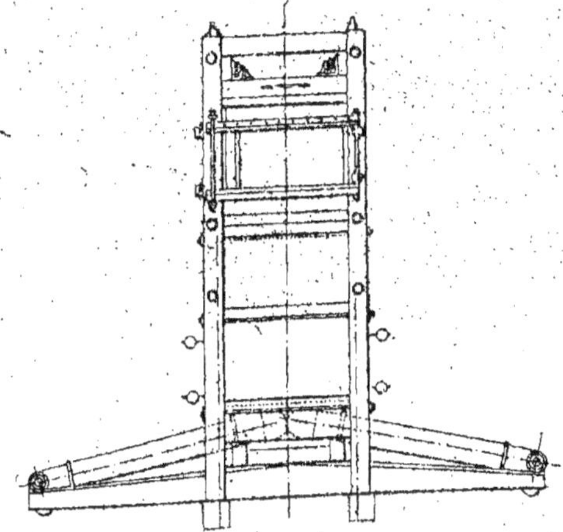

Fig. 166. — Presse à tourbe litière.

La compression se fait de la manière suivante, avec 2 ouvriers ; le couvercle supérieur et les deux moitiés supérieures des parois latérales sont ouverts, tandis que le piston est dans la position la plus basse. Lorsque les lattes ou la moitié inférieure des emballages ont été déposées sur le piston, la boîte est fermée. On ouvre la trémie, la boîte se remplit de tourbe, on dispose les emballages de la partie supérieure et l'on ferme le couvercle. Les deux ouvriers manœuvrent alors les leviers jusqu'à ce que la pression désirée soit obtenue ; sur la face du piston comme sur le couvercle sont prévues trois fentes où l'on passe les fils servant à lier la balle. Cela fait, on ouvre le couvercle supérieur, on dégage les panneaux latéraux et la balle sort de la presse.

Si la balle doit être empaquetée dans la toile ; on emploie 4 morceaux : 1 pour le fond, 1 pour le dessus et 2 pour chacun des côtés de la balle, les morceaux servant au fond et au-dessus sont placés dans la boîte avec des lattes de bois disposées à l'extérieur de la toile. La balle ayant été comprimée les deux morceaux sont solidement noués, les fils de ligatures sont passés à l'entour. Cela fait la balle est sortie de la presse. On place alors les morceaux servant à emballer les côtés.

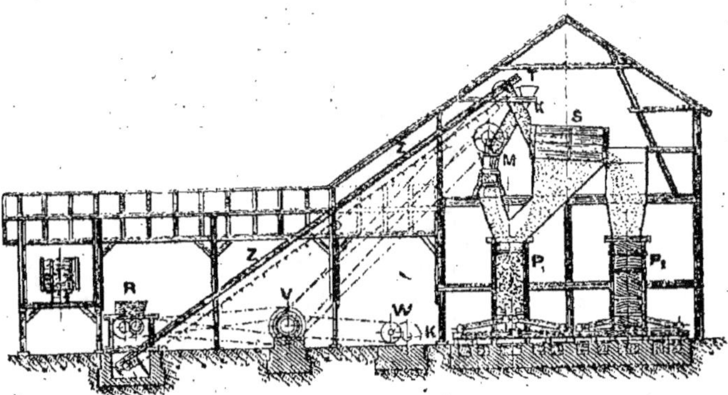

Fig. 167

Avec deux ouvriers, cette machine en 10 heures produit 30 à 40 balles, avec trois ouvriers on arrive à 50 balles.

Chaque balle a 85 centimètres de hauteur et une section de 50/60 centimètres. Elles sont très régulières et paraissent bien compactes.

Les machines mues mécaniquement sont également faites en pitchpin, formées de solides poutres et de grosses planches consolidées par de lourdes armatures en fer.

Comme exemple d'installation d'une fabrique de litière on peut citer celle réalisée par Heineu, de Varel, fréquemment employée en Oldenbourg et en Hollande (fig. 167).

Les blocs ou briquettes de tourbe sèche sont brisés et divisés en menus morceaux par un diviseur R placé sur le sol pour diminuer le poids supporté par le bâtiment et permettre de faire une construction plus économique. Du diviseur la tourbe est prise par un élévateur Z qui l'amène à l'étage d'où elle tombe dans des conduits en bois K, qui descendent à une trémie dont le fond est muni d'une porte à bascule. De cette trémie la tourbe peut tomber soit sur un tamis S soit sur un broyeur M ou sur les deux en même temps.

Le tambour tamiseur sépare la poussière contenue dans la tourbe litière venant du diviseur. La proportion de poussière peut varier de 1/5 à 1/3 de la tourbe litière suivant la qualité du produit et la dimension des mailles du tamis. La poussière est conduite par une trémie à une presse, tandis que la litière nettoyée et finie est par une trémie semblable distribuée à une presse à emballer.

Le broyeur est installé directement sous l'élévateur et suivant la position de la bascule de la trémie reçoit directement la tourbe. Il peut être réglé pour faire une poussière plus ou moins fine suivant ce que l'on désire.

S'il faut une poussière très fine et régulière il faudra prévoir un tamis spécial joint au broyeur.

Les produits du broyage viennent à la presse à emballer qui les forme en balles serrées.

L'opération est conduite par deux ouvriers le travail se faisant tout automatiquement.

La presse à emballer peut être construite de différentes manières.

Dans les usines où on ne produit pas, où seulement très peu, de poussière, il ne faut pas de broyeur; les deux presses sont employées pour travailler la litière, on place ces deux presses l'une à côté de l'autre et non l'une derrière l'autre. Les deux presses travaillent alternativement. La poussière venant du tamis est un sous-produit qu'on forme en balles de temps en temps quand on en a une quantité suffisante.

Les engrenages de commande et l'arbre principal portant les poulies sont assis sur le sol avec des fondations suffisantes. Dans les petites usines il suffit de les fixer aux charpentes. Un seul ouvrier suffit à la surveillance des deux presses.

§ 2. Pratique de l'exploitaion.

La fabrique de tourbe litière d'*Yxenhult* appartient à une coopérative de propriétaires fonciers et de cultivateurs du sud de la Suède.

La tourbière qui fournit la matière première pour cette fabrique mesure à peu près 200 hectares de tourbe de sphaignes peu humifiée.

Un fossé d'environ 1ᵐ,50 de profondeur, avec une largeur à la surface de 95 centimètres et au fond de 45 centimètres est creusée autour de la tourbière pour égoutter la tranchée d'exploitation et l'aire superficielle avoisinante.

Les tranchées d'exploitation sont creusées à des distances de 22 à 27 mètres les unes des autres et sont parallèles sur toute la longueur de la tourbière. L'extraction commencée en automne ne cesse qu'aux premières gelées.

Le travail s'exécute comme suit :

Le long des lignes jalonnées on creuse verticalement de chaque côté de l'alignement une lisière large de 50 centimètres. La tourbe est coupée en mottes ayant la forme de briques et mesurant approximativement $30 \times 25 \times 7,5$ centimètres.

La tranchée mesure quatre briques de tourbe de largeur et dix de profondeur. On lève ensemble les briques de profondeur qui sont posées en rang par le pelleteur sur le bord de la tranchée ; de là elles sont étendues sur la surface de la tourbière par un autre homme qui se sert d'une fourche et posées à une distance de la tranchée qui laisse à découvert 1 mètre à 1ᵐ,50. Les trois briques du fond qui ont le moins de consistance sont détachées et étendues sur cet espace et l'on n'y touche plus.

Durant la première année ce travail est payé à raison de 1 fr. 75 le mètre cube de tourbe brute extraite, la deuxième année le travail se continue par une lisière de 50 centimètres de chaque côté de la première tranchée mais par suite de l'affaissement de la tourbière, conséquence de l'égouttement, le fond de la première tranchée se trouve aussi abaissé de la même quantité. Le travail pour la deuxième année et les suivantes est payé au taux de 1 fr. 60 le mètre cube de tourbe brute.

La tourbe étendue est laissée là durant tout l'hiver et jusqu'à ce qu'elle soit assez sèche pour être maniée au printemps, alors les briques sont retournées et relevées deux briques l'une contre l'autre.

Ce travail se paye : 0 fr. 30 le mètre cube de tourbe brute extraite.

Après avoir été séchées de cette façon, les briques sont empilées en tas coniques, et laissées là jusqu'à ce qu'elles ne contiennent plus que 20 à 30 0/0 d'humidité.

Ce travail se paye : 0 fr. 40 le mètre cube de tourbe brute extraite.

La tourbe séchée est alors empilée ou emmagasinée dans de petits hangars sur la tourbière. Les tas ou hangars sont érigés à chaque troisième section d'exploitation et ces sections sont munies de voies fixes ou portatives pour le transport de la tourbe à la fabrique. De petits tombereaux ayant $1^m,20 \times 2^m40$, servent à transporter la tourbe.

On paie 0 fr. 10 pour empiler et 0 fr. 90 pour mettre sous hangar ou emmagasiner par mètre cube mesuré comme précédemment.

Quelquefois la tourbe chargée en wagons est portée directement des tas à la fabrique, dans ce cas, on paie 1 fr. 20 par mètre cube pour le chargement et le transport.

Pour charger ou transporter la tourbe des piles ou des hangars à la fabrique on paie 0 fr. 80 par mètre cube et pour déplacer la voie portative 0 fr. 15 par mètre cube.

L'usine est pourvue de quatres presses. Toutes les machines ont été livrées par Abjörn Anderson.

Les wagons à tourbe amenés à la tourbière sont montés sur une voie élevée au moyen d'appareils de traction jusqu'au magasin où la tourbe est jetée. Au fond de cette chambre il y a deux convoyeurs qui amènent la tourbe aux machines à déchiqueter.

La matière désagrégée est amenée au moyen d'élévateurs

aux tamis tournant où les fibres sont débarrassées du poussier, puis des tamis, par des couloirs aux presses. Chaque presse donne 175 à 225 balles par journée de 10 heures.

Les dimensions des balles sont 100/70/50 centimètres, le poids moyen est de 67 à 70 kilogs par balle.

Le travail se paie 0 fr. 80 par balle.

Les balles sont amenées par une voie aérienne à la gare d'Yxenhult, et chargées sur wagon.

La force motrice est fournie à l'usine par une machine à vapeur de 30 chevaux dont les chaudières sont chauffées avec des résidus de tourbe et des sciures de bois.

Notons en passant ce détail qu'à Yxenhult les tamis sont recouverts de plaques de fer et que la litière et le poussier sont pressés ensemble.

Le prix de revient de cette usine a été évalué à 1 franc ou 1 fr. 05 par balle, toute dépense comprise, le rendement annuel est de 120.000 balles.

La tourbe litière est vendue aux coopérateurs à raison de 1 fr. 35 par balle f. o. b. sur wagon gare Yxenhult.

Les usines à deux presses sont de même principe que celles que nous venons de décrire.

§ 3. — Emploi de la tourbe litière.

La tourbe litière, en raison de ses grandes propriétés d'absorption fait la meilleure substance de couchage et la faculté d'absorption des gaz malodorants est encore plus précieuse. L'air est donc plus agréable dans les écuries où on l'emploie au lieu de paille, et on prétend que la tourbe litière en raison de ses qualités désinfectantes a un effet bienfaisant sur les sabots des animaux et que les bleimes sont beaucoup moins fréquentes quand on se sert de tourbe litière.

La tourbe a des propriétés absorbantes de beaucoup supérieures à la paille, et possède la particularité de retenir facilement l'ammoniaque.

M. Arnold a fait sur cette question des expériences très curieuses qu'on trouvera résumées dans le tableau suivant :

| | Ammoniaque par m³ d'air | |
	Tourbe (grammes)	Paille (grammes)
1° pour	—	0,0012
2°	—	0,0028
3°	—	0,0045
4°	—	0,0081
5°	traces	0,0753
6°	0,0010	0,0168
7°	0,0017	
9°	0,0061	
10°	0,0120	
11°	0,0170	

De toutes les matières employées comme litière, c'est la tourbe qui pour un même poids absorbe le plus grand volume de liquide.

Les chiffres ci-dessous sont à cet égard intéressants :

100 kg. de genet	retiennent	111 litres	(Petermann)
— bruyère	—	190 —	
— fougère	—	212 —	
— paille de froment	—	254 —	
— paille de seigle	—	389 —	(Fletscher)
— tourbe	—	895 —	
— tourbe	—	7 à 900 —	(Wolff)

L'emploi de la tourbe a tardé à se généraliser pour deux raisons principales :

1° Pour avoir une bonne litière, il faut employer une tourbe convenablement préparée.

2° Le cultivateur a des doutes sur l'emploi du fumier de tourbe.

La tourbe préparée industriellement doit être sèche sans être poussiéreuse, si elle contient trop de poussière les animaux seront malpropres et la litière donnera de gros ennuis. Plusieurs expériences tentées en France ont donné lieu à des échecs par suite de la trop grande quantité de poussière contenue dans le produit.

Pour obtenir un résultat satisfaisant, on emploie la tourbe litière de la manière suivante :

1° Pour les chevaux après avoir bien nettoyé la stalle, on y établit un lit de l'épaisseur de 15 centimètres environ, à cet effet on emploie la moitié d'une balle, soit environ 70 à 75 kilogrammes, on brise les mottes avec le dos d'une fourche et on répand la tourbe ainsi émiettée, mais non réduite en poussière, sur toute la stalle en laissant le lit un peu bombé vers le milieu.

Ce lit suffit pour un mois entier, c'est-à-dire jusqu'à complète imprégnation et n'exige aucun autres soins qu'un bon raclage, matin et soir, avec une fourche à fortes dents ou un rateau, ainsi que le soin de recueillir journellement les crottins, lesquels sont conservés séparément et restitués au fumier quand on sort la litière. Pour obtenir un bon résultat, il faut éviter tout tassement de la tourbe, en la remuant avec soin chaque jour, l'aération parfaite de la litière présente alors toujours un lit élastique et sain.

Remarquons que 2 à 2^{kg},500 par jour suffisent pour entretenir un bon et agréable couchage aux animaux.

2° Pour les bêtes bovines, la litière se fait comme pour les chevaux toutefois les excréments étant plus liquides, on saupoudre les bouses avec les débris de tourbe, ce qui porte la consommation à environ 90 kilogrammes par mois; la couche entière doit être remuée une fois par jour pour bien aérer et éviter le tassement.

Quelques personnes se trouvent bien d'un système mixte; elles recouvrent la couche de tourbe un peu moins épaisse alors, d'une très légère quantité de paille qu'on renouvelle chaque jour.

Suivant M. Clavelier, en commençant l'emploi de la tourbe litière on met 60 à 80 kilogs sous chaque cheval. Cette quantité donne une litière de 15 à 20 centimètres d'épaisseur et constitue un lit chaud et doux.

Le matin, on enlève les déjections, on remue et mélange la litière avec une fourche, puis on dépose environ 800 grammes de tourbe fraîche à l'avant de la stalle.

3° Pour les chiens, porcs, lapins, volailles et bêtes à corne, on emploie la tourbe poussière qui possède, outre les propriétés de la tourbe litière, celle d'une absorption plus rapide.

La tourbe poussière sert également pour la désinfection des fosses et puisards.

Les analyses chimiques et les expériences culturales s'accordent pour attribuer au fumier une valeur fertilisante supérieure à celle du fumier de paille.

En effet, le fumier de tourbe est plus riche en éléments que le fumier à litière de paille, nous disons en moyenne, car il y a toujours des exceptions, et il peut arriver cela se comprend qu'un fumier de paille, auquel on aura donné tous les soins désirables, soit supérieur à un fumier de tourbe.

D'ailleurs le fumier de tourbe comme celui de la paille n'a pas une composition constante et invariable; celle-ci varie avec un très grand nombre de causes qu'il serait trop long d'énumérer ici.

Les expériences culturales ne sont pas moins concluantes. Un essai de fumier fait à la ferme expérimentale de l'Institut national Agronomique, avec les fumiers de paille, de sciure de bois et de tourbe, provenant des écuries de la Cⁱᵉ des Omnibus a donné des résultats intéressants. Ils sont ainsi résumés par M. E. Lavelard :

« Quatre carrés d'un are chacun ont été choisis pour faire l'expérience, et on y a mis les quantités de fumier correspondant à :

Fumier de paille pour 1 hectare .		80.000 kg.
— sciure —		83.200
— tourbe —		60.000

Ces quantités correspondaient toutes à une fumure d'azote de 408 kilogs pour un hectare.

Un carré témoin n'a pas reçu de fumure.

En 1882, on a semé de la betterave fourragère, variété globe jaune; l'année suivante on a semé de l'avoine en temps opportun, sans mettre aucune nouvelle fumure ».

On voit d'après cela que la tourbe donne un fumier d'excellente qualité, en même temps qu'elle constitue une litière de premier ordre.

CHAPITRE II

Emplois divers de la Tourbe

La tourbe de sphaigne est mauvais conducteur de la chaleur, elle est employé avantageusement comme calorifuge.

On s'en sert pour couvrir les plantes de jardin pendant l'hiver, ou préserver les tas de glace pendant l'été dans les pays du Nord, une couche d'un mètre d'épaisseur est la meilleure couverture calorifique qui puisse exister.

La tourbe sert aussi comme matériaux de remplissage dans les constructions.

M. G. Clavelier, pour réaliser dans les constructions une protection efficace contre les pertes de chaleur ou de froid, emploie la tourbe agglomérée en carreaux ou en briques, ou simplement en masse comme le liège granulé.

Les hourdis obtenus au moyen de tourbe selectionnée sont doués des mêmes propriétés antivibrantes que les hourdis en liège granulé et ont sur ces derniers l'avantage des propriétés aseptiques et antiseptiques naturelles signalées par le docteur Lucas Champronnière.

Ils protègent les solives contre les végétations qui sont une des principales causes de leur destruction.

La tourbe immunise les bois contre les cryptogames en même temps qu'elle assure l'insonorité.

M. Clavelier emploie des coquilles calorifuges en tourbe démontables et d'épaisseur variables suivant le diamètre des appareils à protéger. La tourbe commençant à carboniser vers 160°, on préserve l'isolant avec un enduit ignifuge ou une bandelette d'amiante.

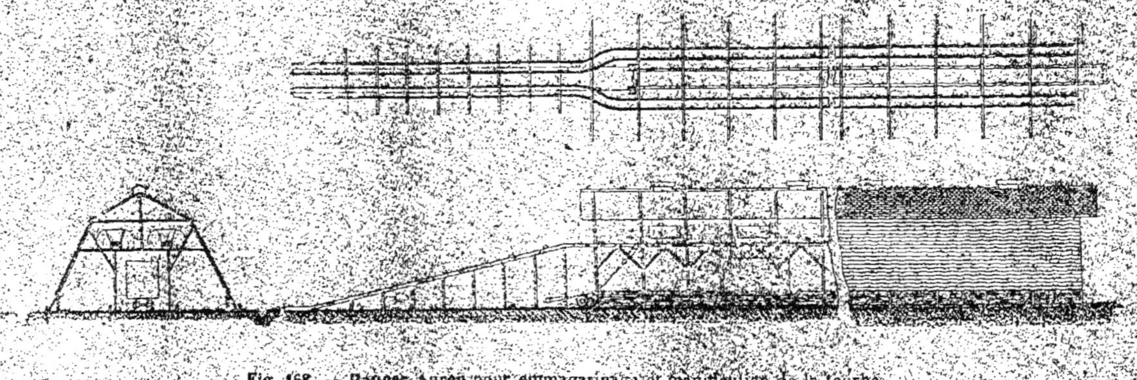

Fig. 168. — Hangar aéré pour emmagasinage et manutention de la tourbe.

Si le prix de l'isolation ainsi prévu est un peu augmenté le résultat, au point de vue rendement et durée, est bien supérieur et les coquilles peuvent supporter sans inconvénient une température de 250°.

Dans l'isolation des entrepôts frigoriques, M. Clavelier obtient d'excellents résultats par l'emploi de la tourbe ; non seulement les dispositifs permettent de combattre les pertes par le réchauffement extérieur des murs, mais les matériaux employés sont inodores, imputrescibles et inaltérables.

Les procédés de M. Clavelier ont été l'objet de nombreuses utilisations notamment à la Cie Industrielle des procédés R. Pictet, à la Société du Froid industriel, dans les brasseries Tourtel, Karcher et Co ; de la Meuse, de Maxéville, de Champigneulles.

B. — TOURBE POUR EMPAQUETAGE.

La poudre de tourbe a donné d'excellents résultats comme produit d'empaquetage pour les fruits et les légumes. Emballés dans des boîtes avec de la poudre de tourbe, les fruits conservent leur fraîcheur pendant plusieurs mois sans se gâter.

On emploie également la poudre de tourbe pour l'empaquetage du poisson et des œufs.

En 1889, la société tourbière de Gifhorn a exposé, au concours de la Société d'agriculture de Madgebourg, un lot de pommes de terre qui avaient été conservées dans la tourbe depuis l'automne de 1888. Ces pommes de terre avaient un aspect aussi frais qu'au moment de l'arrachage. Ceux qui ne connaissaient pas leur provenance se sont figurés que c'étaient des pommes de terre printanières. Aucune d'elle n'était germée, comme il arrive si fréquemment pour les pommes de terre emmagasinées dans les caves ou dans les silos. Il paraît aussi que la tourbe bien desséchée à l'air libre empêche également la pousse des navets, des oignons et d'autres produits agricoles ; toutefois de nouvelles expériences seraient à essayer sur ce point.

En 1899, plusieurs associations fruitières allemandes se sont occupées, d'un commun accord, à des expériences comparatives sur la conservation des fruits. Une des plus intéressantes est celle du Conseil d'agriculture de la Hesse qui a expérimenté sur des pommes.

Des rainettes ont été conservées : 1° entourées de papier de soie et emballées dans de la poussière de tourbe, en caisses mises en caves ; 2° dans de la poussière de tourbe en caisses, mais sans papier de soie ; 3° dans de la poussière de tourbe, avec papier de soie, mais les caisses enterrées à 50 centimètres de profondeur en cave.

Les procédés qui ont donné les meilleurs résultats sont le premier et le troisième, c'est-à-dire où les pommes étaient entourées de papier de soie et emballées dans de la poussière de tourbe en caisses mises en caves, enterrées ou non.

C. — BOIS DE TOURBE

J Hemmerling de Dresde mêle à de la chaux hydratée et a du sulfate d'aluminium un mélange de mousse de sphaigne et de tourbe plus humifiée. La masse qui en résulte est durant 15 secondes pressées entre des plaques d'acier sous une pression de 600 atmosphères. La plus grande partie de l'eau est exprimée et on peut manier les blocs de tourbe. Ceux-ci sont disposés sur des rayons dans un séchoir maintenu à une température normale d'à peu près 18° C. Au bout de 8 jours les blocs de tourbe sont durs et peuvent être travaillés comme du bois.

On a employé ces blocs au pavage des rues de Dresde.

Dans la construction ils pourraient présenter quelqueintérêt en raison de ce qu'ils sont virtuellement incombustibles.

D. — TOURBE TEXTILE.

On a beaucoup essayé d'utiliser la tourbe fibreuse composée de coton de tourbière (Eriophorum Vagniatum) pour fabriquer du fil pour le tissage.

L'étoffe faite quand elle est neuve est belle et douce mais pas résistante. Elle trouve son emploi dans les hôpitaux et autres lieux semblables, en raison de ses propriétés désinfectantes.

Les résultats industriels obtenus ne sont pas des plus encourageants.

E. — EXTRACTION DE L'AMMONIAQUE DE LA TOURBE.

Le procédé Woltereck consiste à passer un mélange d'air et
de vapeur d'eau sur un lit de tourbe ; à une chaleur modérée
dans des fours conçus spécialement.

La tourbe est soumise dans les fours à une sorte de fermentation à température constante sous un courant d'air saturé de
vapeur d'eau. Les gaz qui s'échappent contiennent de la paraffine, du goudron, de l'acide acétique et de l'ammoniaque.

La paraffine et les goudrons sont enlevés par un « Scrubber »
dû à l'inventeur qui retient toutes les substances goudronneuses sans occasionner aucune perte d'ammoniaque.

L'acide acétique est absorbé par la chaux dans une tour ou
les gaz montent tandis que de l'eau de chaux tombe en pluie
chaude ; il se forme de l'acétate de chaux d'où l'on retire l'acide
acétique qui est employé à la fabrication d'acétone.

Les gaz passent ensuite dans une seconde tour dite à acide où
le courant gazeux passe sous une pluie d'acide sulfurique
chaud qui provoque la formation de sulfate d'ammoniaque
principal objet du procédé.

Après que l'excès d'acide a été neutralisé, on concentre
la solution et on la laisse se cristalliser.

Les cristaux passés au centrifugeur laissent égoutter toute
l'eau entraînée et le produit est alors prêt pour la vente.

Les goudrons du scrubber donnent par distillation des huiles
légères.

L'acétate de chaux évaporé à sec et traité par de l'acide chlorhydrique donne l'acide acétique.

Le procédé Woltereck obtient le sulfate d'ammoniaque en
partant de la tourbe brute contenant de 65 à 80 0/0 d'eau.

Le procédé a été exploité à Carnlough, comté d'Antrim.

On obtenait d'une tonne de substance sèche contenue dans
la tourbe brute 50 kilogs de sulfate d'ammoniaque en dehors
des autres sous-produits

Le procédé a fait l'objet d'une communication de M. Wolle-reck à la Royal Association à Dublin, septembre 1908 ; et du professeur Ryan, en décembre 1908, à la Royal Society à Dublin.

Il a été impossible d'avoir cette année des renseignements sur cette usine dont l'exploitation a dû être arrêtée par suite des événements depuis 1914.

F. — ALCOOL DE TOURBE.

En convertissant en sucre la cellulose de la tourbe on peut faire de l'alcool.

La méthode employée est la suivante : la tourbe est chauffée, plus ou moins longuement, sous pression, avec de l'acide sulfurique dilué pour convertir la cellulose en sucre. Le jus acide est neutralisé et filtré, et le liquide est fermenté avec de la levure. Quand la fermentation est terminée, on obtient l'alcool par distillation.

En 1905, une usine fonctionnait en Danemark, d'après le procédé de Raynaud, qui emploie une levure cultivée avec un ferment particulier. La méthode a été introduite en Suède, sous le contrôle et avec l'aide financière du Gouvernement.

La mousse de sphaigne employée, contenait 62 0/0 d'humidité. La tourbe était chauffée pendant 45 minutes à 3 atmosphères de pression dans une chaudière en cuivre, avec de l'acide sulfurique dilué. Chaque charge contenait 225 kilogs de mousse litière, 400 litres d'eau et 31 k. 700 d'acide sulfurique à 66° Bé.

Le jus était neutralisé avec de la chaux et après que le sulfate de chaux s'était déposé, il était passé par un séparateur à boues ; le liquide était fermenté avec une levure spéciale préparée en France. Au bout de 3 à 5 jours, quand la fermentation était achevée, l'alcool était distillé.

La quantité d'alcool obtenu était de 6 à 7 litres par 100 kilogs de tourbe sèche.

Sir Roger Wallace, emploie la tourbe humide telle qu'elle vient de la tourbière. Elle est mélangée avec de l'eau acidulée et bouillie sous une faible pression pendant une heure et demie. Aussitôt que les matières gommeuses ont été transformées en sucre, on arrête l'opération, il reste comme résidu un produit combustible qui peut produire la vapeur nécessaire à l'usine.

On traite la masse par l'argile calcaire, trouvée au fond des tourbières, qui élimine l'excès d'acide.

Pendant la fermentation, les particules solides se séparent du liquide, le jus décanté est distillé, le résidu est employé avantageusement dans un gazogène à récupération de sous-produits.

G. — Papier de tourbe.

La question de la fabrication du papier en partant de la tourbe et surtout de la mousse de sphaigne non humifiée a été soulevée à plusieurs reprises. Les recherches se sont bornées à de petites expériences. Les gens connaissant parfaitement la fabrication du papier ne semblent pas avoir beaucoup de confiance dans les résultats de ces essais et ce manque de confiance semble être bien fondé.

La consistance de la tourbe est telle qu'on ne peut pas s'attendre à en faire un papier fort et durable, sans employer dans sa fabrication des machines compliquées et coûteuses, nécessaires pour nettoyer, blanchir et sécher la tourbe. Le produit fini est si coûteux qu'il ne peut concourir que difficilement avec le prix du produit maintenant sur le marché.

Au musée de la Mosskulturforning (Swedish Peat Society), on trouve une collection considérable d'échantillons de papier de tourbe de différentes places. Il y a quelque temps des échantillons fabriqués avec de la tourbe irlandaise furent ajoutés. On a comparé ces échantillons avec ceux reçus antérieurement pour voir si réellement ils étaient faits avec de la tourbe.

L'ingénieur A. Skeppstedt a fait des essais de la force du papier d'après le type américain aux usines de Munskjo. Différents extraits historiques concernant la fabrication étrangère ont été publiés dans la « Oster Moorzeitschrift ». par M. Schreiber il y a quelques années, ainsi que de petites notices sur les différentes usines de fabrication de papier et leurs procédés. On a contrôlé le temps que chaque société durait avant de faire faillite et quel était le montant d'argent qu'elle perdait.

Du carton de collage fabriqué à la fabrique de Munskjœn en 1880 pour des expériences a été trouvé très mou, légèrement glacé, mince et d'une couleur brun d'or avec des stries foncées. On produisait aussi du papier plus mince. Sa force à la tension était d'environ 15 livres anglaises et il pesait 190 grammes par mètre cube et était épais de 0,32 millimètres.

Recherche microscopique. — La partie principale de la matière était formée de mousse de sphaigne, non humifiée, parfaitement cristalline. Les feuilles n'étaient pas déchirées et montraient par occasion des pores distinctes, mais avec une substance dissoute claire comme du verre. Les tiges sont souvent très longues et s'étendent à travers tout le champ de vue avec un agrandissement de 80 fois. La texture ligneuse est entière, mais l'écorce peut manquer. Néanmoins on peut voir des structures d'écorce parfaite avec des cellules d'absorption parfaitement arrondies.

L'eriophorum vaginatum apparaît en bandes foncées jusqu'à un centimètre de long et de 0,1 à 0,8 millimètres de larges. Dans l'agrandissement il semble être formé d'éléments d'écorce et d'enveloppes de feuilles. On le rencontre aussi avec des fils d'écorce rayée brun et entre ceux-ci des cellules cristallines d'épiderme. Par occasion, on trouve des racines fines de lichens. Des fibres d'épinette, des spores de sphaigne et du pollen d'épinette peuvent s'y trouver en petites quantités.

Il est facile de voir que le carton de la qualité mentionnée ci-dessus ne peut avoir beaucoup de resistance. Les feuilles et les tiges de mousse de sphaigne contiennent très peu d'éléments fibreux et d'écorce qui sont nécessaires pour la fabrication du papier. Le pouvoir filtrant des feuilles est extrêmement petit et décroît à mesure que celles-ci se désagrègent. Même les tiges qui renferment de la substance ligneuse ont une petite quantité de fibres. La substance ligneuse est composée seulement de peu de cellules et, de couches épaisses de cellules ligneuses

minces et courtes avec peu de substance. Intérieurement les
tiges semblent avoir la texture de la moelle et extérieurement
d'écorce.

Les éléments sont dans ce cas, les substances ligneuses
ajoutées, et, l'ériophore, tandis que le sphaigne ne peut être
considéré que comme matière de remplissage, et comme telle,
ne convient pas dans beaucoup de cas. Le sphaigne qu'on
trouve dans le papier est ordinairement sous une forme désagrégée et à peu près dans les mêmes conditions que la tourbe
ordinaire, avec un grand pouvoir d'absorption pour l'eau.
Comme il absorbe souvent avec facilité son propre poids
d'humidité et la laisse difficilement, le procédé de séchage est
très difficile et coûteux à cause de la quantité de chaleur artificielle exigée.

Une production journalière de 12 tonnes de tourbe de 50 0/0
de mousse de sphaigne exige 60 tonnes de tourbe brute, mais
comme elle pèse 10 à 14 fois plus que la tourbe sèche, il faut
enlever journellement 54 tonnes d'eau. La plus grande partie
d'eau doit être chassée par chaleur artificielle, car on n'arrive à
enlever qu'une petite quantité par pression mécanique. Il est
donc nécessaire que les fabriques augmentent leur nombre de
cylindres et par suite les dépenses d'atelier et de construction.
Il semble que la mousse de sphaigne est à peine convenable
comme matière de remplissage dans la fabrication du papier.

Le carton de la fabrique de Linderfors a une couleur à peu
près paille, et, est de différentes épaisseurs de 0,39 à 2 mili-
mètres. Le poids du papier de la première épaisseur est de
300 grammes par mètre carré et il contient d'après les statistiques données par l'usine 40 0/0 de mousse de sphaigne et
60 0/0 de substance ligneuse.

La mousse de sphaigne consiste surtout en feuilles cristallines non humifiées de différentes espèces, avec une petite
quantité de tiges. Celles-ci conservant leur texture d'écorce,
tandis que les feuilles sont généralement entières. L'ériophore
est moins fréquent. Comme dans le cas précédent, la mousse
de sphaigne est légèrement désagrégée, mais à cause de la

grande quantité de fibres ligneuses ajoutées, elle a une plus
grande force. Il est impossible de voir à l'œil nu la tourbe dans
le carton, elle ne peut être distinguée que par le microscope. Il
est sans valeur que le papier ait une couleur jaune claire, du
papier de tourbe étrangère était toujours plus foncé.

Des données précédentes, il semble que les essais aient réussi.
Cependant vu la grande facilité avec laquelle la tourbe absorbe
l'eau, et les dépenses pour chasser cette eau, on n'a pas continué
les essais. Ce carton a été fabriqué d'après les brevets du
Dr Beddie, de Berlin.

Le procédé est le suivant : la tourbe brute est nettoyée, en la
mélangeant d'abord avec une solution diluée d'alcool, pour
enlever l'humus ; après elle est désagrégée dans des machines
construites spécialement et enfin dans la plupart des cas, elle
est blanchie. Le blanchissage est paraît-il très difficile et coûteux, beaucoup plus que pour les fibres de bois. Depuis on a
reconnu que, même avec une grande quantité de fibres de bois,
la mousse de sphaigne ne se prête pas économiquement à la
fabrication du papier.

L'ingénieur Louis Franz a fabriqué à Admont en Styrie, du
papier d'une couleur foncée brun-grisâtre et de différentes épaisseurs. La qualité la plus mince avait une force à la tension de
40 livres anglaises, elle pesait 400 grammes par mètre carré et
avait 0ᵐᵐ,54 d'épaisseur. Avec une épaisseur de 2ᵐᵐ,05 le carton
avait une force à la tension de 130 livres anglaises.

Carton de carte : la surface est couverte de fibres minces non
visibles à l'œil nu. La quantité de tourbe ajoutée est la même
que celle employée dans le carton de Lindelof. Tout de même
la mousse de sphaigne d'Autriche est plus inégale que celle de
Suède ; elle est plus humifiée et contient d'autres sortes de
résidus de tourbe, des fleurs d'*Eriophorum vaginatum* et différentes sortes de lichens. Il semblait que la fabrication prenait
plus de temps, on peut en partie le voir par l'apparence du
carton de carte et en partie par la structure microscopique. Les
feuilles de sphaigne, humifiées à un certain degré, s'y trouvent
en plus petites quantités. Des parties non humifiées sont sou-

vent entières et cristallines, les tiges sont très courtes et souvent on a trouvé la structure d'écorce non déchirée; les spirales des cellules d'absorption sont très nettes et même les spores de la mousse de sphaigne sont bien conservées. Entre les fibres on trouve des cellules cristallines, épidermiques de forme ondulée. Ces impuretés sont des feuilles de couleur jaune d'or « Polytrichum commune » de Jongermann et quelques cellules de feuilles « Colluna vulgaris »; le lichen s'y trouve sous forme de branches de racines fines. Les fibres sont en plusieurs lits de pulpe de particules de moëlle.

La mousse de sphaigne peut être considérée dans ce cas seulement comme bourrage, tandis que le restant de la tourbe, par exemple l'ériophore, les bruyères et les laiches contiennent plus ou moins des matières fibreuses qui contribuent à renforcer le papier. On peut rencontrer des parties sans structures, qui sans aucun doute sont d'origine de tourbe. Elles n'ont pas de valeur, rendent le papier seulement plus foncé, et font le blanchissage plus difficile.

Du carton de collage du même endroit semble avoir la même composition, la différence étant si petite qu'elle ne vaut pas la peine d'en parler.

En 1902, un banquier M. Jellinks et quelques autres financiers ont essayé de fabriquer du papier à l'usine d'Admont. Au commencement, l'usine a été conduite d'une manière convenable. Mais en 1904, elle était en faillite et la banque perdait au-delà de un million de couronnes (la couronne vaut 1 fr. 05).

En 1906, l'ingénieur Ludo reprit l'affaire, mais il fût forcé de l'abandonner peu après.

La situation de la fabrique est mal choisie. La tourbière contient trop de tourbe ériophore. On croyait utiliser la tourbe perdue comme combustible, mais une humidité trop abondante rendait le séchage difficile. Le lignite a même été reconnu comme combustible coûteux, mais de petites fabriques de tourbe l'emploient quand même.

Du papier mince fabriqué en octobre 1897, par la Société Karl A. Zschorner et C° de Vienne contenait d'après les statistiques parues 75 0/0 de tourbe. Sa force à la tension était de 10 livres anglaises, il pesait 105 grammes par mètre carré et avait une épaisseur de 0,13 millimètres.

La quantité de mousse de sphaigne est considérable. On trouve surtout des feuilles qui ordinairement ne sont pas désagrégées et d'une couleur foncée. Il faut remarquer que la tourbe n'a pas été bien humifiée; les parties de tige sont rares et, si on en trouve, les couches de structure manquent.

L'ériophore se rencontre en quantité considérable. On la rencontre en partie sous forme de cellules cristallines, épidermiques, ondulées, en partie en couches plates et parfois en bandes. Les fibres sont d'une couleur brun grisâtre; grossies 80 fois, on voit qu'elles sont en forme de spirales et rayées dans une direction longitudinale avec des parois cellulaires bien visibles à leur bout.

On ajoute 25 0/0 de matières ligneuses, mais dans différents échantillons cette quantité semble varier; parfois elle est plus forte. On trouve une quantité considérable de pollen de pins et d'épinette, d'écorce de bruyère, de feuilles de mousses et des racines simples et fines de lichens.

La force de ce papier comme mentionnée plus haut, n'est que de 10 livres anglaises, tandis que celle du papier Munksjo du même poids est de 60 livres. On ne sait pas à quel usage ce papier peut convenir, mais il ne peut pas servir de papier d'emballage.

Le papier est coloré en différentes nuances, rougeâtre, grisbleuâtre, brun et brun-jaunâtre; les deux premières couleurs exposées à la lumière du jour (pas de soleil) se sont fanées.

Zschœrner a commencé à fabriquer du papier en 1895. Lui et deux autres fabricants ont exposé du papier de tourbe à l'exposition internationale de Paris. Peu de temps après l'usine a fait faillite et les deux autres l'ont suivi de près, la même année.

VI. *Fabrique en Angleterre*. — Le papier était mou et de la même couleur brun grisâtre que le papier d'Admont. Pour cette raison les échantillons annonçant que le papier était fait avec de la tourbe d'Irlande de la tourbière d'Allen peuvent être facilement vrais. Tout de même malgré quelques recherches faites, on n'a pu trouver dans ce papier une tracé de tourbe. Ordinairement les échantillons des autres usines contenaient des quantités considérables de mousse de sphaigne ; on pouvait y voir des substances végétales. On y trouvait principalement des fibres de bois et de coton, par conséquent ce papier ne renfermait pas de tourbe ni comme bourrage, ni comme fibre. Si quelques morceaux foncés sans structure proviennent de la tourbe, ils ont seulement été ajoutés pour colorer le papier, pour le reste l'en-tête papier de tourbe est une fraude.

En plus des expériences mentionnées ci-dessus, plusieurs autres essais de fabrication de papier de tourbe ont été faits, mais ils sont sans intérêt, puisque les études n'ont jamais été poussées plus loin que les expériences.

On parlait la première fois de cette fabrication en 1772, un pasteur allemand J.-C. Schaeffer « Doctor der Gottesgelahrheit und Weltwelsheit » publiait un rapport sur un essai de fabrication de papier de tourbe.

En 1906 et 1907, c'était une question agitée en Suède ; de nombreuses recherches ont été faites dans différentes parties de la province de Smaland.

Ce travail était fait en secret et on a cru qu'un syndicat Anglo-Américain y était intéressé.

On cherchait des tourbières d'ériophore, on étudiait quelques tourbières du district de Varnamo ; les recherches ont démontré qu'il était impossible d'obtenir par forage des résultats satisfaisants quant à la teneur en ériophore, même en creusant 4 à 5 trous dans une surface de 3 mètres carrés d'ériophore ; la perforatrice en est remplie mais la proportion est fort irrégulière. On creusait aussi des fossés et des parois, on enlevait des sections qui pour des raisons techniques n'avaient pas plus de 3 décimètres carrés. Les fibres étaient assorties à la main et pesées. Quelques résultats sont donnés ci-dessous :

Profil I. — Un pilier de tourbe de 4 centimètres de carré à la base était divisé en morceaux. Toutes les fibres de dimensions notables étaient assorties aussi soigneusement que possible, séchées dans un séchoir ; la mousse de sphaigne y attachée était enlevée à la main en la frottant, puis tamisée. Si un peu de mousse de sphaigne restait, elle n'affectait pas les résultats, parce qu'en tamisant on perdait un peu de fibres.

		Poids de la tourbe
0,20 cm. d'écorce contenue en partie non humifiée	40,5 grammes	
fibre humifiée	97,8	—
20,60 cm. de jolies fibres claires	57	—
60,80 cm. de jolies fibres claires	98,5	—
80,110 cm. de jolies fibres claires	38,8	—
Total	302,1 grammes	

Une colonne de 1 mètre de profondeur contient 10 à 11 fois 302,1 ou 274,6 grammes de fibres et si la surface est de 1 décimètre carré, 68,7 grammes ou par mètre cube 6,87 kilogrammes.

Chaque hectare d'un mètre de profondeur renferme 68,7 tonnes d'ériophore.

Profil II. — Étudiée de la même façon que la précédente.

0,20 cm	90 grammes de fibre séchée à l'air	
20,60 cm	123,9	—
63,100 cm	64	—
Total	277,9	

D'après les mêmes calculs un hectare avec un mètre de profondeur contient 69,5 tonnes de fibres séchées à l'air. La profondeur de la couche de tourbe était de 1,8 mètre.

Profil III.

0,10 cm. de fibre non humifiée	4,1 grammes séchée à l'air	
10,30	76,2	—
30,60	104,0	—
60,110	85,9	—
Total	270,2	

Ce terrain contient 61,5 tonnes de fibres par hectare pour un mètre de profondeur.

Comme les échantillons étaient pris à différents endroits, les chiffres semblent donner une exacte représentation de la quantité d'ériophore contenue dans une assez grande tourbière litière [illegible].

La teneur en ériophore clair, beau, non humifié n'est pas si
rare ; mais en calculant qu'un mètre cube de tourbe séchée à
l'air pèse 80 kilogrammes la teneur en ériophore n'est pas plus
de 8 0/0.

La surface de la tourbière était riche en ériophore croissant.
On peut admettre qu'une touffe produit 25 grammes d'écorce
et qu'on trouve 12-16 touffes par mètre carré. Tout de même
on rencontrait de grands trous marécageux sans ériophore, de
sorte que la moyenne des touffes étaient de 6, par conséquent
60.000 touffes par hectare où 15 tonnes de fibres séchées à
l'air. Il est vrai que dans l'ouest de la Suède, on rencontre de
très profondes couches d'ériophore qui sont relativement libres
de mousse de sphaigne ; mais elles sont trop avancées et
demandent un travail additionnel et des dépenses pour être
débarrassées des parties humifiées ; cette sorte de tourbe est
donc hors de question.

De la description ci-dessus, on peut conclure que la mousse
de sphaigne est à peine bonne pour la fabrication du papier
même comme bourrage. Les fibres d'ériophore qui ont la même
force que les substances ligneuses coûtent trop cher pour les
nettoyer.

Le procédé Brin pour la fabrication de la pâte à papier, est
à la fois chimique et mécanique.

La tourbe est passée entre deux paires de rouleaux pourvus
de dents qui ouvrent les fibres et en même temps au moyen
d'un courant d'eau froide la débarrassent de toutes les matières
terreuses et solubles. Les rouleaux sont situés dans une citerne
munie en dessous des rouleaux d'un filtre pour laisser l'eau
s'égoutter.

Des peignes sont installés pour enlever les fibres qui peuvent
adhérer aux dents des rouleaux. Les fibres sont passées en cet
état entre une paire de rouleaux compresseurs faits de bois dur
ou de toute autre substance inattaquable aux acides.

Par ce moyen, l'eau et les matières colorantes contenues
dans les cellules de la tourbe sont expulsées et les liqueurs
employées peuvent y entrer. Les rouleaux sont munis de res-

sorts sur paliers et les fibres sont passées par les rouleaux au moyen d'une vis convoyeuse et sont en même temps soumises à l'action d'une solution chaude de soude caustique à 2 1/2° Bé.

L'appareil est à jet continu et les fibres passent à plusieurs reprises entre les rouleaux. L'opération prend à peu près une heure et demie, puis les fibres sont jetées dans un réservoir où on les lave à l'eau froide qui sort au moyen d'un tamis en fil de fer placé au fond du réservoir. Dans ce réservoir, la masse est tenue constamment en agitation au moyen d'une roue et est traitée au moyen d'un jet de vapeur et de gaz venant d'un ajustage plongé dans le bassin puis amenée par un tuyau jusqu'à un réservoir de blanchissage.

Celui-ci contient une paire de rouleaux essoreurs entre lesquels les fibres sont forcées de passer à diverses reprises tandis qu'elles sont soumises au blanchissage.

Le gaz est fourni par un tuyau et mélangé à la vapeur qui vient d'un ajustage dans la chambre.

Le gaz est de l'oxygène naissant ou de l'oxychlorure d'hydrogène.

Quand la charge a été blanchie, elle est déversée dans un réservoir puis confinée dans un vase clos contenant une solution de soude caustique à 5° ou 6° Bé et d'eau acidulée avec 2 à 8 0/0 d'acide chlorhydrique.

La pâte est alors prête à faire du papier.

ANNEXE I

Statistique de l'industrie tourbière.

HOLLANDE (1). *Tourbe combustible.* — En 1912, il a été produit dans toute la Hollande 1.803 millions de briquettes représentant une valeur de 10.600.000 francs. Sur cette somme plus de cinq millions ont été payés en salaires aux ouvriers.

La production se répartit comme suit entre les centres producteurs :

Province	Millions de briquettes	Valeur (frs).
Drenthe	952	5.334.000
Groningue	27	147.000
Frise	207	1.281.000
Overyssel	250	1.419.000
Utrecht		
Hollande-Nord	84	375.000
Hollande-Sud	98	375.000
Gueldre	8	87.000
Brabant Nord.	4	6.500
Limbourg	178	1.205.200
Total	1.823	10.600.000

DANEMARK. *Tourbe Machine, Combustible.* — En 1910, il y avait 64 ateliers travaillant mécaniquement la tourbe, se décomposant comme suit :

Usines	Personnel occupé	Journée de travail	Production
42 ateliers fixes	357	2.683	61.833
13 ateliers circulant.	72	711	10.114
9 divers	80	300	4.910
64	509	3.694	70.857 tonnes.

(1) Statistique du Ministère de l'agriculture 6° Don et du Ministère du travail, La Haye.

Ces exploitations occupaient 175 ingénieurs et mécaniciens, 41 usines à vapeur employaient 380 HP, et 11 usines employant l'électricité consommaient 50 HP.

En 1911, la saison a été extrêmement favorable à cause de la rareté des pluies et de l'abondance du soleil.

75 usines occupant 730 hommes consommant 534 chevaux-vapeur, produisirent 193.000.000 de briquettes, soit 89.000 tonnes.

Le prix moyen de la tourbe pour une ou deux années a été de 5 fr. 60 à 6 fr. 40. 27.000.000 de briquettes ont été employées par l'industrie, dont 20.000.000 par les verreries d'Holingaard à Naevsted.

Durant l'année 1911, il a été fabriqué 240.000 de briquettes coupées à la main. La production totale du Danemark en 1911 est montée à 133.000.000 de briquettes correspondant à 175.000 tonnes de tourbe combustible.

En 1912, 90 ateliers mécaniques produisirent 205.000.000 de briquettes de tourbe correspondant à 90.000 tonnes de combustible. Les prix n'ont pas augmenté malgré la hausse du charbon.

En 1913, les conditions climatériques furent très favorables et la demande de tourbe combustible considérable. La production totale fut de 209.500.000 briquettes correspondant à 92.642 tonnes.

En 1914, le temps fut très favorable et la tourbe donna un combustible très recherché par le commerce.

La guerre européenne eut un effet extraordinaire sur le marché danois de la tourbe, les importations s'arrêtèrent, la hausse considérable du prix du charbon provoqua une énorme demande de tourbe, les prix montèrent à 10 francs la tonne, et malgré cela les industries commencèrent à l'utiliser et s'en trouvèrent fort bien, semble-t-il.

97 usines produisirent 206.000.000 de briquettes pesant 90.000 tonnes environ.

Tourbe combustible fabriquée de 1902 à 1913 :

Année	Nombre d'usines	Millions de briquettes	Production Tonnes de tourbe
1902	39	98	46.760
1903	44	117	51.879
1904	47	120	56.687
1905	48	150	58.610
1906	50	158	58.278
1907	53	150	63.948
1908	56	158	68.392
1909	63	193	89.520
1910	67	179	81.865
1911	75	163	79.242
1912	90	190	84.788
1913	94	209	93.642

Tourbe litière. — L'industrie de la tourbe litière est peu développée au Danemark. On n'y trouve que 3 usines seulement.

En 1911, ces 3 usines produisirent 13.000 ballots représentant 12.950 quintaux vendus 2 fr. 75 le quintal.

En 1912, une des usines demeura fermée; les deux autres produisirent 11.000 ballots représentant 10.000 quintaux vendus également au prix de 2 fr. 75 le quintal.

Dans les deux dernières années la production de tourbe a été plus que doublée.

SUÈDE. *Tourbe combustible.* — En 1912, dans la province de Skane, 17 tourbières d'une superficie totale de 1.533 hectares ont produit 26.400 tonnes vendues sur wagon gare expéditrice au prix de 14 francs la tonne.

5.500 tonnes étaient employées directement par les exploitants, soit 2.600 pour la sucrerie de Karpalund, 2.900 pour la fabrication de litière. La tourbière de Slatteröds produisait 1.850 tonnes employées à produire l'énergie électrique pour la Société Slatteröds Power Plant K. Junk à Skabersjö, la tourbe, en outre est fabriquée pour le service de l'usine à gaz de la localité.

Tourbe litière. — La première usine à tourbe litière fut construite en Suède à la tourbière Ronnehelins en 1887, par S. Coyet. La plupart des usines sont cependant de date récente. A Skaus, la plupart sont la propriété de Sociétés coopératives agricoles et ont acquis un développement remarquable depuis 1910.

En 1912, deux tourbières d'une superficie totale de 2.600 hectares employant 44 presses, ont produit au total 1.080.800 ballots pesant environ 70 kilogs par ballot et vendus de 1 fr. 40 à 2 francs le ballot.

En poids la production s'est élevée à 75.600 tonnes.

Depuis 1914, la fabrication s'est accrue surtout dans la partie méridionale de la Suède où ont été construits de nouveaux ateliers.

On fait avec l'appui financier du Gouvernement d'importants essais sur les nouvelles méthodes, fabrication de poussier et carbonisation de Laval. L'Institut du fer et de l'acier a accordé une subvention importante à la station d'essais de Laval.

Dans toute la Suède on comptait 98 exploitations de tourbe combustible produisant 113.900 tonnes de tourbe vendues 11 fr. 20 la tonne.

109 exploitations de tourbe litière produisaient 1.467.525 mètres cubes de tourbe litière vendue en sacs ou en petits ballots au prix de 1 fr. 50 chaque.

NORVÈGE. — Durant l'année 1914, la tourbe a été exploitée dans dix-huit districts de la province de Vestfinmarken par 732 familles. Il a été produit 5.772.000 briquettes de tourbe représentant une valeur de 80.000 francs.

RUSSIE. — En 1902, la Russie produisait plus de 4.000.000 de tonnes de tourbe combustible, ce qui n'a rien d'étonnant si l'on songe que les tourbières russes seraient capables de produire 8.600.000.000 de tonnes de combustible de tourbe.

En 1912, la production par suite de la concurrence du pétrole était tombée à 2.500.000 tonnes de tourbe à 25 0/0 d'humidité employée principalement par des usines telles que les briqueteries de Saint Pétersbourg et de la Louga, les verreries S. Rittig, les fonderies Briansk, etc...

A cette époque la consommation de combustible se répartissait ainsi :

Pétrole brut et Marout......	44 0/0
Tourbe séchée à l'air.......	33
Charbon du Donetz..........	23

Dès 1912, par suite du renchérissement du pétrole et du
charbon, la demande de tourbe s'accrut considérablement ;
11 machines à tourbe furent vendues en Russie en 1912, tandis
que dans la seule année 1913 on en vendit 41. En 1914, la
production était montée à 7,000 000 de tonnes dont 5 000 000
dans les sept gouvernements du centre de la Russie (Moscou).

ÉTATS-UNIS. — *Importations de tourbe litière de 1906 à
1914* (1).

Années	Tonnes	Valeur francs
1906	7.640	226.000
1907	7.950	235.000
1908	8.102	227.500
1909	9.408	236.000
1910	8.958	229.000
1911	8.055	196.500
1912	8.083	198.000
1913	9.966	278.600
1914	8.880	287.700

(1) Statistique du professeur Ch. A. Davis.

ANNEXE II

Principaux ingénieurs tourbiers.

———

Canada. S. A. ANREP, Ministere of Mines, Ontario.

Danemark. J. RASMUSSEN, Copenhague.

États-Unis. CH. A. DAVIS. Bureau of Mines (Geological Survey), Washington.

France. G. CLAVELIER, 85, boulevard Voltaire, Paris.

Norvège. PAUL SANDRU, Westfinmarken.

Russie. A. HENDUNE, Moscou.

Suède. Lieutenant H. EKELUND, Baeck (Scane). CARL FLODIN, Jonköping. EMIL HAGLUND, Jonköping. Jos HALLMEN, École de la Tourbe, Markaryd. LARS. JONSSON, Ingénieur assistant à Skara, ALF. LASSON. Stockholm. RAGNAR TORNBERG, Ingénieur Peat Company Torf Baeck. Capitaine WALLGREN, Ingénieur en chef des Tourbières du gouvernement suédois, Skara.

Principaux constructeurs de machines à tourbe et d'installations pour le traitement de la tourbe.

France. Pecard Mabille à Amboise (Indre-et-Loire).

Canada. Beaverton. — O., A. DOBSON. — London O., S. MAC WILLIAM. — Peterborough O., E. V. MOORE.

Danemark. Skive, JAERNSTOBERI og Maskinfabrik Skive.

Hollande. Harlem, N. VAN BREMEN.

Norvège. Hersand, EGEBERG.

Russie. Tver, CONSTANTIN ZELENAY.

Suède. Emmaljunga, E. A. PERSONN. — Eskilltuna, MUNKTELL. Eslof, TH. KORNER. — Helsingborg ALEPH. ANREP. Hessleholm, TH. EKHOLM-HESLEHOLMS Mekaniska Verkstad Aktiebolag. — Motala. Ateliers de Motala. — Svedala. Abjörn Anderson Mekaniska Verkstadet Aktiebolag.

Grande-Bretagne. Londres, International Carbonizing 4, Cannon Street-Wet Carbonizing Limited. — New Castle, A. B. LENNOX, HIGGINBOTTOM.

Allemagne. Berlin-Rixdorf. C. SCHLICKHEYSEN (Rixdörfer Maschinen fab A. G.). — Elisabethlehn, O. STRENGE. — Hambourg Altona, MENK et HAMBROOK. — Kolberg, LUTSCH Maschinenbau Eisen giesserei A. G. — Landsberg a W. JAEHNE et SOHN. — Lauenbourg, GEBR. — STUTZE. Munich. C. SUGG. Rostock i M. R. DOLBERG (Maschinen und Feldbahnfabrik A. G.). — Varel, HEINEN.

ANNEXE IV

Bibliographie

AITON (W.). — Treatise on Origin, Qualities and Cultivation of Moss Earth (1811).

AMORETTI. — Delle torbiere existenti nel departemento d'Olona (Milan, 1907).

ANDERSON (G.). — Essays on Peat mosses of Finland (1899).

ANREP (S. A.). — Astor Vibratory Peat Gas producer; Rapport sur l'industrie des tourbières, 1910-1911, 1911-1912, 1913-1914.

ARGYLL (duc d'). — Post tertiary lignite and Peat Bed in Kintyre.

BACH (A.). — Peat Fuel (Institute of Civil Engineers (1900).

BAGNALL (J.) — Handbook on Mosses.

BAILEY (W.). — Woods, Forests, Turfbogs and Forestshores of Ireland (1890).

BALFOUR (E.). — Cyclepœdia of India (1885).

BAHRAL et SAGNIER. — Dictionnaire d'agriculture (tome IV, 1893).

BASTIAN (E. S.). — Peat deposits of Maine, U. S. Geologocal Survey Washington; Bayerns Moore und ihre Kultur, Fuhlings Landszeitung, 15 juin 1906.

BAUMANN (Dr). — Moor und Moorkultur in Bayern (1898); Investigations during Past Ten Years of Bernau Bog (1899).

BAUR's. — Central blatt p. 88 (1881).

BECKMANN (Joh). — History of Inventions (1814).

BERSCH (Dr Whm). — Die Verwertung des Torfes (Wien, 1902); Praxis der Moorkultur (Z. M. and T, pl, vol. IV, n° 3, 1906); Beuerberg Peat Woks (Engineering, 15 nov. 1907).

BIELAWSKI. — Les tourbières, la tourbe (Clermont-Ferrand, 1892).

BIRNBAUM. — Torfindustrie und Moorkultur (1880).

BJORLING et GISSING. — Peat its Use and manufacture (1907).

BJORLING. — Commercial Peat (1909).

BOBIERRE (A.). — Leçons de chimie agricole (1872).

BOITEL (E.). — Agriculture générale (1891).

BORNTRÆGER. — Zur Analyse des Torfes.

BOSC (Ernest). — Traité complet de la tourbe.

BOSSELMANN. — Torfverwertungen in Europa (1861).

BOURGEAT. — Tourbières du Jura (Poligny 1885).

BOWACK. — Canadian Processes of Briquetting Peat (1903).

BRAITHWAITHE. — Sphagnum and Peat Mosses of Europa and
    North America (1880).

BRAUX. — Uber neuere generaroren Construktionen.

BREITENSLEHNER. — Torföle und ihre Aufvereitung. — Uber
    den gegenwartigenstand des Torffabrikation in Oldenburg
    und Hannover; — Torf Fabrikation (1872); — Torf reviere
    und Torfwerke Oberbayerns; — Paraffin aufbereitung aus
    Torftheers; Zugutebringung der Behandlungsabfalle bei der
    Aufbereitung des Torftheers and Paraffin und Leuchtole; —
    Moorboden; — Maschinen Backtorf.

BRIART (Alp.). — Principes élémentaires de Paléontologie.

BRUYANT (C.). — Les tourbières du massif Mont-Dorien. Bul-
    letin de la société d'hist. nat. de l'Auvergne (1913).

BRODIE (J.). — Origine et croissance de la tourbe.

BYRNE (A. S.). — Peat in the manufacture of Iron (1841).

CARTER (W. E.). — Peat Fuel, its manufacture and uses (B of
    M Ontario 1903).

CHALLETON DE BRUGHAT. — De la Tourbe (1858).

CHALMERS (R.). — Mineral Ressources of Canada. Bulletin sur
    la tourbe (Com. Géol. du Canada).

CLARKE (D. K.). — Torbite a new preparation of Peat.

COLOMER. — Combustibles industriels (1916).

COMMINES DE MARCILLY. Etude des principales variétés de tourbe
    (1857).

COSTAZ (Ing. E. C. P.). — Matériaux isolants (Merveilles de
    l'industrie, 15 novembre 1910).

COQUIDÉ. — Recherches sur les sols tourbeux, Paris, 1912;
    Extraction de la tourbe, Vie agricole. N° 1, 1916; Formation
    de la tourbe, Vie agricole. N° 26, 1914.

DAL (A.). — Utilisation of the peat fields of Europa (American Engineering Magazine. Vol. XXIV, nov. 1902).

DALY (J. B.). — Glimpses of Irish Industries (1889).

DANA (S. L.). — Muck Manual (1842).

DAVIS. — (Voir Bastian).

DAWSON (J. W.). — Report on the Geogical Structure and Mineral.

DELVAUX. — Ressources of Prince Edward Island (1871).

DENNIS (Rob). — Industrial Ireland (vol. ii, 1887).

DRON (R. W.). — Coal Fields of Scotland (1902).

DUCOUEDIC. — Notice sur les tourbières (Rennes, an XII).

DULLO (D.). — Torfverwertungen in Europa (1861); Report upon the systems of working Turf in Europe (1861).

EKELUND (H.). — Herstellung komprimierte Kohle aus Brenn-torff.

ELLIS. — Peat industry of Canada (Bureau des Mines Ontario 1863).

ELLS. — Notes on the Mineral fuel supply of Canada (R. S. C. 1907).

ELSDEN. — Applied Geology (1899).

EKENBERG (Dr M.). — Fuel from Peat (Iron and steel Institute May 1909).

ESCARD. — Utilisation industrielle de la tourbe, Paris (1912).

ESQUIROS (Alph.). — La Néerlande et la vie hollandaise (1859).

FARRER (R.). — Alpine and Bog plants (London, 1908).

FEILITZEN (C. von). — Godslings fözsök utförda of Svenska Moss Kultur förenigen (1880-1886), Göteborg 1887 Id. (1887-1889), Göteborg 1901.

FEILITZEN (G. von). — Ibid. 1905; Om Torfstro.

FISCHER. — Uber den Heizeffekt des Torfes und seine Kunst-licke Bearbeitung.

FLICHE. — Sur les tufs et tourbes de Lasnee (1889).

FRANCK (A.). — Verein zur Förderung der Moorkultur in deutschen Reich (n° 14, 1905); Uses of Power generated from the German Peat Moore (Central Moor commission).

FRANCK et CARO. — Torf werwertung nach dem verfahren (Helios Fach Zeitschrift, 11 déc, 1910).

FREDRIKSON (Nils). — New System of the Manufacture of Peat Briquettes (1902).

Fritsch (F. E.). — Peat and its Modes of Formation (Knowledge and Scientific news. August 1902).

Frub (L.). — Torf und Dopplerit 1883.

Gavenlock (W.). — Peat and its uses (Cultivator and Country Gentleman).

Geikie (J.). — Peat Mosses (Trans of Roy. soc. of Edinburgh), 1866; (Great Ice age (1877).

Gibson (T. W.). — Peat as a ful (Mineral Assoc. of Canada 1893).

Gill (A. H. W.). — Gas and Fuel Analysis for Engineers (1902).

Gissing. — Voir Björling (1909)

Gradenwitz (von). — Utilisation de la tourbe.

Graebner. — Die Heide Nord Deutschlands (1903).

Graham (Major). — Accounts of the Improvement of 130 Acres of Land covered by Peat to a depth of to feet (Trans. Highland Agricultural Society of Scotland IX, 1832).

Grist (E.). — Geology of the Thames Valley (Peat reference); (Homes counties Archaeological Society, juin 1908).

Grossmann (J.). — Ammonia recovery from Peat (1906).

Gunn (W.). — Geology of Cowal (Scotland, 1897).

Gysser (R. von). — Der Torf; seine Bildung und Bereitungsweise (Weimar 1864).

Haanel (B. F.). — Tourbe et lignite (Gazogène). Rapports du Ministre du Canada, n° 8. Toronto 1907; Halfstuff from Peat (Pulp and Paper Magazine; Toronto, mai 1908).

Haeder (H.). — Torfgeneratoren (Gasmotoren, abt II, p. 273, 3e édit. 1912).

Hallmen. — Conférence à l'école de Markaryd.

Hausding (A.). — Handbuch der Torfgewinnung und Torfverwertung (Berlin, 1904); La mise en culture des tourbières de Salzbourg (1906); Illustr. description of Ekenberg Wet Carbonising; Process (Graphic, 16 janvier 1906); Power from peat (Irish Engineering and Industrial Review Special Number Sept. 1908); Irish Peat question (Forest and bog Journal, Dublin, May 1909).

Hayes (W. Bernett). — Peat and its Profitable employment.

Hebert V. — Der gegenwartigestand der Industriellen Torfverwertung (Braunkohle 8e année, 1er février 1910).

Heinz (Karl). — Ausnutzung unserer torfmoore (Deutsches Ingenieurs Verein 1910, 1-2-3-4).

HITCHOCK (Dr). — Geology of Massachusetts (1833).

HITIER. — Utilisation des tourbières françaises (1891).

HOLLAND. — History of Fossil Fuel.

HOLMES (E. M.). — Handbook on Mosses.

HOLTZ (Dr). — Über torfverkohlung (1897).

HUBENDICK (E.). — Gazogènes à succion (Tekniks tidskrift, n° 47, 1906).

HUNT (T. S.). — Peat and its Uses. Canada (1884).

HUBERT (J.). — Géographie historique des Ardennes (Charleville, 1856).

JACK (Edw.). — Moss Litter (1893).

JAGNAUX (R.). — Traité de Minéralogie (1835).

JOHNSON (Dr T.). — Irish peat question (1899).

JOLY. — L'homme avant les métaux (1885).

JUNGER (O.). — Torfstren in Ihrer Redentung fur die landwirtschaff die Steddereinigeing (1890).

KANE (Rob.). — Industrial Ressources of Ireland (1844).

KERB (V. C.). — Peat and its Products.

KILASE (J.). — Ireland Industrial and Agricultural (1902).

KINAHAN (G. H.). — Geology of Ireland (1878); Irish solls including the Peat (Farmers Gazette 1902).

KLASON. — Teckniks Tedskreft (1896).

KNABB. — Les minéraux utiles.

KOLLER (Theo). — Die torf industrie Hartleben (Wien 1908).

KUHLOW. — German trade Review (19 février 1902).

LAMI (O.). — Dictionnaire : T. II. 618.

LAPPARENT (A. de). — Traité de Géologie.

LARBALETRIER (A.). — La tourbe et les tourbières (1901).

LARSON (Alfred). — Rapports au département suédois de l'agriculture (1905); Torfbriketter, Tekknistidskrift (1907).

LARSON et MOLLEBERG. — Essais sur le procédé Ekkenberg faits à Stafsjö les 17, 18, 19, 20 octobre et 2 novembre 1905 (Granefors 1905).

LARSON et WALLGREEN. — Rapports au Ministère de l'agriculture de Suède (Tekniks Tidskrift n° 42, 1905).

LEAWITT (T. H.). — Facts about Peat as Fuel (Boston, U. S. A. 1904).

LENCAUCHEZ. — Traité sommaire concernant la tourbe (1872).

LEO (W.). — Das Gesammte Torfwesen.

Lewes (Vivian). — Sulphate of Ammonia a Reference to Peat
    (Journal of Roy. Soc. of Arts, 7 août 1908); Fuel and its
    Future (Peat Reference) Cantor Lectures; Roy Soc. of Art
    9-16-23-30 mars 1908).
Lewis (F. J.). — Sequence of Plant Remains in the British
    Peat Mosses; (Science and Progress, Twentieth Century);
    History of Scottish Peat Mosses and Relation to the Glacial
    Period; (Liverpool Geological Assoc. 4 février 1907); The
    plant Remains in the Scottish Peat Mosses; (Royal Soc. of
    Edinburgh 8 July 1908); The changes in the Vegetation of
    British Peat Mosses since the Pleistocene Period (Liverpool
    Geol. Assoc. N° 3, nov. 1908).
Livingstone (F.). — Manufacture of Peat Charcoal (1880).
Lock (C. G.). — Economic Gold Mining (1895).
Logan (W. E.). — Geology of Canada (1863).
Lomas (J.). — Report on a Marine Peat from Union Dock
    (Liverpool Geol. Soc. 1907).
Lough (A.). — The Manufacture of Peat Fuel in Ireland and
    how to improve it (Journ. of Dept of Agriculture and Tech-
    nical instr. of Ireland 1904).
Lunge (G.). — Goudrons et Ammoniaque (1900, Zurich).
Lyell (Sir Ch.). — Principes of Geology (1867).
Lynn (R. J.). — Ireland Fortune in Peat (World's work and
    Play July 1905).
Maddock (W. H.). — Making paper from Peat (Paper and Pulp
    Octobre 1908); Manufacture of Peat Fuel in Ireland (Forest
    Bog Journal, Mai 1904).
Magne et Baillet. — Traité d'agriculture pratique (1883).
Mallet (R.). — Préparation artificielel de la tourbe.
Massenbach. — Praktische Anleitung zur Rimpauschen Moor-
    dammkultur (Berlin 1904); Essais de machines pratiqués par
    le gouvernement suédois (1904); Méthode de mise en culture
    des tourbières pratiquée à Jönköping (Journal of Irish Dept
    of Agriculture (1904).
Meadwos. — Peat Fuel question; its Position and Prospects
    (1873).
Moore (D.). — Irish Mosses (Roy. Irish Academy (1872).
Moore (E. V.). — Some Notes on the Developpement on Peat
    Fuel Industry and its Possibilities (Canad. Soc. of Civil

Engineers vol. 22, part I. Paper n° 261 (1908); Calorific value of Samples of Danish Peat with its percentage of Moisture Calories (Mosebladet July 1907).

Moss (C. E.). — Peat Moor of the Pennines; their Age, Origin and Utilisation (Geographic Journal, vol. 22, (1904); Moss Litter and the special avantage of sphagnum (Bureau of Mines. Ontario. 1886).

Muntz et Giraud. — Les Engrais (t. I, II, III, 1891).

Muntz et Lainé. — Notes sur la production de nitrates au moyen de la tourbe (1907); Nouvelle source de combustible (Iron and steel Institute.

Nagel (O.). — Electrochimical and Metallurgical Industry (Sept. 1907).

Nasmyth (J.). — Peat its properties and uses (Transac. Highl. Soc. of Scotland, vol. 3, 1907).

Neroton (W. E.). — Peat as an article of Fuel (Journal of Society of Arts 1862).

Nordenström (G.). — L'industrie minière de la Suède en 1897.

Nunn (Lieut.-Colon.). — Scientific and Commercial value of Peat Moss (1905).

Nystrom (E.). — Peat and lignite (Ontario, 1908).

Nystrom et Anrep. — Enquête sur les tourbières et leur exploitation en 1908-1909.

Obalski. — Industrie minière dans la province de Québec en 1903 (Québec).

O'Reilly (Prof.). — French Peat working implements 1872; Collège of Sciences. Dublin; Peat fuel (1872).

Orwell (F. I.). — Converting Peat into coal (wet carboniging Process.); (Worlds work. Août 1908).

Otto (F. J.). — Lehrbuch der landwirthschaftlichen Gewerbe; Paper from Peat (Pulp and paper Magazine. Canada); (January 1909); Paper from peat (Paper trade Journal, 22 Avril 1909); Peat as Central Station Fuel (Electrical Review, 8 Janvier-12 Mars 1909); Peat deposits of Maine (Engineer, 8 Oct. 1908); Produits de la tourbe à l'exposition de 1900 (Nature, 31 mai. 1909); Peat Fuel (Forest and Bog journal. Dublin, Janvier 1905); Peat in Germany (Cassier's Magazine. Juin 1903); Peat Harvesting and Utilisation (Machinery Market, 14 Février 1904); Peat Industry in Canada

(Engineering, 17 Sept. 1909) ; Peat Industry in Sweend
     (18 Avril 1901) ; Peat in the Falkland Islands (Bull of Impe-
     rial Institute, 1907, n° 3).
PAGE (D.). — Advanced text book on Geology (1861) ; Economic
     Geology (1874).
PAGE (W.). — Making coal of Bog Peat (1898).
PAGET (F.). — Peat (Vienne Exhibition Report, part. 2, 1875.
PARLEMENTARY REPORT on the Destructive Distillation of
     Peat (1851).
PATIN. — Traité des tourbes combustibles.
PAUL (Dʳ). — Utilisation of peat (journ. of Soc. of Arts 1851) ;
     Manufacture of Hydrocarhon, oils... etc., from Peat ; (British
     Assoc. 1863).
PETER. — Peat Moss of Buchan (1875).
PETERMANN. — Recherches de Chimie et de Physiologie.
PFEIFFER. — Histoire du charbon de terre et de tourbe (1787).
PHILIPP (H.). — Peat and the production of power (N. Y. Sec-
     tion of American Peat Society Mars 1909).
PHILIPPS (J. A.). — Elements of Metallurgy (1887).
POOLE (H.). — Calorific Powers of Fuels (1898).
PRIMICS (B.). — Die Torflager die Siebenburgischen Landes
     theile.
RADCLIFFE (I. G.). — The constants of Bog Butter fund in
     Peat in Ireland (Manchester section of Soc. of chemical
Industry).
RAMSAY (W.). — Process for the Production of Alcohol from
     Peat (Automotor Journal 20 July 1907).
RECLUS (E.). — La terre 1871-1887.
REEVES (A.). — Making turf by Machinery and Reclamation at
     Helenaven (Holland), Jonköping (Suède), Ljuby (Suède) ;
     (Departemental Journal, Mars 1904).
REGNAULT. — Annales des Mines (1839, vol. XII).
REID (Mrs.). — On a method, of Desintegrating Peat and other
     Deposits containing Fossil seeds (Linneam Soc. London
     Feb. 6 1908 ; Peat Moss deposits in the Cross Fell, Carthness
     and Isle of Man Districts (Section K. British assoc. 2 Aout
     1906) ; Plant Remains in the Peat Deposits of Teesdale and.
     Stammoor (Cumberland et Westmorland) et Loc. cit. 1ᵉʳ Août
     1907.

Remington (J. S.). — Peat as a paper Material (Pulpand Paper
Canada, May 1909).

Henry. — Constitution des tourbes (C. R. Acad. des Sciences,
page 835, 2 Sem. 1898).

Rennie. — Essais on natbral history and Origin of Peat Moor
(1810).

Richardson (R.). — Peat a substitute for Coal (1901).

Rigby (T.). — Power gas Plants with special Reference to Use
of Peats. (Engineering and Scientific Assoc. of Ireland,
26 mars 1906).

Rislen (Long.). — Géologie Agricole (1897).

Rogers (J.). — Peat and peat charcoal as a fuel and Fertiliser
(1847).

Rothbart. — Uber Praktische erfahrungen bei kessel feuerun-
gen mit torf (Mookultur 28e année, n° 7); Eine moderne Torf-
kraft gaasanlage (1910 Uhlands, Rundschau).

Rowan (F. J.). — Ammonia Recovery in connection with gas
Producers (Peat reference) (West Scotland Iron and Steel
Institute (January 1908).

Riedha Sarat C. — Mineral Resources of British India. (American Institute of Mining Engineers 1904).

Ryan (Prof.). — Report upon the Irish Peat Industries (Part. I.
Dublin Royal Society, 6 July 1908).

Sahlström. — Charbon de tourbe et sous produits commer-
ciaux.

Sankey (Lieut. Gén. R. H.). — Utilisation of peats Bogs of
Ireland for the generation and distribution of Electrical
Energy (Industrial conference Cork Exhibition 1902).

Sankey (Capt. H. Riall). — Utilisation of Peat for making-
gas or charcoal (British assoc. Dublin (1908).

Saunderson (G.). — Essay on charring Peat (Highl and Agric.
Soc. of Scot. 1816).

Schatz. — Torf als spinn und Webstoffe.

Schenk. — Rationnelle Torfverwertung.

Schlickeysen. — Mittheilungen uber die Fabrikation der Pres-
storf durch die Ziegel und Torfpresse.

Schorn (R.). — Peat Fuel Briquetting (American Institute of
Mining Engineers).

Schreiber (H.). — Moorkultur und torfverwertungen (1902).

Schwackhofen (F.). — Fuel and Water (1884).

Senf. — Humus moss torf and limoni Bildungen (1892).

Sexton. — Fuel and refractory Materials (1897).

Seydel Leo. — Der torf und seine rationelle verwertung als
    Radicalmittel gegen Moorbronnen und auswanderung (1879),
    Industrielle Torfgewinnung (Berlin 1877).

Seffert. — Peat in Canada (England Mining Journal Sept 1899).

Skertchley. — Geology of the fenland (1877).

Smith (W.). — Marsh and bog plants (Doncaster scientific
    Society, 8 avril 1908).

Stork (Rob.). — Popular History of British Mosses.

Stutzer (A.). — Keimtötenden Working des torfmulls.

Sundbarg (A.). — La Suède, son peuple, son industrie (1900).

Talbot (F. A.). — Transforming peat in coal (Wolterek Process)
    (World's work oct. 1909).

Taklow (J.). — Bog reclamation and Peat Industries abroad
    (Cork exibition 1902), Peat Industry of Schleswig Holstein
    (Journal of Depart of Agriculture and technical Instruction
    for Ireland 1902 June).

Tacosett (Ch.). — Esprit de bois (Paris, revue technique 1904,
    n° 17).

Thaulow. — Rapport au gouvernement norvégien (Juin 1902).

Thenius. — Technische veryertung des torfes und seiner distil-
    lations Produkte (Wien 1904).

Thurston. — Materials of Engineering (1884).

Told (W.). — Essay on the effects of compression in conver-
    ting Peat into Fuel (Highl and Agri. Soc. of Scotland) N. S.
    (1839).

Toll. — Bog Cotton Peat (Tidskrift 1901, n° 1).

Tomson (Th.). — Peat fuel (Ins of C. E. Irlande, déc. 1908),
    New source of Peat Fuel (Elec. Rev. May 1909); Peat ques-
    tion; its position (Irish Builder 7 Aug. 1904); Ekenberg
    Wetcarbonising process (Irish Builder Nay 1909).

Travis (W. G.). — Plant Remains in Peat in Shirley Hill sand
    at Aintree (Liverpool Botanical Society, 11 mai 1908).

Tunzelmann. — Direct manufacture of Sulphate of Ammonia
    from Peat (Wolterek process) (Times-eng supp 29 janv. 1908).

Turf. — Making by machenery (Experimente in Cavan) (Anglo
    Celt June 1903).

Vignoles (Chas.). — Method and Last of Producing coke from
    Turf (1653).
Vincent (Chm.). — L'ammoniaque et ses composés.
Vogel (D. Aug.). — Der tor Seine Natur und Bedeutung (1859).
Wallace (Roger). — Process for the production of Alcohol
    from Peat (Fuels committee of Motor Union, 1907); The
    Alcohol Problem (the car, illustrated, 5-10-19-25 juin, 3-
    10 juillet 1907).
Watt. — Economic products of India (1892).
W. E. H. C. — Rapport du Bureau des Mines (1904 Ontario).
Wills (J.). — Report of 36 samples of Peat in Ontario (1902);
Peat and peat gas. Fuel at Provincial Essays offices (1901-2).
Went (G.). — Der Kugeltorf.
Wheeler (Wh.). — History of the Fens of south Lincolnshire.
Whitaker. — Geology of London (1889).
Williams et Kinnear Clark. — Fuel (1886).
Wolf (L. G.). — Procédé Ziegler pour l'emploi de la tourbe
    (1904 Z. des V. D. I. n° 48).
Woltereck (H.). Production of Ammonia from Atmospheric
    Nitrogen from peat (Roy/Dub. Soc. déc. 1908).
Woodward (H. B.). — Geology of the country around Norwich.
Young (Rev. G.). — Geological Survey of Yorskire coast (1828).
Zschoerner (R. A.). — Torf Industrie.
Wyer (S. W.). — Producer gas (1906).

Revues et publications de sociétés savantes.

American Peat society (Proceedings).
Bulletin de la Société d'Encouragement à l'Industrie nationale.
    Paris.
British Association (Proceedings). London.
Cosmos.
Deutscher Ingenieur verein Zeitschrift. Berlin.
Engineer London.
Engineering London.
Forest and Bogs Journal Dublin.
Génie Civil.

Gödlingsföresk utförda of swenska Mosskultur förenigen Göte
  borg
Iron and steel Institute (Transactions). London.
Meddelanden frau Kungl Landt bruckstybreisen. Stockholm.
Mosebladet. Suède.
Moorkultur und Toffwewertung (Zeitschuft für).
La Nature. Paris.
Revue technique.
Royal Society Dublin (Transactions).
Svenska mosskultur forenigenstidskrift (Suède).
Tekniks tidskrift. Stockholm.
Torfbriketter.
Torfjänssemännensverksamnet.
Vie Agricole. Paris.

TABLE DES MATIÈRES